职业教育数字媒体技术专业系列教材

InDesign CC排版设计

主　编　徐　慧　张　宇
副主编　王明皓　陶建强　王训峰
参　编　田莉莉　叶丽丽　陆美玲　宋颖月

机 械 工 业 出 版 社

本书采用先实例后基础的讲解模式进行讲解，首先让读者通过实例作品的完成逐渐产生兴趣和成就感，然后辅以操作步骤的基础内容讲解，从而使读者迅速掌握 InDesign CC 的使用。

全书共 7 章，按照平面设计工作的实际需求组织内容，基础知识以实用、够用为原则。内容包括 InDesign 的奇妙之旅、卡片设计——文字的基础操作、宣传页设计——文字的进阶操作、宣传单设计——样式的设置、书籍封面及画册设计——版式构造、菜单设计——图片的编辑、台历及挂历的制作——编辑表格，在讲解理论知识后，还安排了针对性的项目练习，供读者练习。

全书结构合理、语句通俗易懂、图文并茂、易教易学，既适合作为各类高等职业院校数字媒体技术及相关专业的教材，又适合作为广大影视编辑爱好者的参考书。

本书配有电子课件、素材，选择本书作为授课教材的教师可登录机械工业出版社教育服务网（www.cmpedu.com）免费注册下载，或联系编辑（010-88379194）咨询。

图书在版编目（CIP）数据

InDesign CC排版设计 / 徐慧，张宇主编. —北京：机械工业出版社，2022.12（2025.1重印）

职业教育数字媒体技术专业系列教材

ISBN 978-7-111-72109-3

Ⅰ. ①I… Ⅱ. ①徐… ②张… Ⅲ. ①电子排版—应用软件—高等职业教育—教材 Ⅳ. ①TS803.23

中国版本图书馆CIP数据核字（2022）第221927号

机械工业出版社（北京市百万庄大街22号 邮政编码100037）
策划编辑：李绍坤　　　　　责任编辑：李绍坤
责任校对：韩佳欣　张　薇　责任印制：单爱军
北京虎彩文化传播有限公司印刷
2025年1月第1版第3次印刷
184mm×260mm · 14印张 · 284千字
标准书号：ISBN 978-7-111-72109-3
定价：45.00元

电话服务　　　　　　　　网络服务
客服电话：010-88361066　机　工　官　网：www.cmpbook.com
　　　　　010-88379833　机　工　官　博：weibo.com/cmp1952
　　　　　010-68326294　金　书　网：www.golden-book.com
封底无防伪标均为盗版　机工教育服务网：www.cmpedu.com

前言

InDesign软件是一个定位于专业排版领域的设计软件，由Adobe公司于1999年9月1日发布。它是基于一个新的开放的面向对象体系，可实现高度的扩展性，还建立了一个由第三方开发者和系统集成者可以提供自定义杂志、广告设计、目录、零售商设计工作室和排版方案的核心，可支持插件功能。

InDesign整合了多种关键技术，包括所有Adobe专业软件拥有的图像、字形、印刷、色彩管理技术。通过这些程序Adobe提供了首个实现屏幕和打印一致的能力。此外，InDesign包含了对PDF的支持，可以处理基于PDF的数码作品。

所谓版面编排设计就是把已处理好的文字、图形图像通过赏心悦目的安排达到突出主题的目的。因此，在编排期间，文字处理是影响创作发挥和工作效率的重要环节，是否能够灵活处理文字显得非常关键。InDesign将这方面的优越性表现得淋漓尽致。

本书内容

全书共7章，按照平面设计工作的实际需求组织内容，基础知识以实用、够用为原则。内容包括InDesign的奇妙之旅、卡片设计——文字的基础操作、宣传页设计——文字的进阶操作、宣传单设计——样式的设置、书籍封面及画册设计——版式构造、菜单设计——图片的编辑、台历及挂历的制作——编辑表格。

本书特色

本书面向InDesign CC的初、中级用户，采用由浅深入、循序渐进的讲述方法，内容丰富，结构安排合理，实例来自实际工程。

此外，本书包含了大量练习，使读者在学习完一章内容后能够及时检查学习效果。

本书约定

为便于阅读理解，本书的写作风格遵从如下约定：

◎本书中出现的中文菜单和命令将用“”括起来，以示区分。此外，为了使语句更简洁易懂，本书中所有的菜单和命令之间以箭头→分隔，例如，单击“编辑”菜单，再选择“移动”命令，就用“编辑”→“移动”来表示。

◎用加号（+）连接的两个或三个键表示组合键，在操作时表示同时按下这两个或三个键。例如，〈Ctrl+V〉组合键是指在按下〈Ctrl〉键的同时按下〈V〉字母键；〈Ctrl+Alt+F10〉组合键是指在按下〈Ctrl〉和〈Alt〉键的同时按下功能键〈F10〉。

◎在没有特殊指定时，单击、双击和拖动是指用鼠标左键单击、双击和拖动，右击是指用鼠标右键单击。

本书由徐慧、张宇担任主编，王明皓、陶建强、王训峰担任副主编，参加编写的还有田莉莉、叶丽丽、陆美玲、宋颖月。

由于编者水平有限，错误和疏漏之处在所难免，希望广大读者批评指正。

编　者

目 录

第1章 InDesign 的奇妙之旅

【本章导读】

重点知识

■常用的图形图像处理软件及格式

■版面设置

提高知识

■文档的操作

■文档的存储

通过本章可以熟悉 InDesign CC 的工作环境，学习如何新建 InDesign CC 文档和模板以及打开和保存等基本操作方法。

1.1 常用的图形图像处理软件及格式

1.1.1 常用的图形图像处理软件

在平面设计领域中，较为常用的图形图像处理软件包括Photoshop 、Painter、Illustrator、CorelDRAW、InDesign 和 FreeHand 等，其中，Painter 常用在插画等计算机艺术绘画领域；在印刷出版上多使用 InDesign。这些软件分属不同的领域，有着各自的特点，它们之间存在着较强的互补性。

1. Illustrator

Adobe 公司的 Illustrator 是目前使用较为普遍的矢量图形绘图软件之一，它在图像处理上也有着强大的功能。Illustrator 与 Photoshop 连接紧密、功能互补，操作界面也极为相似，深受广大计算机美术爱好者的青睐。

2. CorelDRAW

Corel 公司的 CorelDRAW 是一款广为流行的矢量图形绘制软件，它也可以处理位图，在矢量图形处理领域有着非常重要的地位。

3. FreeHand

Macromedia 公司的 FreeHand 是一款优秀的矢量图形绘图软件，它可以处理矢量图形和位图，有着强大的增效功能，可以制作出复杂的图形和标志。在 FreeHand 中，还可以输出动画和网页。

4. Painter

Corel 公司的 Painter 是优秀的计算机绘画软件之一，它结合了以 Photoshop 为代表的位图图像软件和以 Illustrator、FreeHand 等为代表的矢量图形软件的功能和特点，其惊人的仿真绘画效果和造型效果在业内首屈一指，在图像编辑合成、特效制作、二维绘图等方面均有突出表现。

1.1.2 图像的类型

本节将介绍图像的类型与图像分辨率的相关知识。

1．矢量图与位图

计算机图形主要分为两类，一类是矢量图形，另外一类是位图图像。Photoshop 是典型的位图软件，但它也包含矢量功能，可以创建矢量图形和路径，了解两类图形间的差异对于创建、编辑和导入图片是非常有帮助的。

（1）矢量图

矢量图由经过精确定义的直线和曲线组成，这些直线和曲线称为向量，通过移动直线调整其大小或更改其颜色时，不会降低图形的品质。

矢量图与分辨率无关，也就是说可以将它们缩放到任意尺寸，可以按任意分辨率打印，而不会丢失细节或降低清晰度。因此，矢量图最适合表现醒目的图形，这种图形（例如，徽标）在缩放到不同大小时必须保持线条清晰，如图 1-1 所示。

矢量图的另外一个优点是占用的存储空间相对于位图要小很多。由于计算机的显示器只能在网格中显示图像，因此，在屏幕上看到的矢量图形和位图图像均显示为像素。

图 1-1　矢量图

（2）位图

位图图像在技术上称为栅格图像，它由网格上的点组成，这些点称为像素，如图 1-2 所示。在处理位图图像时，编辑的是像素，而不是对象或形状。位图图像是连续色调图像（例如，照片或数字绘画）最常用的电子媒介，因为它们可以表现出阴影和颜色的细微层次。

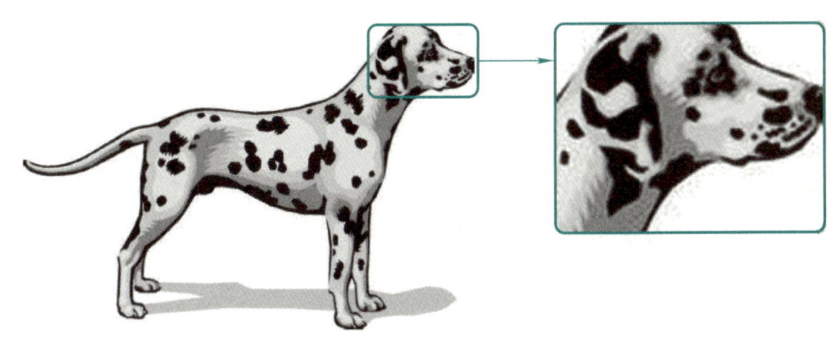

图 1-2　位图

位图图像的特点是可以表现色彩的变化和颜色的细微过渡，从而产生逼真的效果，并且可以很容易地在不同软件之间交换使用。由于受到分辨率的制约，位图图像包含固定的像素数量，在对其进行旋转或者缩放时，很容易产生锯齿。这是因为 Photoshop 无法为图像创建新的像素，它只能将原有的像素变大来填充放大后的空间，产生的结果往往会造成图像空虚。另外，在保存位图图像时，需要记录每一个像素的位置和颜色值，因此，位图占用的存储空间也比较大。

在屏幕上缩放位图图像时，它们可能会丢失细节，因为位图图像与分辨率有关，它们包含固定数量的像素，并且为每个像素分配了特定的位置和颜色值。如果在打印位图图像时采用的分辨率过低，位图图像可能会呈锯齿状，因为此时增加了每个像素的大小。

2. 图像分辨率

分辨率是指单位长度内包含的像素点的数量，它的单位通常为像素／英寸（PPI）。例如，96PPI 表示每英寸包含 96 个像素点，300PPI 表示每英寸包含 300 个像素点。分辨率决定了位图图像细节的精细程度，通常情况下，图像的分辨率越高，所包含的像素就越多，图像就越清晰，印刷的质量就会越好。例如，图 1-3 所示为分辨率是 300PPI 的图像、图 1-4 所示为分辨率是 400PPI 的图像，它们是相同打印尺寸但不同分辨率的两个图像，可以看到，低分辨率的图像有些模糊，而高分辨率的图像就非常清晰。

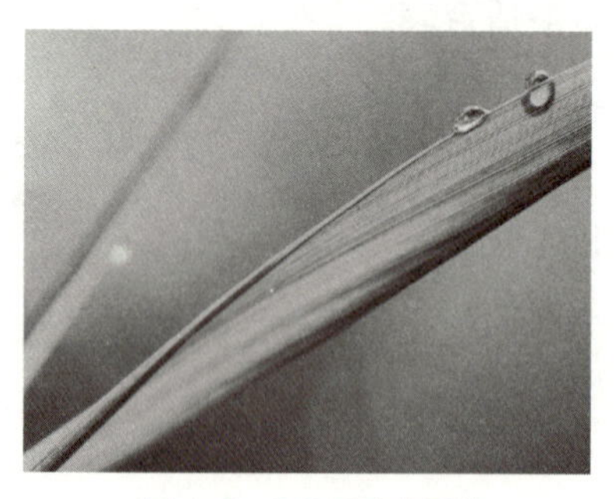

图 1-3 300PPI 的图像

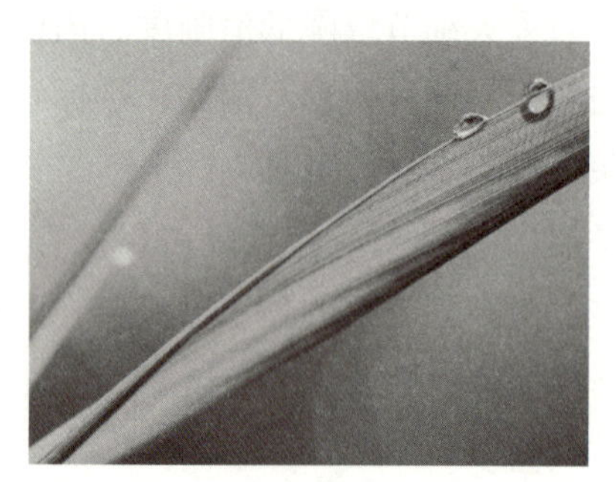

图 1-4 400PPI 的图像

分辨率越高，图像的质量越好，但也会增加文件占用的存储空间，只有根据图像的用途设置合适的分辨率才能取得最佳的使用效果。如果图像用于屏幕显示或者网络，可以将分辨率设置为 72PPI；这样可以减小文件的大小，提高传输和浏览速度；如果图像用于喷墨打印机打印，可以将分辨率设置为 100 ～ 150PPI；如果图像用于印刷，则应设置为 300PPI。

1.1.3 颜色模式

颜色模式决定显示和打印电子图像的色彩模型（简单地说，色彩模型是用于表现颜色的一种数学算法），即一幅电子图像用什么样的方式在计算机中显示或打印输出。

常见的颜色模式包括位图模式、灰度模式、双色调模式、HSB（表示色相、饱和度、亮度）模式、RGB（表示红、绿、蓝）模式、CMYK（表示青、洋红、黄、黑）模式、Lab 模式、索引色模式、多通道模式以及 8 位 /16 位模式。每种模式的图像描述、重现色彩的原理及所能显示的颜色数量是不同的。Photoshop 的颜色模式基于色彩模型，而色彩模型对于印刷中使用的图像非常有用，可以从以下模式中选取：RGB、CMYK、灰度和 Lab。

运行 Photoshop CC 软件，选择“图像”→“模式”命令，打开其子菜单，如图 1-5 所示。

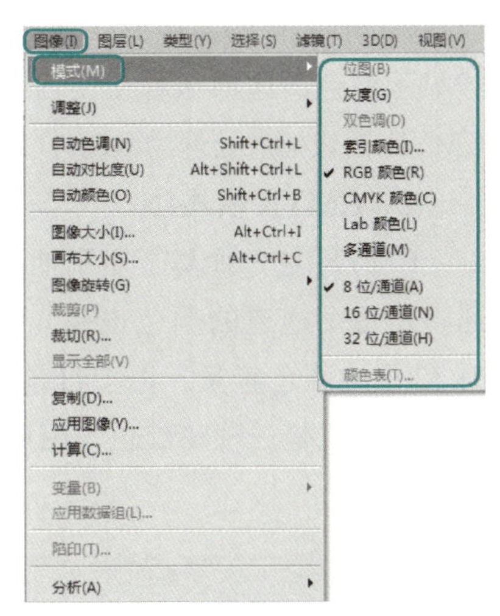

图 1-5　“模式”子菜单

其中包含了各种颜色模式命令，例如，常见的灰度模式、RGB 模式、CMYK 模式及 Lab 模式等，Photoshop 也包含了用于特殊颜色输出的索引色模式和双色调模式。

1. RGB 模式

RGB 模式是色光的彩色模式，R 代表红色，G 代表绿色，B 代表蓝色。Photoshop 中对于彩色图像中的每个 RGB（红色、绿色、蓝色）分量，为每个像素指定一个 0（黑色）到 255（白色）之间的强度值。例如，亮红色可能 R 值为 246，G 值为 20，B 值为 50。

不同的图像中 RGB 的各个成分也不尽相同，可能有的图中 R（红色）成分多一些，有的 B（蓝色）成分多一些。在计算机中，RGB 的所谓“多少”就是指亮度，并使用整数来表示。通常情况下，RGB 各有 256 级亮度，用数字表示为 0 ~ 255。

提示

▶ 虽然亮度数值最高是 255，但 0 也是数值之一，因此共有 256 级。当这 3 种颜色分量的值相等时，结果是中性灰色。

当所有分量的值均为 255 时，结果是纯白色，如图 1-6 所示。

当所有分量的值都为 0 时，结果是纯黑色，如图 1-7 所示。

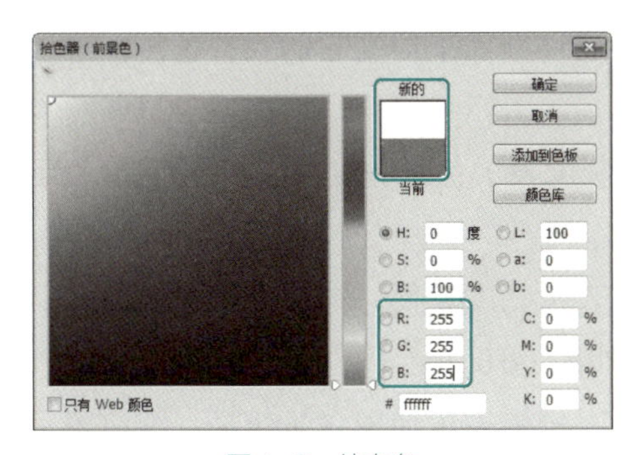

图 1-6　纯白色

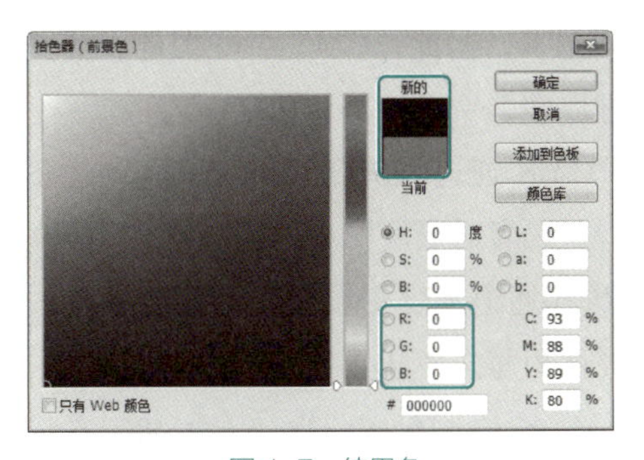

图 1-7　纯黑色

RGB 图像使用 3 种颜色或 3 个通道在屏幕上重现颜色，如图 1-8 所示。

这 3 个通道将每个像素转换为 24 位（8 位 ×3 通道）色信息。对于 24 位图像，可重现多达 1670 万种颜色；对于 48 位图像（每个通道 16 位），可重现更多颜色。新建的

Photoshop 图像的默认模式为 RGB，计算机显示器、电视机、投影仪等均使用 RGB 模式显示颜色，这意味着在使用非 RGB 颜色模式（例如，CMYK）时，Photoshop 会将 CMYK 图像插值处理为 RGB，以便在屏幕上显示。

2. CMYK 模式

CMYK 是一种基于印刷油墨的颜色模式，具有青色、洋红、黄色和黑色 4 个颜色通道，每个通道的颜色也是 8 位，即 256 种亮度级别，4 个通道组合使得每个像素具有 32 位的颜色容量。由于目前的制造工艺还不能造出高纯度的油墨，CMYK 相加的结果实际上是一种暗红色，因此还需要加入一种专门的黑墨来中和。CMYK 通道，如图 1-9 所示。

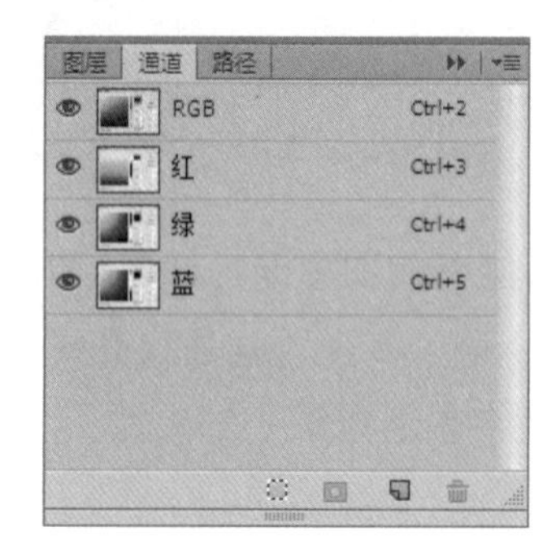

图 1-8　RGB 通道

图 1-9　CMYK 通道

CMYK 模式以打印纸上的油墨的光线吸收特性为基础，当白光照射到半透明油墨上时，色谱中的一部分被吸收，而另一部分被反射回眼睛。理论上，青色（C）、洋红（M）和黄色（Y）混合将吸收所有的颜色并生成黑色，因此，CMYK 模式是一种减色模式，即为最亮（高光）颜色指定的印刷油墨颜色百分比较低，而为较暗（暗调）颜色指定的百分比较高。例如，亮红色可能包含 2% 青色、93% 洋红、90% 黄色和 0% 黑色。因为青色的互补色是红色（洋红和黄色混合即能产生红色），减少青色的含量，其互补色红色的成分也就越多，因此，CMYK 模式是靠减少一种通道颜色来加亮它的互补色的，这显然符合物理原理。

CMYK 通道的灰度图和 RGB 类似，RGB 灰度表示色光亮度，CMYK 灰度表示油墨浓度，但二者对灰度图中的明暗有着不同的定义。

RGB 通道灰度图较白表示亮度较高，较黑表示亮度较低，纯白表示亮度最高，纯黑表示亮度为零。RGB 模式下通道明暗的含义，如图 1-10 所示。

CMYK 通道灰度图较白表示油墨含量较低，较黑表示油墨含量较高，纯白表示完全没有油墨，纯黑表示油墨浓度最高。CMYK 模式下通道明暗的含义，如图 1-11 所示。

在制作要用印刷色打印的图像时，应使用 CMYK 模式。将 RGB 图像转换为 CMYK 即产生分色，如果从 RGB 图像开始，则最好首先在 RGB 模式下编辑，然后在处理结束时转换为 CMYK。在 RGB 模式下，可以使用“校样设置”，选择“视图”→“校样设置”

命令模拟 CMYK 转换后的效果，而无须更改图像的数据，也可以使用 CMYK 模式直接处理从高端系统扫描或导入的 CMYK 图像。

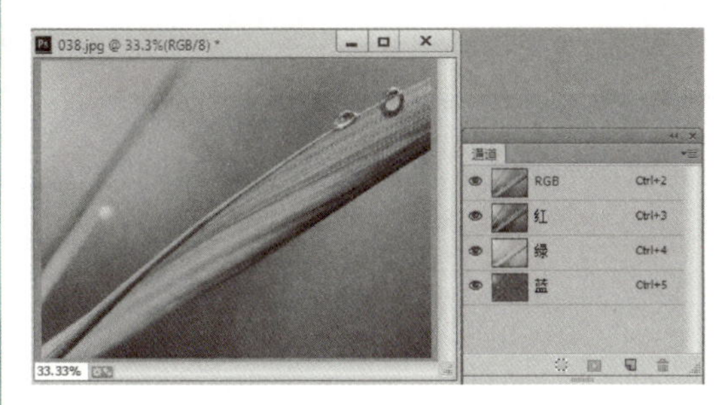

图 1-10 RGB 模式下通道明暗的含义

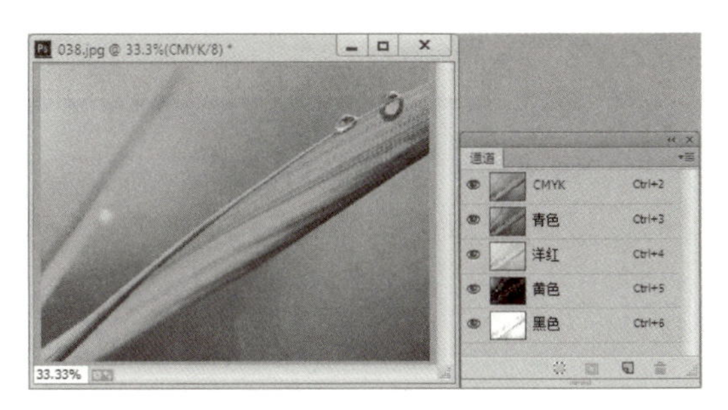

图 1-11 CMYK 模式下通道明暗的含义

3. 灰度模式

所谓灰度图像就是指纯白、纯黑以及两者中的一系列从黑到白的过渡色，人们平常所说的黑白照片、黑白电视实际上都应该称为灰度色才确切。灰度色中不包含任何色相，即不存在红色、黄色这样的颜色。灰度的通常表示方法是百分比，范围从 0 ~ 100%。在 Photoshop 中只能输入整数，百分比越高颜色越偏黑，百分比越低颜色越偏白。灰度最高相当于最高的黑，就是纯黑，灰度为 100% 时，如图 1-12 所示。

灰度最低相当于没有黑色，那就是纯白，灰度为 0 时，如图 1-13 所示。

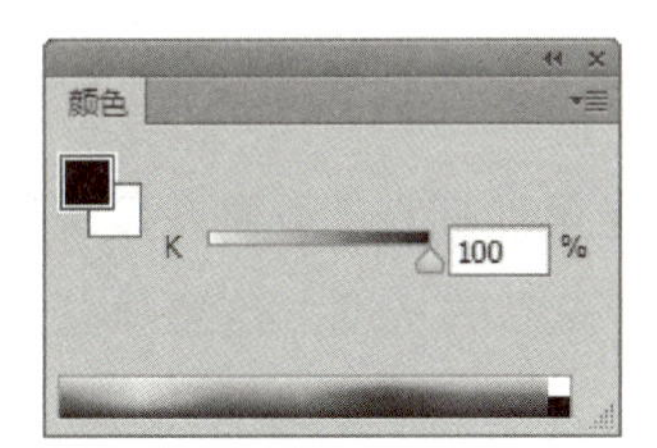

图 1-12 灰度为 100%

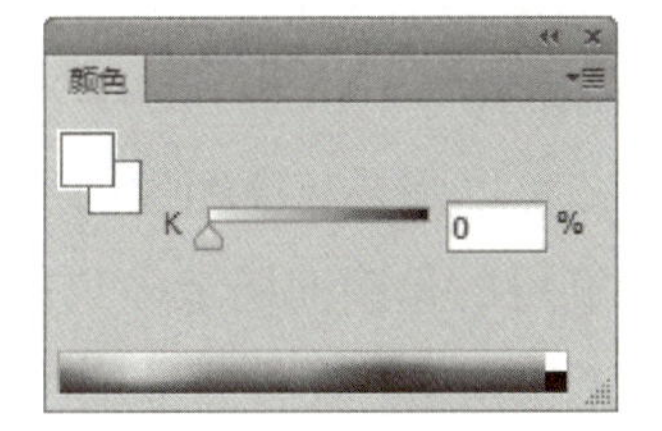

图 1-13 灰度为 0

当灰度图像是从彩色图像模式转换而来时，灰度图像反映的是原彩色图像的亮度关系，即每个像素的灰阶对应原像素的亮度，如图 1-14 所示。

在灰度图像模式下，只有一个描述亮度信息的通道，如图 1-15 所示。

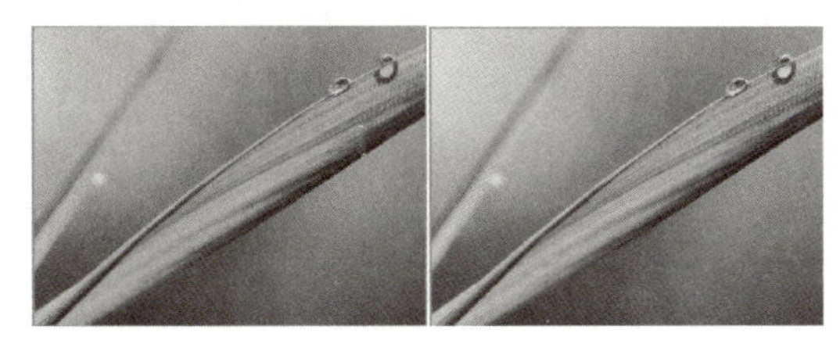

图 1-14 每个像素的灰阶对应原像素的亮度

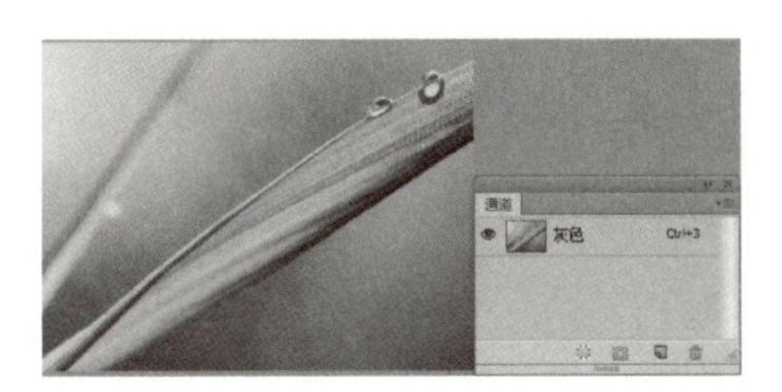

图 1-15 灰色通道

4. 位图模式

在位图模式下，图像的颜色容量是 1 位，即每个像素的颜色只能在两种深度的颜色中选择，不是“黑”就是“白”，其相应的图像也就是由许多个小黑块和小白块组成。

运行 Photoshop CC 软件，选择“图像”→“模式”→“位图”命令，弹出“位图”对话框，如图 1-16 所示。从中可以设定转换过程中的减色处理方法。

提示

▸只有在灰度模式下的图像才能直接转换为位图模式，其他颜色模式的图像必须先转换为灰度图像，然后才能转换为位图模式。

“分辨率”设置区：用于在输出中设定转换后图像的分辨率。

“方法”设置区：在转换的过程中，可以使用 5 种减色处理方法。“50% 阈值”会将灰度级别大于 50% 的像素全部转换为黑色，将灰度级别小于 50% 的像素转换为白色；“扩散仿色”会产生一种颗粒效果；“半调网屏”是商业中经常使用的一种输出模式；“自定义图案”可以根据定义的图案来减色，使得转换更为灵活、自由。

在位图图像模式下，图像只有一个图层和一个通道，滤镜全部被禁用。

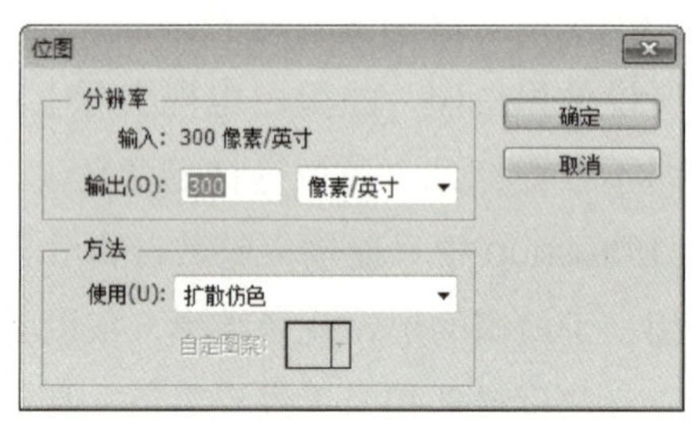

图 1-16 “位图”对话框

5. 双色调模式

双色调模式可以弥补灰度图像的不足。灰度图像虽然拥有 256 种灰度级别，但是在印刷输出时，印刷机的每滴油墨最多只能表现出 50 种左右的灰度，这意味着如果只用一种黑色油墨打印灰度图像，图像将非常粗糙。

如果混合另一种、两种或三种彩色油墨，因为每种油墨都能产生 50 种左右的灰度级别，所以理论上至少可以表现出 50×50 种灰度级别，这样打印出来的双色调、三色调或四色调图像就能表现得非常流畅了。这种靠几盒油墨混合打印的方法被称为“套印”。

一般情况下，双色调套印应用较深的黑色油墨和较浅的灰色油墨进行印刷。黑色油墨用于表现阴影，灰色油墨用于表现中间色调和高光，但更多的情况是将一种黑色油墨与一种彩色油墨配合，用彩色油墨来表现高光区。利用这一技术能给灰度图像轻微上色。

由于双色调使用不同的彩色油墨重新生成不同的灰阶，因此，在 Photoshop 中将双色调视为单通道、8 位的灰度图像。在双色调模式中，不能像在 RGB、CMYK 和 Lab 模式中直接访问单个的图像通道，而是通过“双色调选项”对话框中的曲线来控制通道。

运行 Photoshop CC 软件，选择“图像”→“模式”→“双色调”命令，弹出“双色调选项”对话框，如图 1-17 所示。

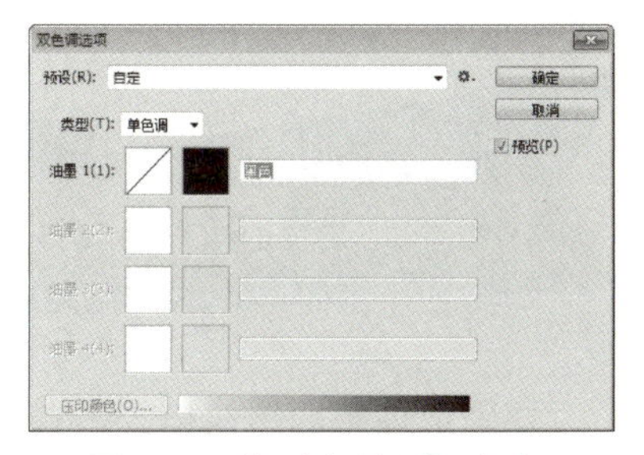

图 1-17　“双色调选项”对话框

“类型”下拉列表框：用于从单色调、双色调、三色调和四色调中选择一种套印类型。

“油墨”设置项：选择了套印类型后，即可在各色通道中用曲线工具调节套印效果。

6. 索引色模式

索引色模式用最多 256 种颜色生成 8 位图像文件。当图像转换为索引色模式时，Photoshop 将构建一个 256 种颜色查找表，用以存放索引图像中的颜色。如果原图像中的某种颜色没有出现在该表中，程序将选取最接近的一种或使用仿色来模拟该颜色。

索引色模式的优点是它的文件可以做得非常小，同时保持视觉品质不单一，非常适于用来做多媒体动画和 Web 页面。在索引色模式下只能进行有限编辑，若要进一步进行编辑，则应临时转换为 RGB 模式。索引色文件可以存储为 Photoshop、BMP、GIF、Photoshop EPS、大型文档格式（PSB）、PCX、Photoshop PDF、Photoshop RAW、Photoshop 2.0、PICT、PNG、Targa 或 TIFF 等格式。

运行 Photoshop CC 软件，选择“图像”→“模式”→“索引颜色”命令，即可弹出“索引颜色”对话框，如图 1-18 所示。

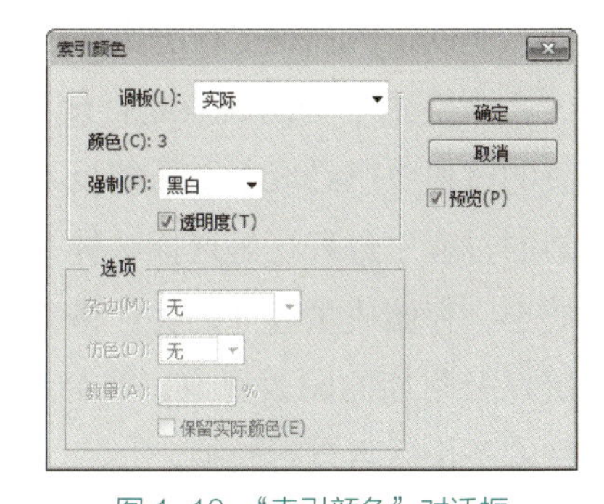

图 1-18　“索引颜色”对话框

“调板”下拉列表框：用于选择在转换为索引色时使用的调色板，例如，需要制作 Web 网页，则可选择 Web 调色板。还可以设置“强制”选项，将某些颜色强制加入颜色列表中，例如，选择“黑白”，就可以将纯黑和纯白强制添加到颜色列表中。

“选项”设置区：在“杂边”下拉列表框中，可指定用于消除图像锯齿边缘的背景色。

在索引色模式下，图像只有一个图层和个通道，滤镜全部被禁用。

7. Lab 模式

Lab 模式是在 1931 年国际照明委员会（CIE）制定的颜色度量国际标准模型的基础上建立的。1976 年，该模型经过重新修订后被命名为 CIE L*a*b。

Lab 模式与设备无关，无论使用何种设备（例如，显示器、打印机、计算机或扫描仪等）创建或输出图像，这种模式都能生成一致的颜色。

Lab 模式是 Photoshop 在不同颜色模式之间转换时使用的中间颜色模式。

Lab 模式将亮度通道从彩色通道中分离出来，成为一个独立的通道。将图像转换为 Lab 模式，然后去掉色彩通道中的 a、b 通道而保留亮度通道，就能获得 100% 逼真的图像亮度信息，得到 100% 准确的黑白效果。

1.1.4 图像格式

要确定理想的图像格式，首先考虑图像的使用方式，例如，用于网页的图像一般使用JPEG和GIF格式，用于印刷的图像一般要保存为TIFF格式。其次要考虑图像的类型，最好将具有大面积平淡颜色的图像存储为GIF或PNG-8文件，而将那些具有颜色渐变或其他连续色调的图像存储为JPEG或PNG-24文件。

下面就将对日常中所涉及的图像格式进行简单介绍。

1. PSD格式

PSD是Photoshop软件专用的文件格式，是Adobe公司优化格式后的文件，能够保存图像数据的每一个细小部分，包括图层、蒙版、通道以及其他少数内容，但这些内容在转存成其他格式时将会丢失。它支持所有的可用图像模式(位图、灰度、双色调、索引色、RGB、CMYK、Lab和多通道等)、参考线、Alpha通道、专色通道和图层（包括调整图层、文字图层和图层效果等）等格式。另外，因为这种格式是Photoshop支持的自身格式文件，所以，Photoshop能比其他格式更快地打开和存储这种格式的文件。

该格式唯一的缺点是：使用这种格式存储的图像文件特别大，尽管Photoshop在计算的过程中已经应用了压缩技术，但是因为这种格式不会造成任何数据的流失，所以在编辑的过程中最好还是选择这种格式保存，直到最后编辑完成后再转换成其他占用磁盘空间较小、存储质量较好的文件格式。在存储成其他格式的文件时，有时会合并图像中的各图层以及附加的蒙版通道，这会给再次编辑带来不少麻烦，因此，最好在存储一个PSD文件的备份后再进行转换。

2. TIFF格式

TIFF格式直译为“标签图像文件格式”，最初是由Aldus为Macintosh机开发的文件格式。

TIFF用于在应用程序之间和计算机平台之间交换文件，被称为标签图像格式，是Macintosh和PC上使用非常广泛的文件格式。它采用无损压缩方式，与图像像素无关。TIFF常被用于彩色图片色扫描，它以RGB的全彩色格式存储。

TIFF格式支持带Alpha通道的CMYK、RGB和灰度文件，支持不带Alpha通道的Lab、索引色和位图文件，也支持LZW压缩。

存储Adobe Photoshop图像为TIFF格式，可以选择存储文件为IBM-PC兼容计算机可读的格式或Macintosh可读的格式。要自动压缩文件，可勾选“LZM压缩”复选框。对TIFF文件进行压缩可减少文件大小，但会增加打开和存储文件的时间。

TIFF 是一种灵活的位图图像格式，实际上被所有的绘画、图像编辑和页面排版应用程序所支持，而且几乎所有的桌面扫描仪都可以生成 TIFF 图像。TIFF 格式支持 Alpha 通道的 CMYK、RGB 和灰度文件，支持不带 Alpha 通道的 Lab、索引色和位图文件。Photoshop 可以在 TIFF 文件中存储图层，但是如果在另一个应用程序中打开该文件，则只有拼合图像是可见的。Photoshop 也能够以 TIFF 格式存储注释、透明度和分辨率等数据，TIFF 文件格式在实际工作中主要用于印刷。

3. JPEG 格式

JPEG 是 Macintosh 机上常用的存储类型，但是，无论是从 Photoshop、Painter、FreeHand、Illustrator 等平面软件还是在 3ds Max 中都能够打开此类格式的文件。

JPEG 格式是所有压缩格式中非常优秀的格式。在压缩前，可以从对话框中选择所需图像的最终质量，这样，就有效地控制了 JPEG 在压缩时的损失数据量，并且可以在保持图像质量不变的前提下，产生惊人的压缩比率。在没有明显质量损失的情况下，它的体积能降到原 BMP 图片的 1/10。

另外，用 JPEG 格式可以将当前所渲染的图像输入 Macintosh 机上做进一步处理，或将 Macintosh 制作的文件以 JPEG 格式再现于 PC 上。总之，JPEG 是一种极具价值的文件格式。

4. GIF 格式

GIF 是一种压缩的 8 位图像文件。正因为它是经过压缩的，而且又是 8 位的，所以，这种格式的文件大多用在网络传输上，速度要比传输其他格式的图像文件快得多。

此格式文件的最大缺点是最多只能处理 256 种色彩。它绝不能用于存储真彩的图像文件。也正因为其体积小而曾经一度被应用在计算机教学、娱乐等软件中，也是人们较为喜爱的 8 位图像格式。

5. BMP 格式

BMP 全称为 Windows Bitmap，是微软公司 Paint 的自身格式，可以被多种 Windows 和 OS/2 应用程序支持。Photoshop 中最多可以使用 16M 的色彩渲染 BMP 图像。因此，BMP 格式的图像可以具有极其丰富的色彩。

6. EPS 格式

EPS（Encapsulated PostScript）格式是专门为存储矢量图形而设计的，用于在 PostScript 输出设备上打印。

Adobe 公司的 Illustrator 是绘图领域中一个极为优秀的程序。它既可用来创建流动曲线、简单图形，也可以用来创建专业级的精美图像。它的作品一般存储为 EPS 格式。通常它也是 CorelDRAW 等软件支持的一种格式。

7. PDF 格式

PDF 格式被用于 Adobe Acrobat 中，它是 Adobe 公司用于 Windows、MacOS、

UNIX 和 DOS 中的一种电子出版软件。使用 Acrobat Reader 软件可以查看 PDF 文件。与 PostScript 页面一样，PDF 文件可以包含矢量图形和位图图形，还可以包含电子文档的查找和导航功能，例如，电子链接等。

PDF 格式支持 RGB、索引色、CMYK、灰度、位图和 Lab 等颜色模式，但不支持 Alpha 通道。PDF 格式支持 JPEG 和 ZIP 压缩，但位图模式文件除外。位图模式文件在存储为 PDF 格式时采用 CCITT Group 4 压缩。在 Photoshop 中打开其他应用程序创建的 PDF 文件时，Photoshop 会对文件进行栅格化。

8. PCX 格式

PCX 格式普遍用于 IBM PC 兼容计算机上。大多数 PC 软件支持 PCX 格式版本 5，版本 3 文件采用标准 VGA 调色板，该版本不支持自定义调色板。

PCX 格式可以支持 DOS 和 Windows 下绘图的图像格式。PCX 格式支持 RGB、索引色、灰度和位图颜色模式，不支持 Alpha 通道。PCX 支持 RLE 压缩方式，支持位深度为 1、4、8 或 24 的图像。

9. PNG 格式

现在有越来越多的程序设计人员建立以 PNG 格式替代 GIF 格式的倾向。像 GIF 一样，PNG 也使用无损压缩方式来减小文件的尺寸。越来越多的软件开始支持这一格式，有可能不久的将来它将会在整个 Web 上流行。

PNG 图像可以是灰阶的（位深可达 16 位）或彩色的（位深可达 48 位），为缩小文件尺寸，它还可以是 8 位的索引色。PNG 使用的新的高速的交替显示方案可以迅速地显示图像，只要下载 1/64 的图像信息就可以显示出低分辨率的预览图像。与 GIF 不同，PNG 格式不支持动画。

PNG 用于存储的 Alpha 通道定义文件中的透明区域，以确保将文件存储为 PNG 格式之前，删除那些除了想要的 Alpha 通道以外的所有的 Alpha 通道。

1.2 启动和退出InDesign CC

如果要启动 InDesign CC，可选择“开始”→“所有程序”→“Adobe InDesign CC”命令，如图 1-19 所示，除此之外，用户还可在桌面上双击该程序的图标或双击与 InDesign CC 相关的文档。

如果要退出 InDesign CC，可在程序窗口中选择“文件”→“退出”命令，如图 1-20 所示。

图 1-19　选择“ Adobe InDesign CC”命令

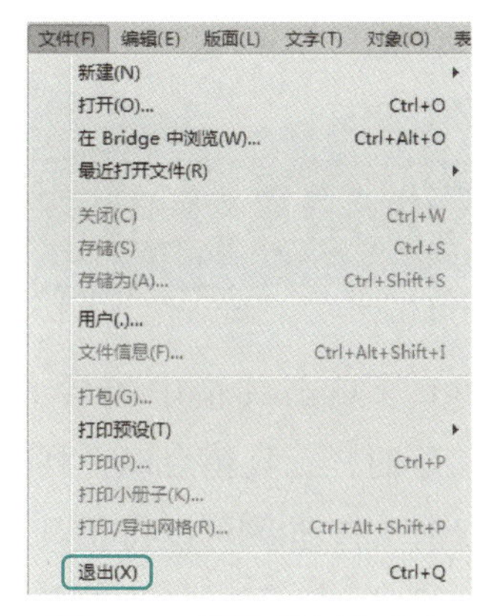

图 1-20　选择“退出”命令

除以上方法外，执行下列操作也可以退出 InDesign CC：

1）单击 InDesign CC 程序窗口右上角的 × 按钮。

2）双击 InDesign CC 程序窗口左上角的 Id 图标。

3）按下〈Alt+F4〉组合键。

4）按下〈Ctrl+Q〉组合键。

1.3　InDesign CC工作区的介绍

InDesign CC 的工作界面是由工具箱、各种面板、菜单栏、控制面板和状态栏等组成的，如图 1-21 所示。

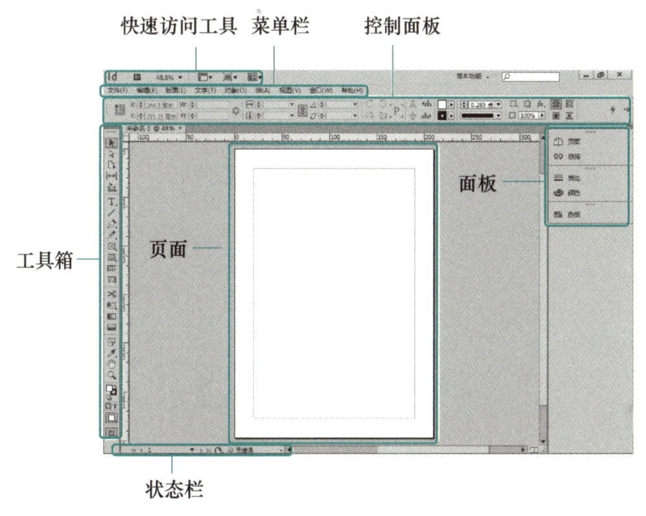

图 1-21　工作界面

1.3.1 工具箱

InDesign CC 工具箱中包含大量用于创建、选择和处理对象的工具。最初启动 InDesign CC 时，工具箱会以 1 列的形式出现在 InDesign CC 的工作界面左侧，单击工具箱上的双箭头按钮⏩可以将工具箱转换为 2 列，在菜单栏中选择“窗口”→“工具”命令，如图 1-22 所示，可以打开或者隐藏工具箱。

提示

▸按〈Tab〉键也可以隐藏或显示工具箱，但是会将所有的面板一起隐藏。

单击工具箱中的某种工具或者按键盘上的快捷键，便可以选中该工具。当光标移动到工具上时，会显示出该工具的名称和相应的快捷键。

在工具箱中有些工具是隐藏的，用鼠标左键按住按钮不放或单击鼠标右键，可以显示隐藏的工具按钮，如图 1-23 所示。显示出隐藏工具后，将鼠标移动到要选择的工具上方，释放鼠标左键即可选中该工具。

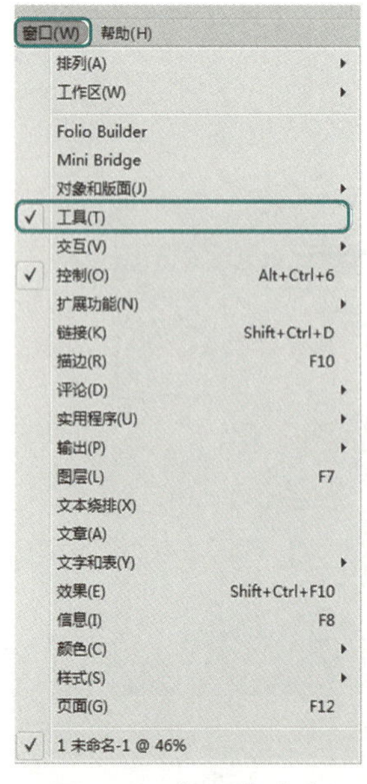

图 1-22 “工具”命令

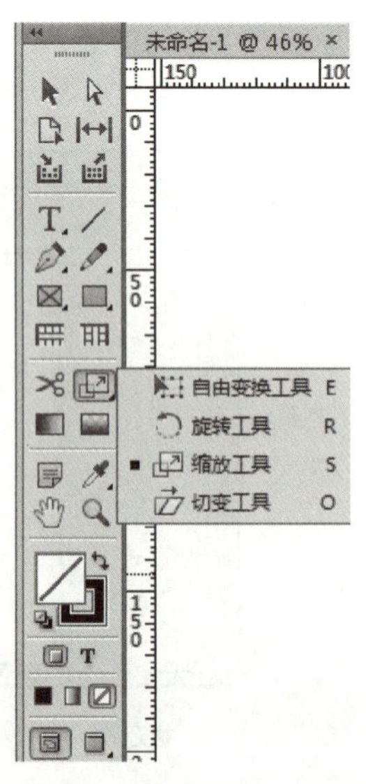

图 1-23 显示隐藏的工具按钮

1.3.2　菜单栏

InDesign CC 共由 9 个命令菜单组成，分别为“文件”“编辑”“版面”“文字”“对象”“表”“视图”“窗口”和“帮助”，每个菜单中都包含不同的命令。

单击一个菜单名称或按〈Alt〉键 + 菜单名称后面的字母即可打开相应的菜单，例如，要选择“版面”菜单，可以按〈Alt+L〉组合键，即可打开“版面”菜单，如图 1-24 所示。

打开某些菜单后，可以发现有些命令后有三角形标记，将光标放置在该命令上会显示该命令的子命令，如图 1-25 所示。选择子菜单中的一个命令即可执行该命令，有些命令后面附有快捷键，按下该快捷键可快速执行此命令。

有些命令后面只有字母，没有快捷键。要通过快捷方式执行这些命令可以按〈Alt〉键 + 主菜单的字母，打开主菜单，再按一下某个命令后面相应的字母即可执行该命令。例如，按下键盘上的〈Alt+E+L〉组合键即可在菜单栏中选择“编辑”→“清除”命令，如图 1-26 所示。

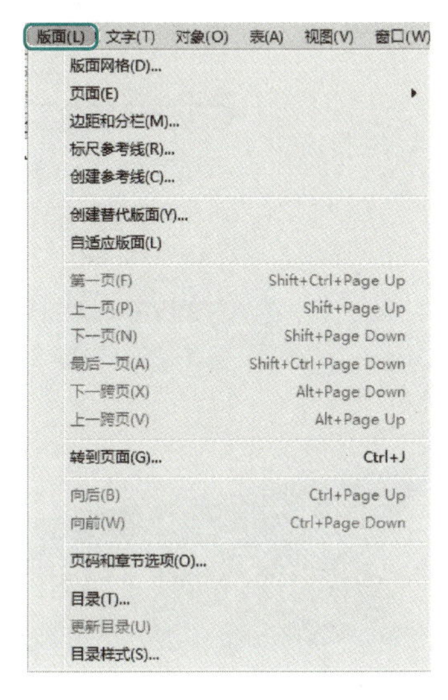

图 1-24　“版面”菜单

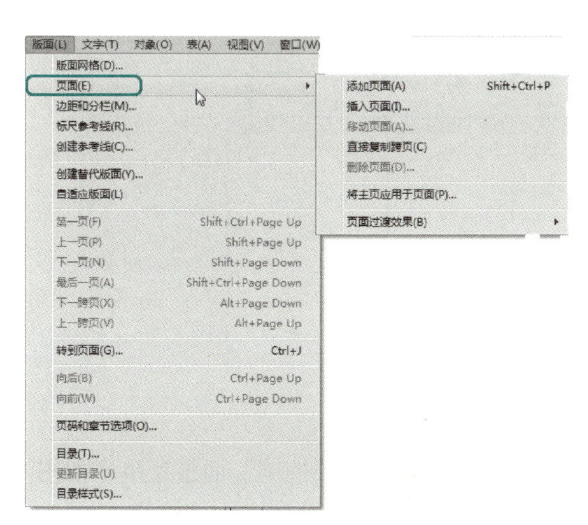

图 1-25　弹出的子菜单命令

图 1-26　只有字母的菜单命令

某些命令后带有“…”符号，如图 1-27 所示，表示执行该命令后会弹出相应的对话框，如图 1-28 所示。

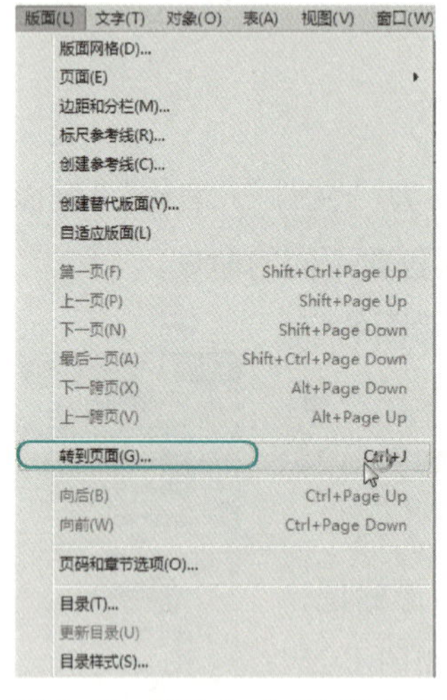

图 1-27 带有“…”符号的命令

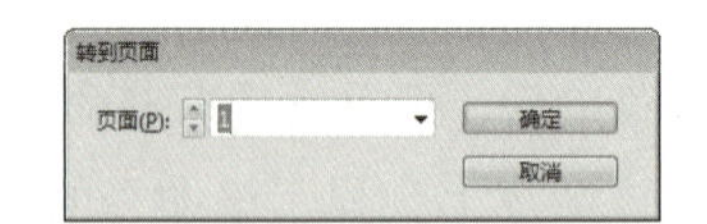

图 1-28 执行命令弹出相应的对话框

1.3.3 “控制”面板

使用“控制”面板可以快速访问选择对象的相关选项。默认情况下，“控制”面板在工作区域的顶部。

所选择的对象不同，“控制”面板中显示的选项也随之不同。例如，单击工具箱中的“文字工具” T，“控制”面板中就会显示与文本有关的选项，如图 1-29 所示。

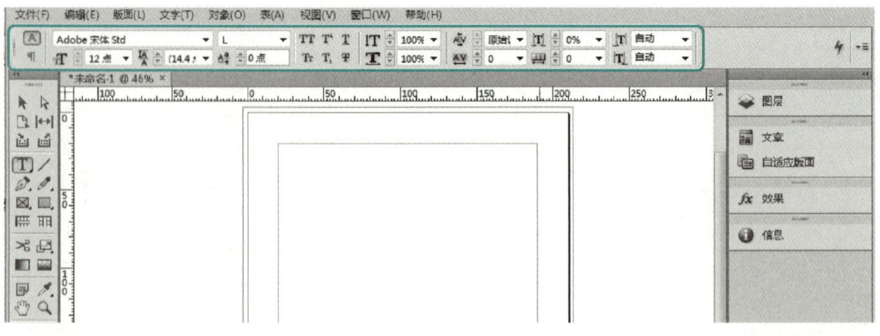

图 1-29 文本“控制”面板

单击“控制”面板右侧的向下小箭头按钮，可以弹出“控制”面板菜单，如图 1-30 所示。用户可以根据需要在该菜单中选择相应的命令来控制该面板所在的位置。

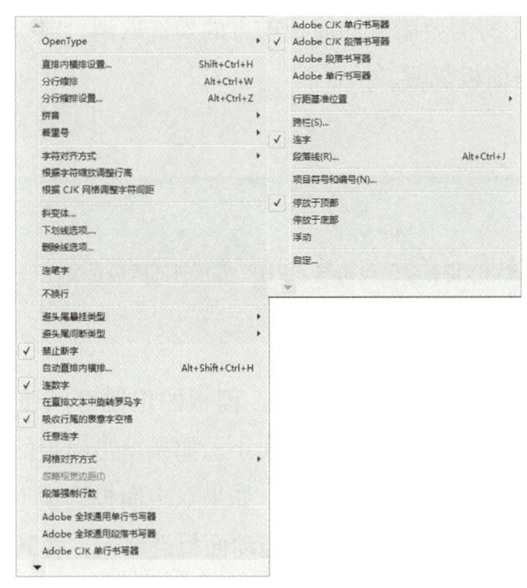

图 1-30 “控制”面板菜单

1.3.4　面板

在 InDesign CC 中，有很多快捷的设置方法，使用面板就是其中的一种。面板可以快速地完成设置页面属性、控制连接与调整描边相关属性等工作。

InDesign CC 提供了多种面板，在“窗口”菜单中可以看到这些面板的名称，如图 1-31 所示。如果要使用一个面板则单击这个面板即可打开，对其进行操作，例如，选择“窗口”→“页面”命令后即可打开相应的面板，如图 1-32 所示，如果想要隐藏相应的

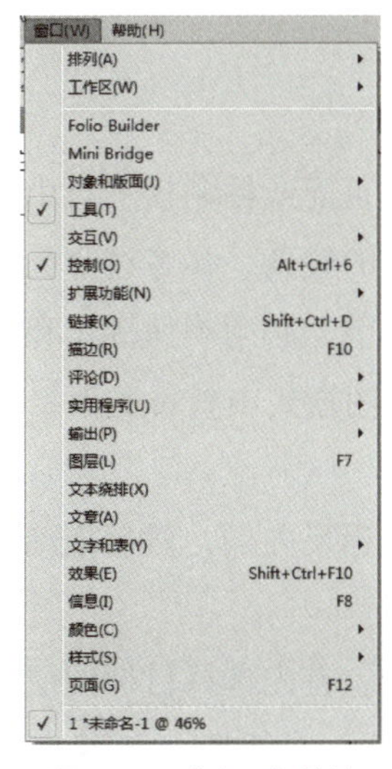

图 1-31 “窗口”菜单

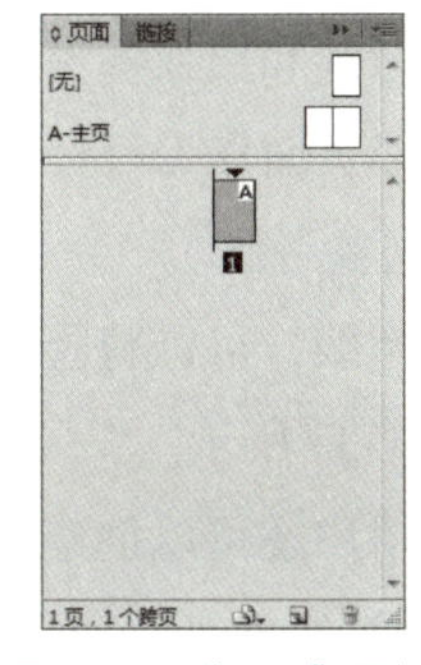

图 1-32 “页面”面板

面板，在“窗口”菜单中将需要隐藏的面板前方的勾选取消，或是直接单击面板右上角的“关闭”按钮，即可将面板隐藏。

提示

▶按〈Shift+Tab〉组合键可以隐藏除工具箱与“控制”面板外的所有面板。

面板总是位于最前方的，可以随时访问。面板的位置可以通过拖动标题栏的方式移动，也可以通过拖动面板的任何一角调整其大小。如果单击面板的标题栏，则可以将面板折叠成图标，再次单击标题栏即可展开面板。如果双击面板选项卡，则可以在折叠、部分显示、全部显示 3 种视图之间切换，也可以拖动面板选项卡，将其拖放到其他组中。

1.4 InDesign CC辅助工具

在排版过程中，首先要进行页面设置。页面设置包括纸张大小、页边距、页眉、页脚等，还可以设置分栏和栏间距。配合页面辅助工具可以准确放置这些元素，例如，标尺、参考线、网格等。

1.4.1 参考线

标尺参考线与网格的区别在于标尺参考线可以在页面或粘贴板上自由定位。参考线是与标尺关系密切的辅助工具，是版面设计中用于参照的线条。参考线分为 3 种类型即标尺参考线、分栏参考线和出血参考线。在创建参考线之前，必须确保标尺和参考线都可见并选择正确的跨页或页面作为目标，然后在“正常”视图模式中查看文档。

1．创建标尺参考线

要创建页参考线，可以将指针定位到水平或垂直标尺内侧，然后拖动到跨页上的目标位置即可，如图 1-33 所示。

除此之外，用户还可以创建等间距的页面参考线。首先选择目标图层，在菜单栏中选择“版面”→“创建参考线”命令，弹出“创建参考线”对话框，如图 1-34 所示，用户可以在该对话框中进行相应的设置，然后单击“确定”按钮即可创建等间距的页面参考线，例如，将“行数”和“栏数”分别设置为5和4，然后单击“确定”按钮进行创建，完成后的效果，如图1-35所示。

使用“创建参考线”命令创建的栏与选择“版面”→“边距和分栏”命令创建的栏不同。例如，使用“创建参考线”命令创建的栏在置入文本时不能控制文本排列，而使用“边距和分栏”命令可以创建适合用于自动排文的主栏分割线，如图1-36所示。创建主栏分割线后可以再使用“创建参考线”命令创建栏、网格和其他版面辅助元素。

图1-33　创建页参考线

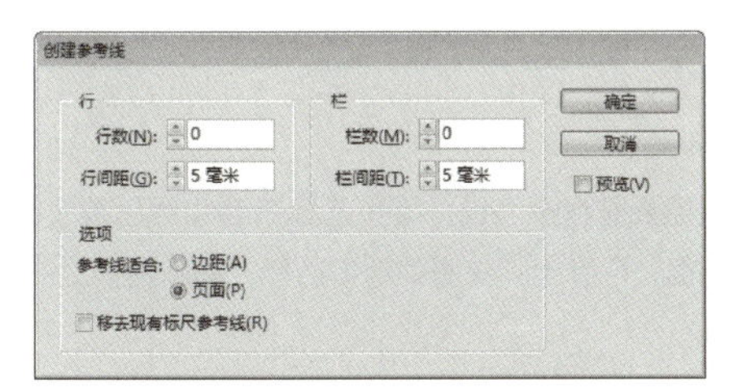

图1-34　“创建参考线”对话框

图1-35　创建等间距的页面参考线

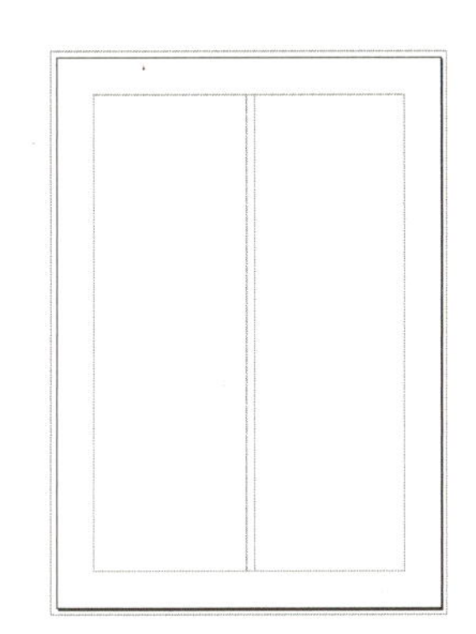

图1-36　使用“边距和分栏”命令

2. 创建跨页参考线

要创建跨页参考线，可以从水平或垂直标尺拖动，将指针保留在粘贴板中，使参考线定位到跨页中的目标位置。

提示

▸要在粘贴板不可见时创建跨页参考线。例如，在放大的情况下，按住〈Ctrl〉键的同时水平或垂直拖动目标跨页。要在不进行拖动的情况下创建跨页参考线，可以双击水平或垂直标尺上的目标位置。如果要将参考线与最近的刻度线对齐，可以在双击标尺时按住〈Shift〉键。

要同时创建水平或垂直的参考线，在按住〈Ctrl〉键的同时将目标跨页的标尺交叉点拖动到目标位置即可。按住〈Ctrl〉键时从目标跨页的标尺交叉点拖动添加参考线后的效果，如图 1-37 所示。

要以数字方式调整标志参考线的位置，可以在选择参考线后在“控制”面板中输入 X 和 Y 值，除此之外，用户还可以在选择参考线后按方向键调整参考线的位置。

3．选择与移动参考线

要选择参考线，可以使用“选择工具”和“直接选择工具”。按住〈Shift〉键可以选择多个参考线。

要移动跨页参考线，可以在按住〈Ctrl〉键的同时在页面内拖动参考线。

提示

▸如果要删除参考线，可在选择该参考线后按〈Del〉键。要删除目标跨页上的所有标尺参考线，可以单击鼠标右键，在弹出的快捷菜单中选择“删除跨页上的所有参考线”命令，如图 1-38 所示。

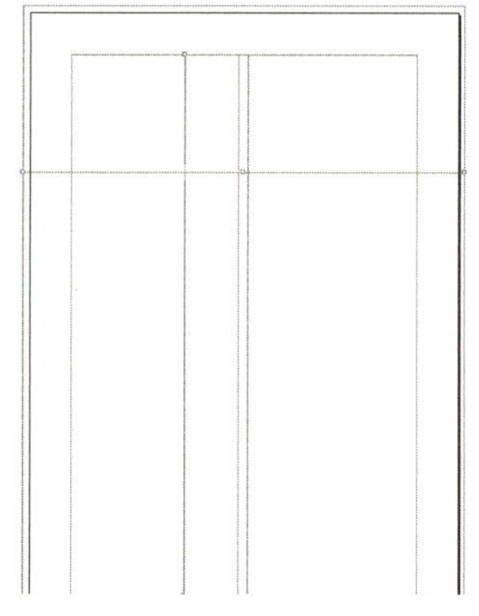

图 1-37　创建跨页参考线

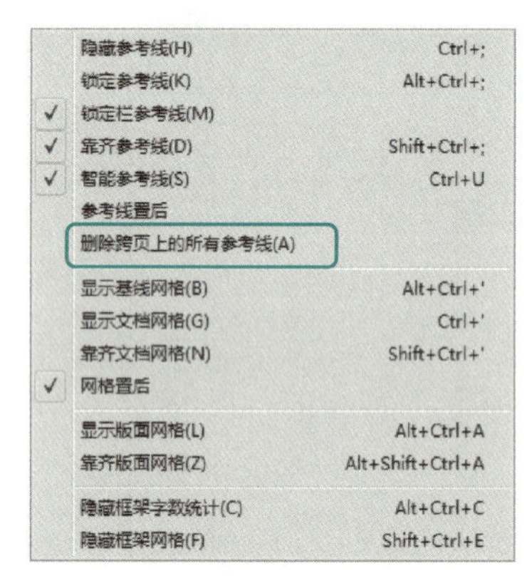

图 1-38　选择“删除跨页上的所有参考线”

4．使用参考线创建不等宽的栏

要创建间距不等的栏，需要先创建等间距的标尺参考线，将参考线拖动到目标位置然后转到需要再改的主页或跨页中，使用“选择工具”拖动分栏参考线到目标位置即可。不能将其拖动到超过相邻栏参考线的位置，也不能将其拖动到页面之外。

1.4.2 标尺

在制作标志、包装设计时，可以利用标尺和零点，精确定位图形和文本所在的位置。

标尺是带有精确刻度的量度工具，它的刻度尺大小随单位的改变而改变。在 InDesign CC 中，标尺由水平标尺和垂直标尺两部分组成。在默认情况下，标尺以 mm 为单位，还可以根据需要将标尺的单位设置为 in、cm、mm 或者像素。如果标尺没有打开，在菜单栏中选择“视图”→“显示标尺”命令，如图 1-39 所示，即可打开标尺。在标尺上单击鼠标右键，在弹出的快捷菜单中可以设置“标尺”的单位，如图 1-40 所示。

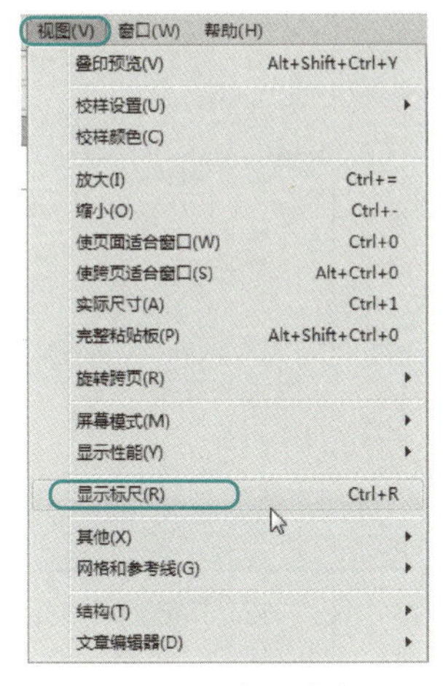

图 1-39 标尺命令

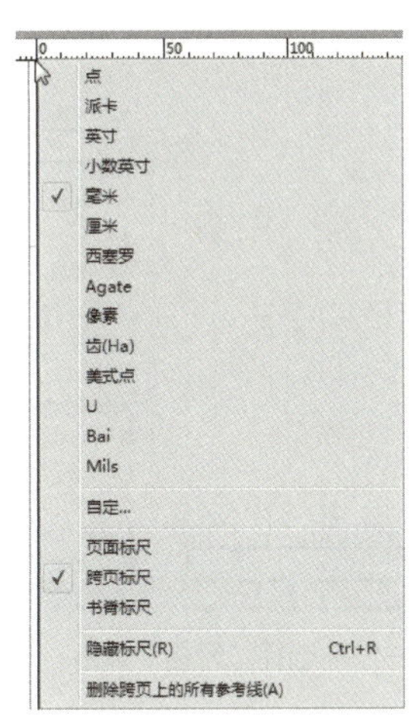

图 1-40 设置“标尺”单位的快捷菜单

1.4.3 网格

网格是用来精确定位对象的，它由多个方块组成。可以将方块分成多个小方块或用大方块定位整体的排版，用小方格来精确布局版面中的元素。网格分为 3 种类型，即版面网格、文档网格和文档基线网格。要设置网格参数，可以在菜单栏中选择“编辑”→“首选项”→“网格”命令，如图 1-41 所示，弹出“首选项”对话框，用户可以在该对话框中对网格进行相关属性的设置，如图 1-42 所示。

1.“基线网络”选项组

在该选项组中可以指定基线网格的颜色，从哪里开始、每条网格线相距多少以及何时出现等。要显示文档的基线网格，在菜单栏中选择“视图”→“网格和参考线”→“显示基线网格”命令。在该选项组中有如下选项。

“颜色”：基线网格的默认颜色是“淡蓝色”。可以从“颜色”下拉列表中选择一种不同的颜色，如果选择“自定义”选项，则用户可以自己定义一种颜色。

“开始”：在该文本框中可以指定网格开始处与页面顶部之间的距离。

“相对于”：在该选项的下拉列表中可以选择网格开始位置，包含两个选项，分别是“页面顶部”和“上边距”。

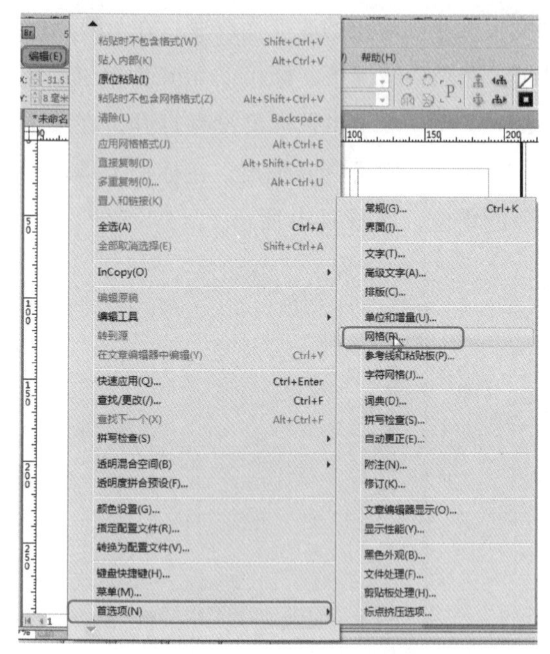

图 1-41　选择“网格”命令

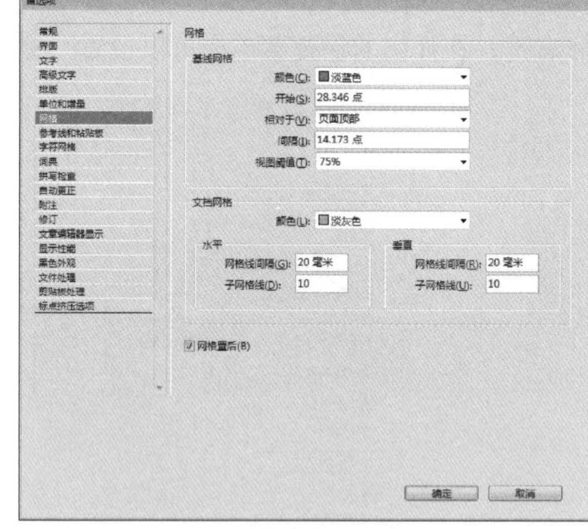

图 1-42　“首选项”对话框

“间隔”：在该文本框中可以指定网格线之间的距离，默认值为“5 毫米”，这个值通常被修改为匹配主体文本的行距，这样文本就与网格排列在一起。

“视图阈值”：在减小视图比例时可以避免显示基线网格。如果使用默认设置，视图比例在 75%以下时不会出现基线网格，可以输入 5%～4000%之间的值。

2.“文档网格”选项组

文档网格由交叉的水平网格线和垂直网格线组成，形成了一个可用于对象放置和绘制对象的小正方形样式。可以自定义网格线的颜色和间距。要显示文档网格，在菜单栏中选择“视图”→“网格和参考线”→“显示文档网格”命令，“文档网格”选项组中的各选项介绍如下。

“颜色”：文档网格的默认颜色为“淡灰色”。可以从“颜色”下拉列表中选择一种不同的颜色，如果选择“自定义”选项，则会弹出“颜色”对话框，用户可以自定义一种颜色。

“网格线间隔”：颜色稍微有点深的主网格线按照此值来定位。默认值为“20 毫米”，通常需要指定一个正在使用的度量单位的值。例如，如果正在使用英寸为单位，就可以在“网格线间隔”文本框中输入“1 英寸”。这样，网格线就会与标尺上的主刻度符号相匹配了。

“子网格线”：该选项主要用于指定网格线间的间距数。建立在“网格线间隔”文本框中的主网格线根据在该文本框中输入的值来划分。例如，如果在“网格线间隔”文本框中输入“1 英寸”，并在“子网格线”文本框中输入“4”，就可以每隔 1/4in 获得一条网格线。默认的子网格线数量为“10”。

1.5 版面设置

在 InDesign CC 中创建文件时，不仅可以创建多页文档，还可以将多页文档分割为单独编号的章节。下面将针对 InDesign CC 版面的设置进行详细讲解。

1.5.1 页面和跨页

在菜单栏中选择“文件”→“新建”→“文档”命令，弹出“新建文档”对话框，使用其默认的参数设置，如图 1-43 所示。单击“边距和分栏”按钮，再在弹出的“新建边距和分栏”对话框中进行设置，如图 1-44 所示，设置完成后单击“确定”按钮即可创建一个文档。

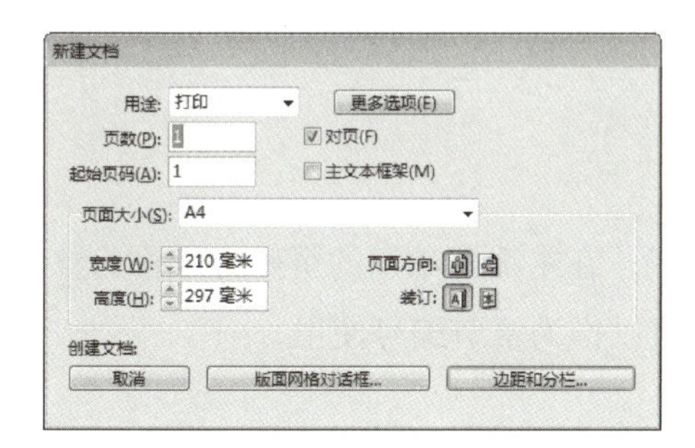

图 1-43 “新建文档”对话框

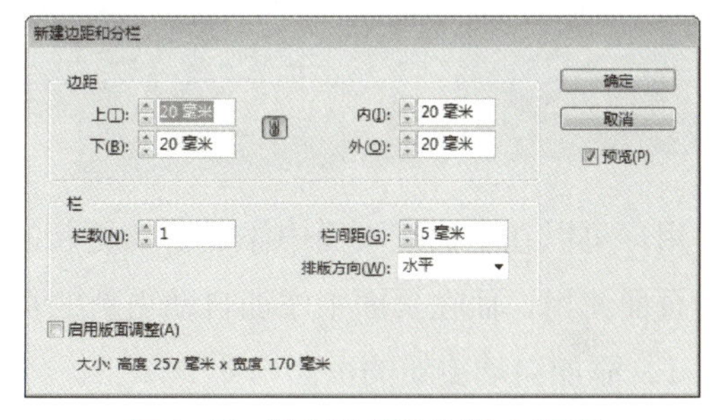

图 1-44 “新建边距和分栏”对话框

在菜单栏中选择“窗口”→“页面”命令，打开“页面”面板，在该面板中可以看到该文档的全部页面，还可以在该面板中设置页面的相关属性。

当创建的文档超出 2 页以上时，在“页面”面板中可以看到左右对称显示的一组页面，该页面称为跨页，就如翻开图书时看到的一对页面。

提示

▶如果需要创建多页文档，可以在“新建文档”对话框中的“页数”文本框中直接输入页数的数值，如果勾选“对页”复选框，InDesign 会自动将页面排列成跨页形式。

1.5.2 主页

InDesign CC 中的主页可以作为文档中的背景页面，在印刷时主页本身是不会被打印的，使用主页的任何页面都会印刷出源自主页的内容，在主页中主要可以设置页码、页眉、页脚和标题等。在主页中还可以包含空的文本框架和图形框架，作为文档页面上的占位符。

在“状态”栏中的“页面字段”下拉列表中选择“A- 主页”选项，如图 1-45 所示，便可以进入主页编辑状态，在该状态下对主页进行编辑后，文档中的页面便会进行调整。

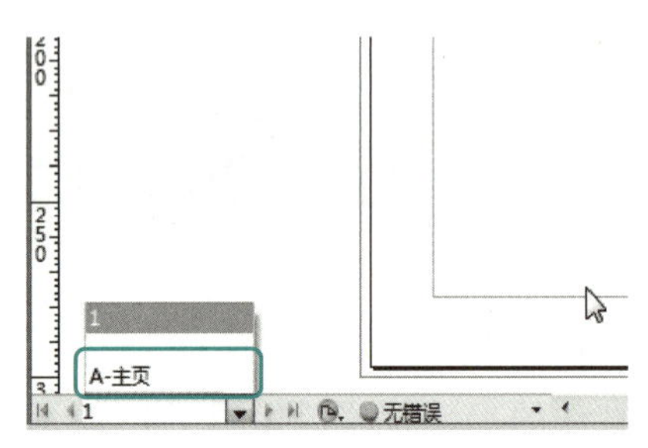

图 1-45　选择“A- 主页”选项

1.5.3 页码和章节

用户可以在主页或页面中添加自动更新的页码，在主页中添加的页码可以作为整个文档的页面使用，而在页面中添加自动更新的页码可以作为章节编号使用。

1．添加自动更新的页面

在主页中添加的页码标志符可以自动更新，这样可以确保多页出版物中的每一页上都显示正确的页码。

如果需要添加自动更新的页码，首先需要在“页码”面板中选中目标主页，然后使用“文字工具”，在要添加页面的位置拖动出矩形文本框架，输入需要与页面一起显示的文本，例如，“page”“第　页”等，如图 1-46 所示。在菜单栏中选择“文字”→“插入特殊字符”→“标志符”→“当前页码”命令，如图 1-47 所示，即可插入自动更新的页码，在主页中显示如图 1-48 所示。

图 1-46　输入文本

2．添加自动更新的章节编码

章节编号与页码相同也是可以自动更新的，并像文本一样可以设置其格式和样式。

章节编号变量常用于书籍的各个文档中。在 InDesign CC 中，在一个文档中无论插入多少章节编号都是相同的，因为一个文档只能拥有一个章节编号，如果需要将单个文档划分为多个章，可以使用创建章节的方式来实现。

如果需要在显示章节编号的位置创建文本框架，使某一章节编号在若干页面中显示，可以在主页上创建文本框架，并将此主页应用于文档页面中。

在章节编号文本框架中，可以添加位于章节编号之前或之后的任何文本或变量。方法是：将插入点定位在显示章节编号的位置，然后在菜单栏中选择“文字”→“文本变量”→“插入文本变量”→“章节编号”命令即可。

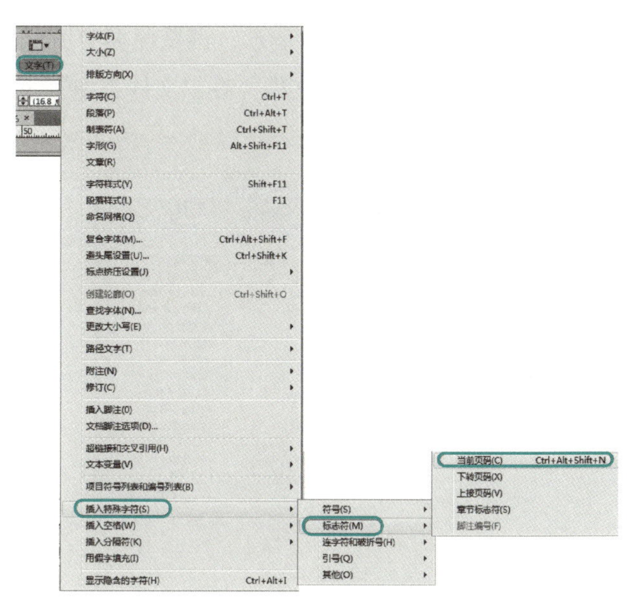

图 1-47　选择“当前页码”命令

3．添加自动更新的章节标志符

如果需要添加自动更新的章节标志符，需要先在文档中定义章节，然后在章节中使用页面或主页。方法是：使用“文字工具”创建一个文本框架，然后在菜单栏中选择“文字”→“插入特殊字符”→“标志符”→“章节标志符”命令即可。

提示

▶在“页面”面板中，可以显示绝对页码或章节页码。更改页码显示方式将影响 InDesign 文档中显示指示页面的方式，但不会改变页码在页面上的外观。

图 1-48　插入页码

1.6　文档的简单操作

本节将介绍如何对文档进行一些简单操作。

1.6.1　打开文档

1）在菜单栏中选择“文件”→“打开”命令或按〈Ctrl+O〉组合键，弹出“打开文件”对话框，如图 1-49 所示，浏览需要打开的文件所在的文件夹，选中一个文件或者按住〈Ctrl〉键选中多个文件。在“文件类型”下拉列表中提供了 9 种 InDesign 打开文件的格式选项，如图 1-50 所示。

图 1-49 “打开文件”对话框

图 1-50 文件类型

提示

▶ InDesign CC 不但可以打开用 InDesign CC 创建的文件，还能够打开用 InDesign 以前版本的软件创建的文件。“文件类型”下拉列表中的“InDesign CC 交换文档（INX）”是标准 InDesign CC 格式的变形，它可以使 InDesign CC 打开 InDesign CS4 文件，并去掉任何 CS4 指定的格式。

2）在“打开文件”对话框中的“打开方式”选项组中可以设置文件打开的形式，包括 3 个选项，分别为“正常”“原稿”和“副本”。如果选择“正常”选项，则可以打开源文档；如果选择“原稿”选项，则可以打开源文档或模板；如果选择“副本”选项，则可以在不破坏源文档的基础上打开文档的一个副本。打开文档的副本时，InDesign CC 会自动为文档的副本分配一个默认名称，例如，未命名 -1、未命名 -2 等。

3）选中需要打开的文件后，单击“打开”按钮即可打开所选中的文件并关闭“打开文件”对话框。

提示

▶可以直接双击 InDesign CC 文件图标来打开该文档或模板。如果 InDesign CC 没有运行，双击一个文档或模板文件将会启动 InDesign CC 程序并打开该文档或模板。

1.6.2 置入文本文件

InDesign CC 除了可以打开 InDesign CC、PageMaker 和 QuarkXPress 文件外，还可以处理使用字处理程序创建的文本文件。在 InDesign CC 文档中可以置入的文本文件包括 Rich Text Format（RTF）、Microsoft Word、Microsoft Excel 和纯文本文件。在 InDesign CC 中还支持两种专用的文本格式：标签文本，即一种使用 InDesign CC 格式信息编码文本文件的方法；InDesign CC 交换格式，即一种允许 InDesign CC 和 InDesign CS4 用户使用相同文件的格式。

但是，在 InDesign CC 中不能在菜单栏中选择“文件”→“打开”命令直接打开字处理程序创建的文本文件，必须执行“文件”→“置入”命令，或者按〈Ctrl+D〉快捷键，置入或导入文本文件。其具体操作步骤如下。

1）在菜单栏中选择“文件”→“打开”命令，在弹出的“打开文件”对话框中打开“素材”→“Cha06”→“001.indd”文件，如图 1-51 所示。

2）在菜单栏中选择“文件”→“置入”命令，在弹出的“置入”对话框中打开“素材”→“Cha06”→“002.indd”文件，如图 1-52 所示。

3）选中该文件后，单击“打开”按钮，在文档窗口中按住〈Shift〉键指定文字的位置并调整其文字的大小，调整后的效果，如图 1-53 所示。

图 1-51 打开的素材文件

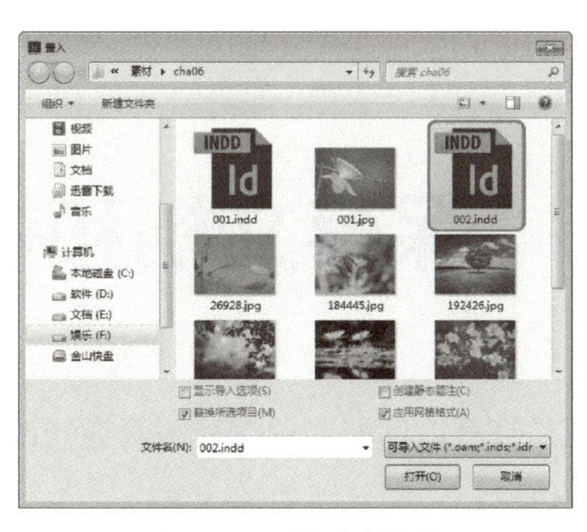

图 1-52 选择素材文件

图 1-53 调整后的效果

提示

▸ 在 InDesign 中可以导入自 Word 2003 和 Excel 2003 以后的所有版本的文件。

1.6.3 恢复文档

InDesign CC 包含自动恢复功能，它能够在电源故障或系统崩溃的情况下保护文档。处理文档时，在对文档进行保存操作后所做的任何修改都会储存在一个单独的临时文件中。在通常情况下，每次执行“存储”操作时，临时文件中的信息都会被应用到文档中。

如果计算机遇到系统崩溃或电源故障，可以采用以下操作步骤恢复文档：

1）重新启动计算机并启动 InDesign CC 程序，弹出一个对话框进行提示是否要恢复之前没有保存的文件，如图 1-54 所示。

2）单击“是”按钮即可恢复文档，然后对该文档进行保存即可。

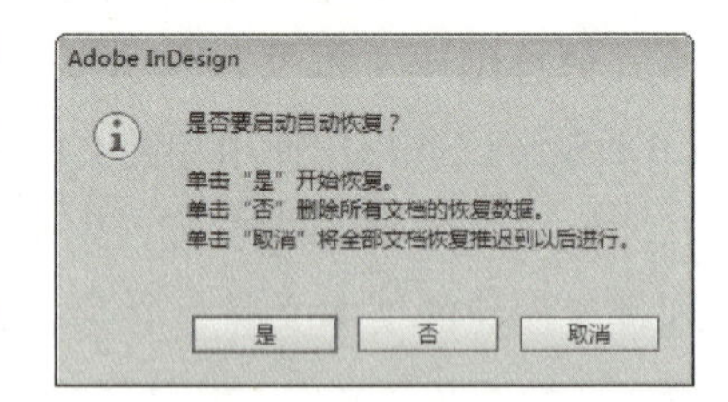

图 1-54　提示对话框

提示

▸虽然 InDesign 软件拥有自动恢复的功能，但是用户还是应该有边制作边存储的习惯，随时保存文档。有时 InDesign 不能自动为用户恢复文档，而是会在系统崩溃或电源故障后提示恢复所有打开文件的选择，是在以后恢复数据还是删除恢复数据。

1.7 保存文档和模板

无论是创建新文件，还是打开以前的文件进行编辑或修改，在操作完成之后都需要将编辑好或修改后的文件进行保存。

1.7.1 保存文档与保存模板

“文件”下拉菜单中有 3 个命令，即“存储”“存储为”和“存储副本”，如图 1-55 所示。

执行3个命令中的任意一个命令均可保存标准的InDesign CC文档和模板。

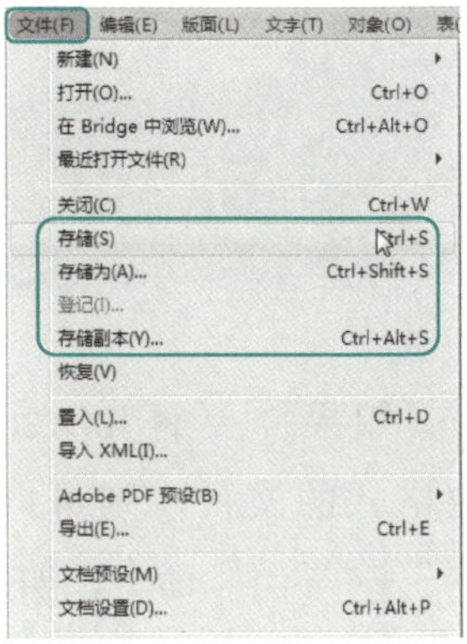

图 1-55 “文件”下拉菜单

1. 使用“存储”命令

“存储”命令的组合键为〈Ctrl+S〉，执行该命令后，会弹出“储存为”对话框，如图1-56所示，单击“保存”按钮即可保存对当前活动文档所做的修改。如果当前活动文档还没有存储，则会弹出“存储为”对话框，可以在“存储为”对话框中选择需要存储文件的文件夹并输入文档名称。

2. 使用“存储为”命令

如果想要将已经保存的文档或模板保存到其他文件夹中或将其保存为其他名称，则可以在菜单栏中选择“文件”→“存储为”命令，在弹出的“存储为”对话框中选择文档或模板需要存储到的文件夹，并输入文档名称。

将文档存储为模板时，可以在“存储为”对话框中的“保存类型”下拉列表中选择“InDesign CC模板”命令，如图1-57所示。再输入模板文件的名称，单击“保存”按钮即可保存模板。

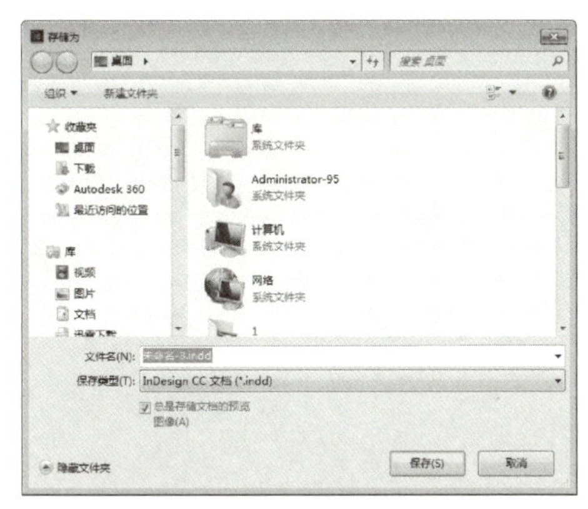

图 1-56 “储存为”对话框

图 1-57 选择“InDesign CC模板”命令

3. 使用“存储副本”命令

“存储副本”命令组合键为〈Ctrl+Alt+S〉，该命令可以将当前活动文档使用不同（或相同）的文件名在不同（或相同）的文件夹中创建副本。

提示

▸ 执行“存储副本”命令时，源文档保持打开状态并保留其初始名称。与“存储为”命令的区别在于它会使源文档保持打开状态。

1.7.2 以其他格式保存文件

如果需要将InDesign CC文档保存为其他格式的文件，则可以在菜单栏中选择“文件”→“导出”命令，如图1-58所示，弹出“导出”对话框，在“保存类型”下拉列表中可以选择一种文件的导出格式，单击“保存”按钮即可将InDesign CC文档保存为其他格式的文件。

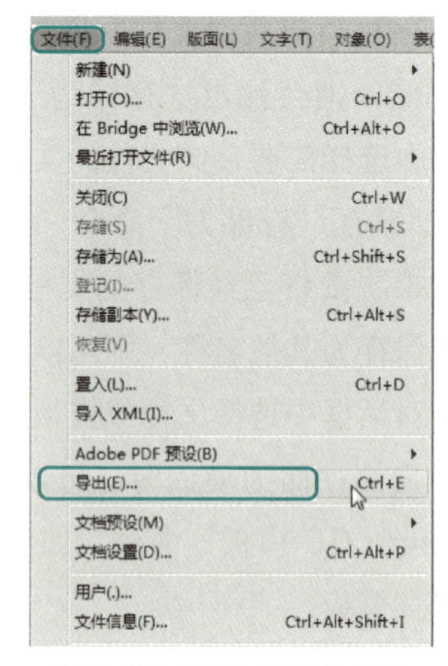

图1-58 选择“导出”命令

如果在导出文档之前使用“文字工具”或“直接选择工具”选择文本，在菜单栏中选择“文件”→“导出”命令，则会弹出“导出”对话框，在“保存类型”下拉列表中出现几项字处理格式。

第 2 章 卡片设计——文字的基础操作

【本章导读】

重点知识

- ■设计名片
- ■ VIP 贵宾卡设计

本章将介绍如何制作一些简单实用的卡片，使读者掌握设计卡片的理论知识，通过输入文本内容、设计字体、字体大小等简单操作，掌握设计卡片的方法。

2.1 设计名片

名片代表集体、个人形象，一款好的名片也让人们向别人介绍自己时事半功倍。下面将介绍如何用 InDesign CC 快速、轻松地制作名片，其效果如图 2-1 所示。

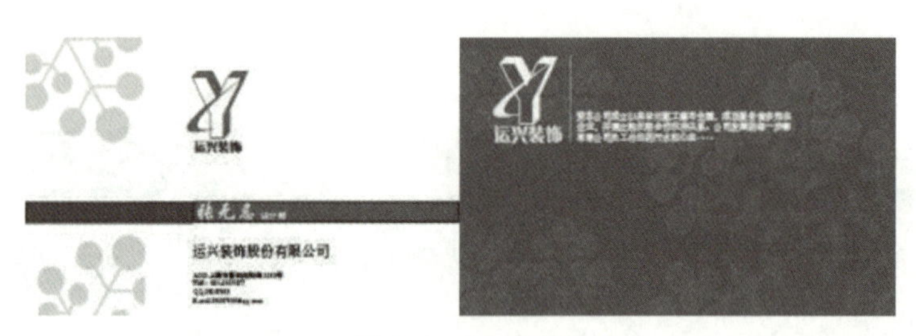

图 2-1 名片效果

2.1.1 知识要点

新建文档、文件的置入、绘制矩形、使用钢笔工具绘制图形、文本的创建与编辑。

2.1.2 实现步骤

1. 制作名片正面

1）首先制作名片的正面，在菜单栏中选择“文件”→“新建”→“文档”命令，在弹出的“新建文档”对话框中将“宽度”和“高度”分别设置为“90 毫米”和“55 毫米”，将“边距”选项组中的“上”“下”的值均设置为“0 毫米”，如图 2-2 所示。

2）设置完成后，单击“确定”按钮即可新建文档。在菜单栏中选择“文件”→“置入”命令，如图 2-3 所示。

3）在弹出的“置入”对话框中选择“素材”→“Cha02”→“001.psd”文件，如图 2-4 所示。

4）选择素材后，单击“打开”按钮即可将素材置入，并在文档中将文件的位置调整好，如图 2-5 所示。

5）单击工具箱中的“矩形工具”按钮，在文档中绘制一个矩形，在“控制”面板中将“W”和“H”分别设置为“35 毫米”和“4.3 毫米”，效果如图 2-6 所示。

6）该矩形处于被选择的状态下，在菜单栏中选择“窗口”→“颜色”→“颜色”命令，如图 2-7 所示。

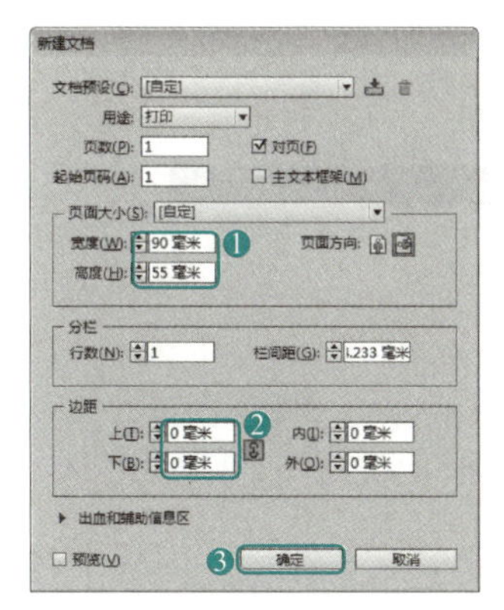

图 2-2　“新建文档”对话框 1

图 2-3　选择“置入”命令 1

图 2-4　“置入”对话框 1

图 2-5　置入素材 1

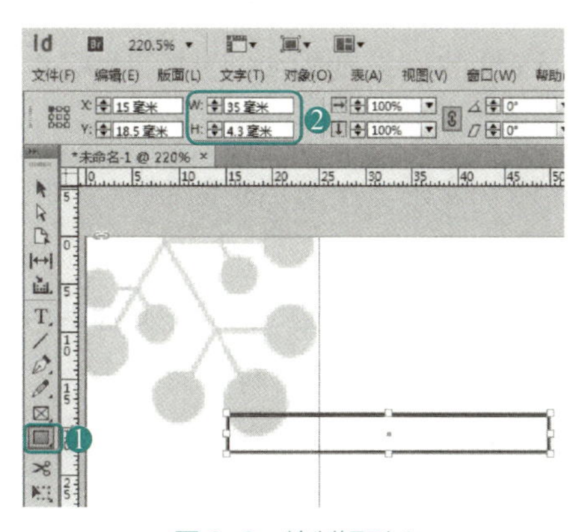

图 2-6　绘制矩形 1

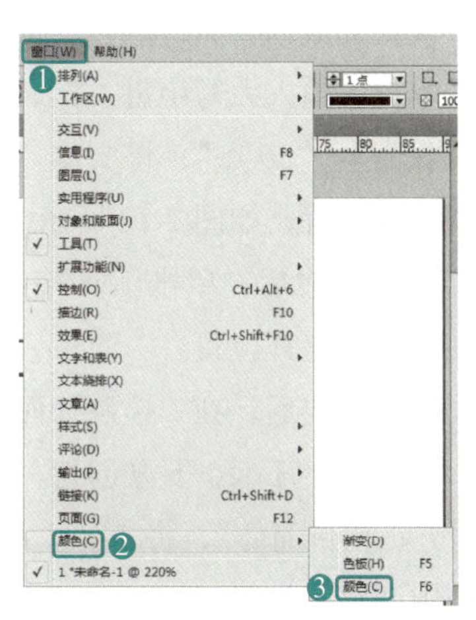

图 2-7　选择“颜色”命令 1

7）在打开的“颜色”面板中设置其“填色”的 CMYK 值为 55、92、83、36，如图 2-8 所示。

8）将其“颜色”面板关闭，矩形将会被填充上一步所设置的颜色，如图 2-9 所示。

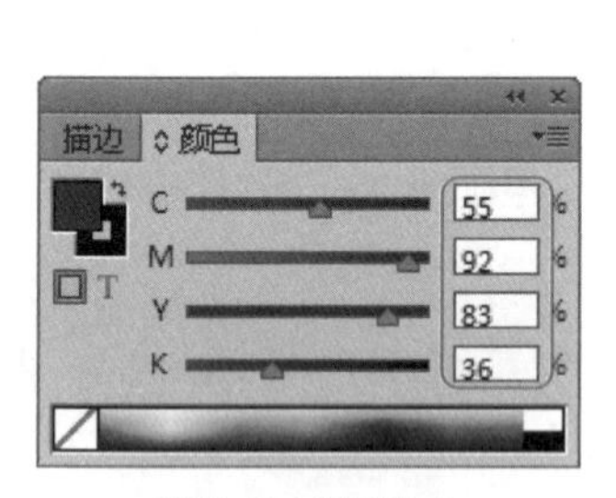

图 2-8 设置颜色

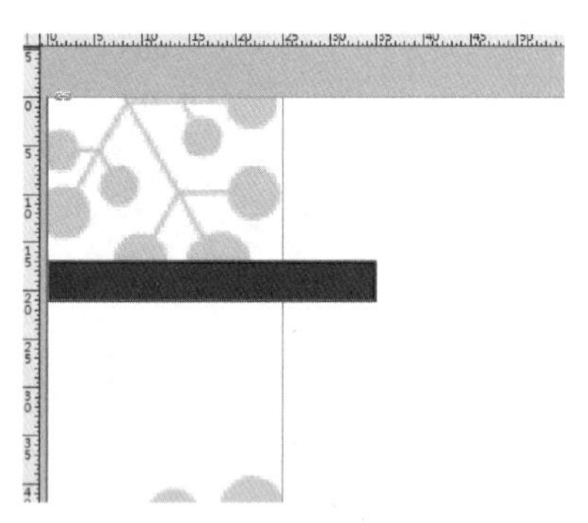

图 2-9 填充颜色 1

9）用上述同样的方法再次在文档中绘制一个矩形，在“控制”面板中将 W 和 H 分别设置为“55 毫米”和“4.3 毫米”，并在文档中为其调整好位置，如图 2-10 所示。

10）再次打开“颜色”面板，将其“填色”的 CMYK 值设置为 44、94、100、13，如图 2-11 所示。

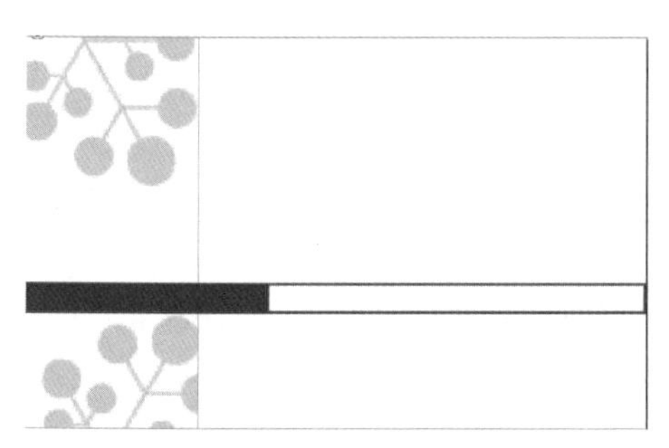

图 2-10 绘制矩形 2

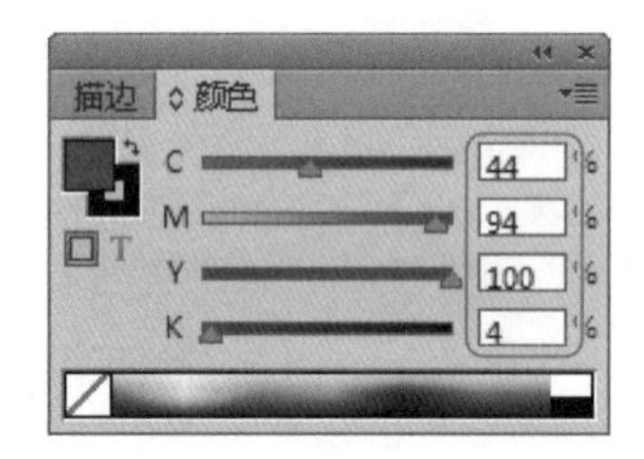

图 2-11 “颜色”面板 1

11）设置完成后，将“颜色”面板关闭，在工具箱中单击“文字工具”按钮，在文档中创建文本框，输入大写字母“Y”，选定字符，将“字体”设置为“汉仪立黑简”，将“字体大小”设置为“50 点”，将文本“颜色”的 CMYK 的值设置为 44、94、100、4，并在文档中调整其位置，如图 2-12 所示。

12）设置完成后，单击工具箱中的“钢笔工具”按钮，在文档中绘制一个如图 2-13 所示的图形并调整其位置。

13）绘制完成后，在“控制”面板中将其“旋转角度”设置为“7°”，如图 2-14 所示。

14）在绘制的 Logo 下方创建一个文本框，输入文本，在“控制”面板中将“字体”设置为“方正粗倩简体”，将“字体大小”设置为“7 点”，将文本“颜色”设置为“黑色”，并在文档中调整其位置，如图 2-15 所示。

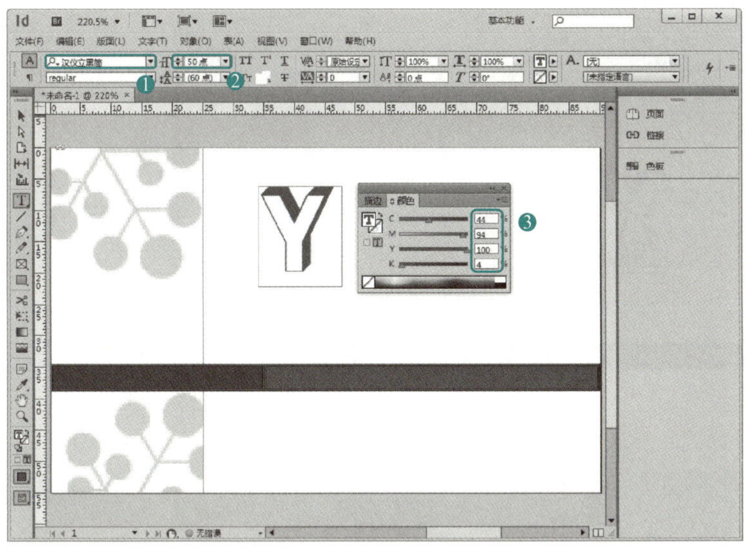

图 2-12　输入文本 1

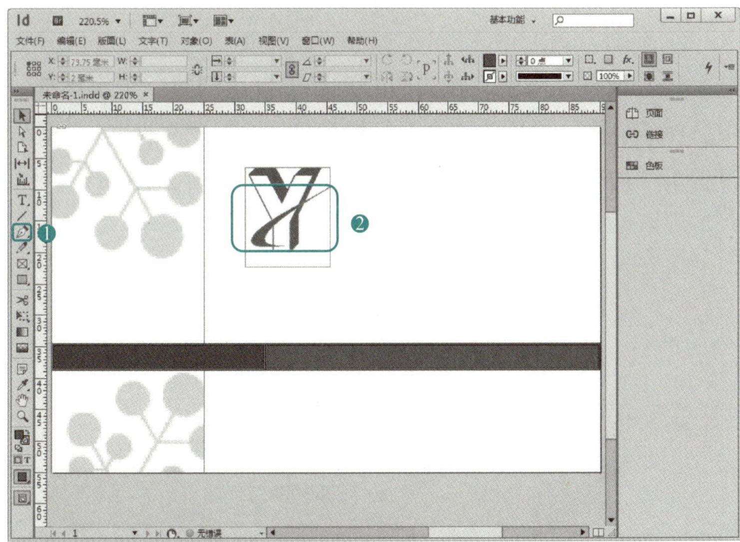

图 2-13　绘制图形

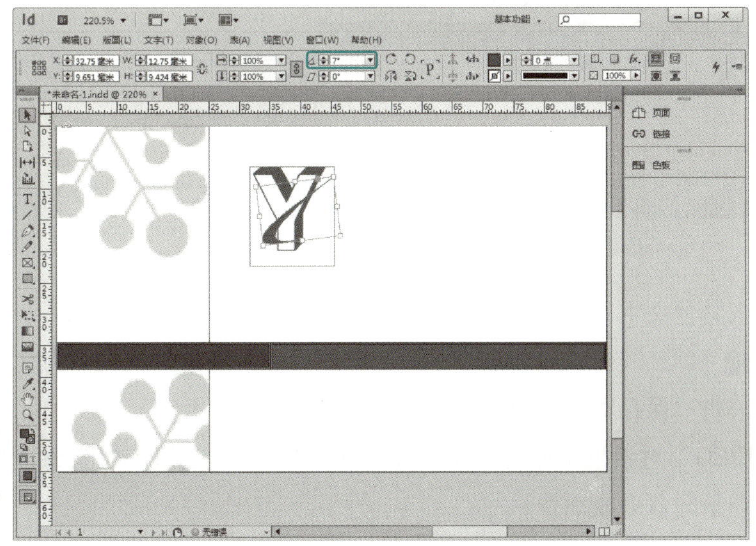

图 2-14　旋转图形

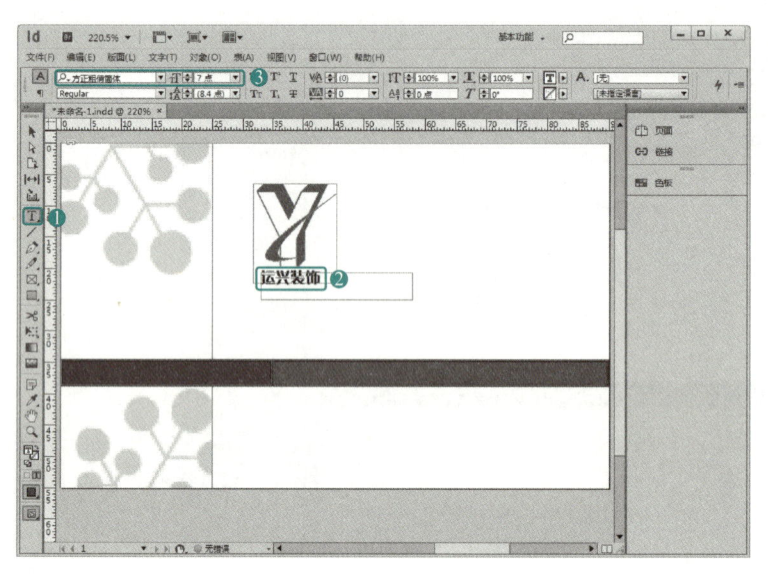

图 2-15　输入文本 2

15）设置完成后，在文档的矩形中再次创建一个文本框，输入文本，在“控制”面板中，将“字体”设置为“方正行楷简体”，将“字体大小”设置为“12 点”，将文本“颜色”设置为“白色”，并在文档中调整其位置，如图 2-16 所示。

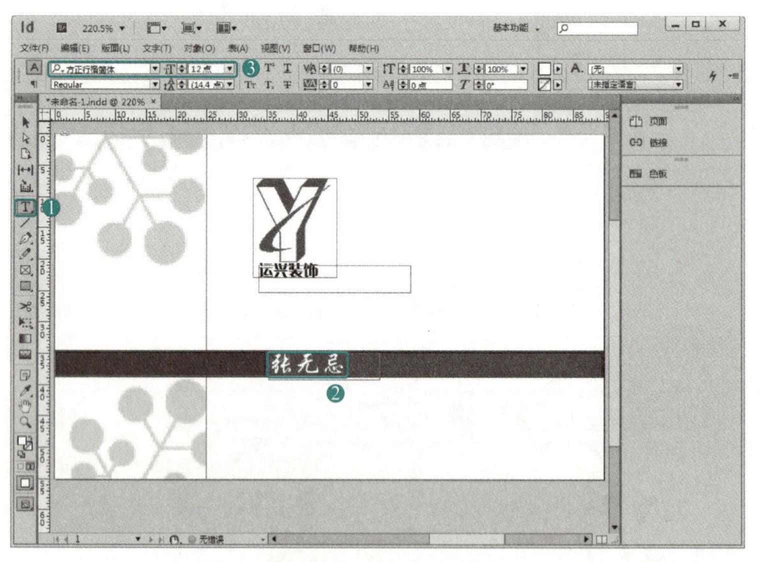

图 2-16　输入文本 3

16）使用同样的方法输入其他文本，并在文档中调整好位置，其效果如图 2-17 所示。

17）文本创建完成后，按〈Ctrl+E〉组合键打开“导出”对话框，在该对话框中为其指定导出的路径，为其命名，将“保存类型”设置为 JPEG，如图 2-18 所示。

18）在弹出的“导出　JPEG”对话框中使用其默认值，单击“保存”按钮，如图 2-19 所示，设置完成后，保存该场景即可完成制作。

图 2-17 输入其他文本

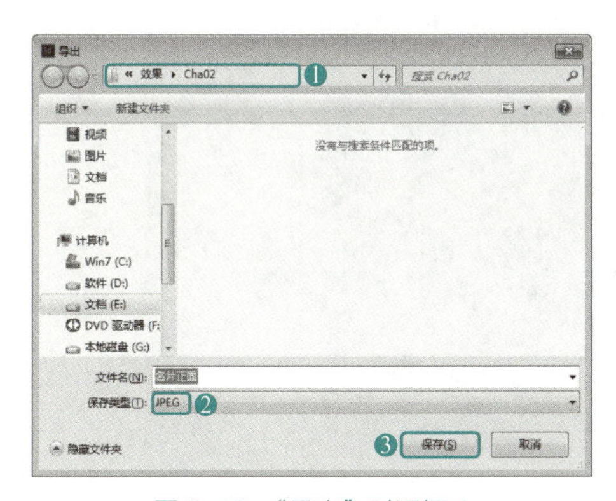

图 2-18 “导出”对话框 1

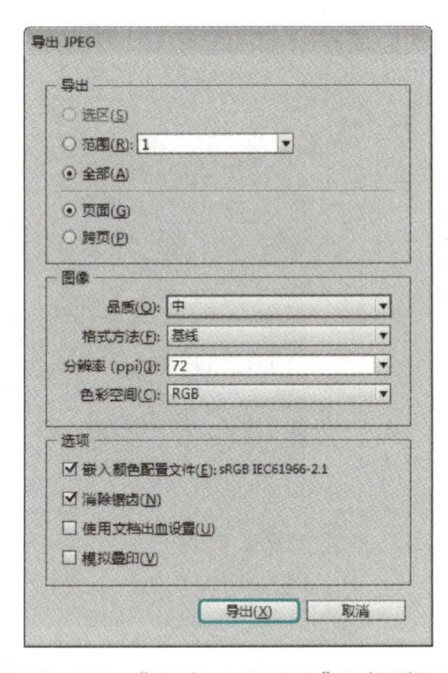

图 2-19 “导出 JPEG”对话框 1

2. 制作名片背面

1）在菜单栏中选择“文件”→“新建”→“文档”命令，在弹出的“新建文档”对话框中将“宽度”和“高度”分别设置为“90 毫米”和“55 毫米”，将“边距”选项组中的“上”“下”的值均设置为“0 毫米”，如图 2-20 所示。

2）设置完成后，单击“确定”按钮即可新建文档。在菜单栏中选择“文件”→“置入”命令，如图 2-21 所示。

3）在弹出的“置入”对话框中选择“素材”→“002.jpg”文件，如图 2-22 所示。

4）选择素材后单击“打开”按钮即可将素材置入，并在文档中将文件的位置调整好，如图 2-23 所示。

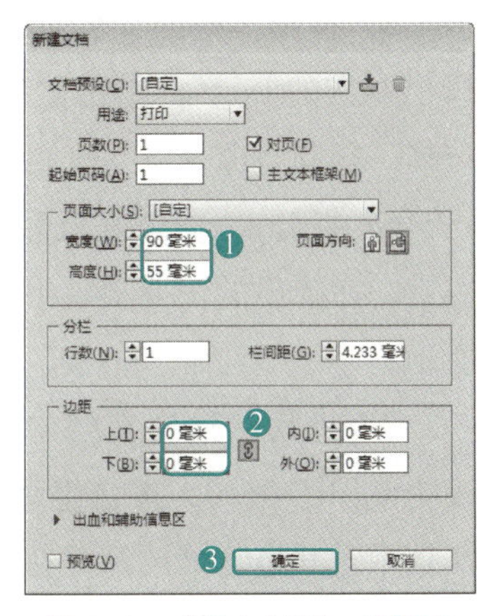

图 2-20 “新建文档”对话框 2

图 2-21　选择“置入”命令 2

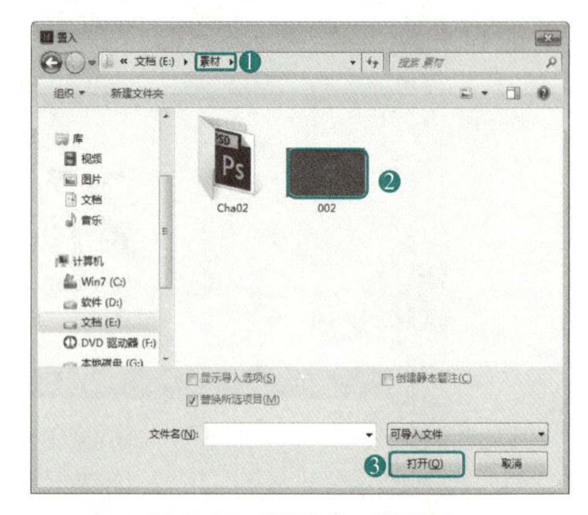

图 2-22　“置入”对话框 2

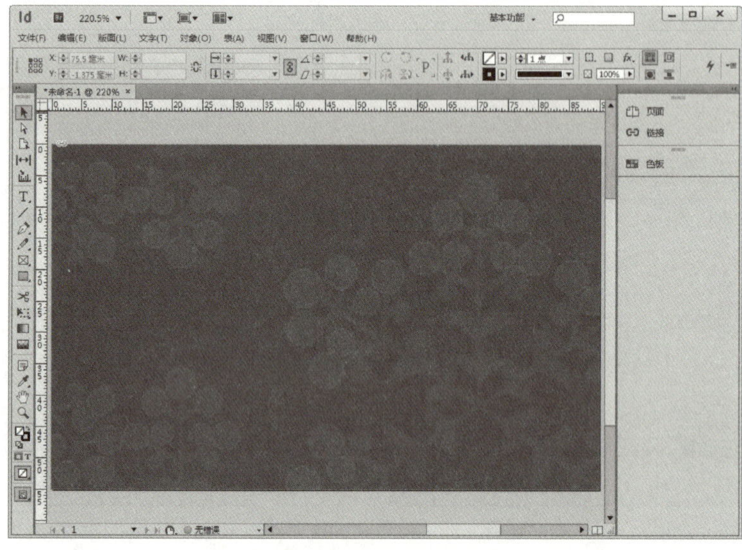

图 2-23　置入素材 2

5）将制作好的“名片正面”场景打开，在文档中选择已制作的 Logo，单击鼠标右键，在弹出的快捷菜单中选择“复制”命令将其复制，如图 2-24 所示。

6）将 Logo 复制完成后，切换到本场景中，单击鼠标右键，在弹出的快捷菜单中选择“粘贴”命令，如图 2-25 所示。

7）将其粘贴到文档中后再将其颜色的 CMYK 值更改为 0、0、0、0。按住键盘中的〈Shift+Ctrl〉组合键在文档中对其进行缩放，并在文档中调整其位置，其效果如图 2-26 所示。

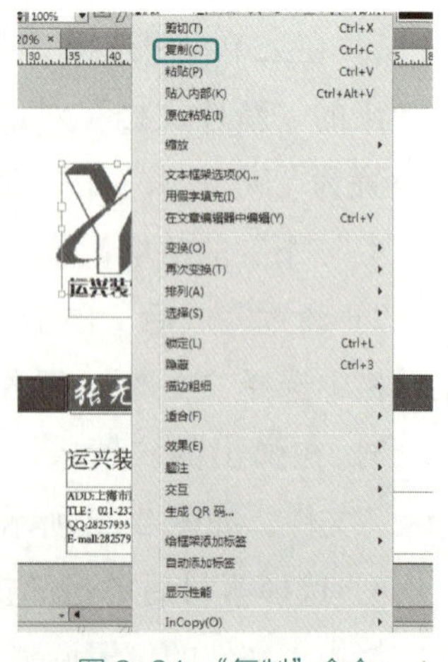

图 2-24　“复制”命令

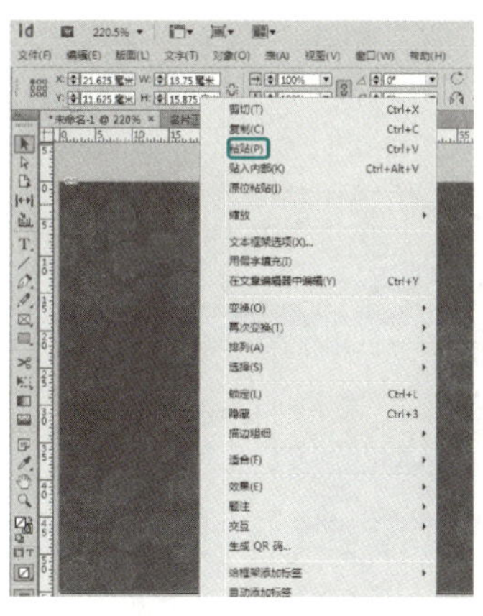

图 2-25 “粘贴”命令

图 2-26 设置后效果

8）单击工具箱中的“文字工具”按钮，在文档中创建一个文本框，输入文本，在“控制”面板中将“字体”设置为“方正粗倩简体”，“字体大小”设置为“10 点”，将文本“颜色”设置为“白色”，并在文档中调整其文本的位置，如图 2-27 所示。

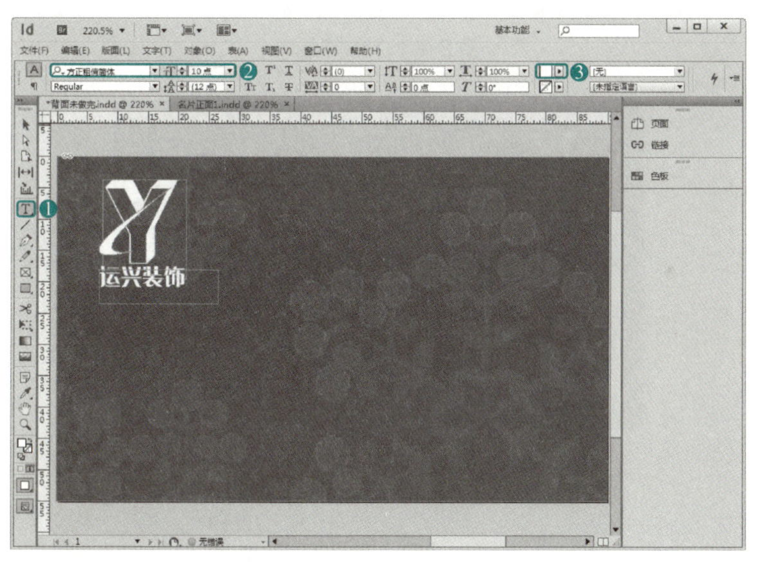

图 2-27 输入文本 4

9）单击工具箱中的“直线工具”按钮，在文档中绘制一条直线，在“控制”面板中将其“填色”设置为“白色”，将“粗细”设置为“0.283 点”，将“线型”设置为“实底”，效果如图 2-28 所示。

10）单击工具箱中的“文字工具”按钮，在文档中创建一个文本框，输入文本，在“控制”面板中将“字体”设置为“Adobe 宋体 Std”，“字体大小”设置为“5 点”，将文本“颜色”设置为“白色”，并在文档中调整文本的位置，如图 2-29 所示。

11）文本创建完成后，按〈Ctrl+E〉组合键打开“导出”对话框，在该对话框中为其指定导出的路径，为其命名，将“保存类型”设置为 JPEG，如图 2-30 所示。

12）在弹出的“导出 JPEG”对话框中使用默认值，单击“保存”按钮，如图 2-31 所示，设置完成后，保存该场景即可完成制作。

图 2-28　绘制直线 1

图 2-29　输入文本 5

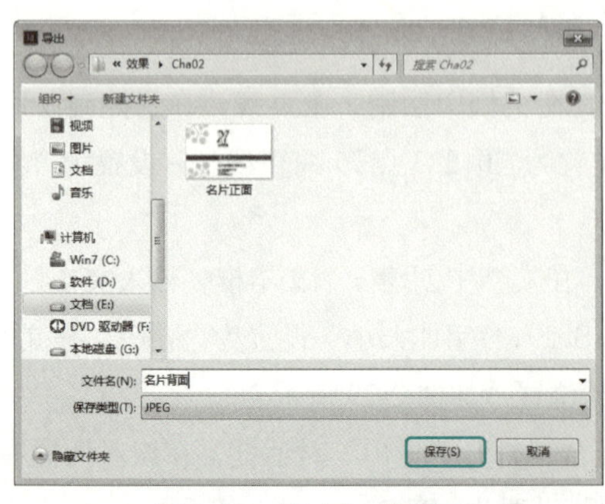

图 2-30　“导出”对话框 2

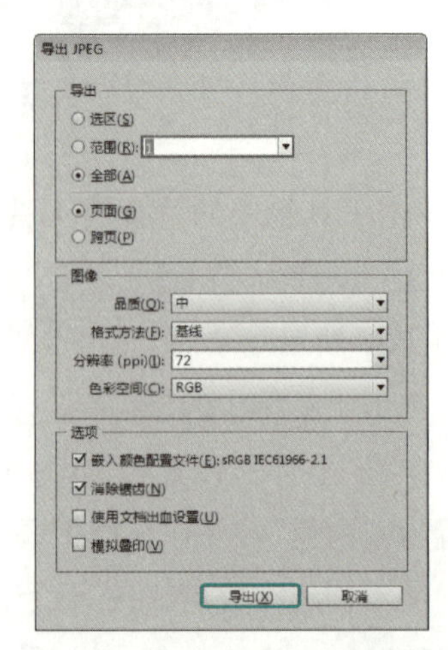

图 2-31　“导出 JPEG”对话框 2

2.1.3 知识解析

与其他软件一样，在 InDesign 中，用户同样可以对输入的文本进行编辑，例如，选择、删除或更改文本等，本节将对其进行简单介绍。

1. 选择文本

在 InDesign 中，如果要对文本进行编辑，首先要将需要编辑的文本选中，用户可以在工具箱中单击“文字工具”，然后选择要编辑的文字即可，或者按住〈Shift〉键的同时按方向键也可以选中需要编辑的文本。

使用“文字工具”在文本框中双击可以选择任意标点符号间的文字，如图 2-32 所示。在文本框中连续单击 3 次可以选择一行文字，如图 2-33 所示。

图 2-32 选择任意标点符号间的文字

图 2-33 选择一行文本

提示

▶在文本框中按〈Ctrl+A〉组合键可以将文本框中的文本全部选中，按〈Shift+Ctrl+A〉组合键则取消文本框中选择的所有文本。

2. 删除和更改文本

在 InDesign 中文本删除和更改是很简单和方便的，如果用户要删除文本，可将光标移动到要删除文字的右侧按〈Backspace〉键即可向左移动删除文本，如果按〈Del〉键则可向右移动删除文本。

如果要更改文本，可使用“文字工具”在文本框中拖动选择一段要更改的文本，直接输入文本即可更改文本内容，如图 2-34 所示。

图 2-34　更改后的效果

3. 还原文本编辑

如果在修改文本过程中多删除了文本内容也可以还原，因为在 InDesign 中提供了“还原”功能。在菜单栏中选择“编辑”→“还原键入”命令，如图 2-35 所示，即可返回到上一步进行的操作。如果不想还原可再次选择“编辑”→“重做”命令，可返回到下一步进行的操作。

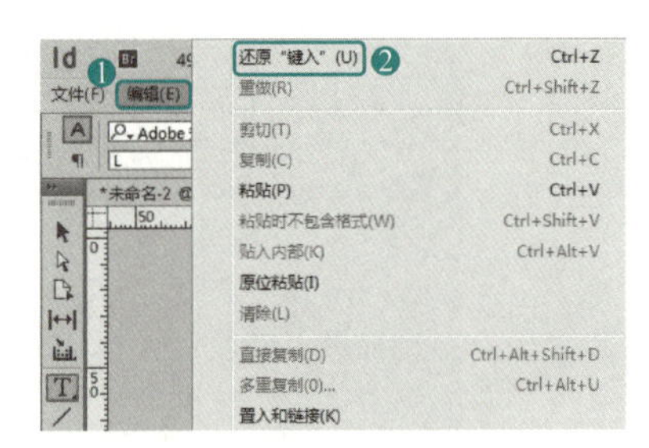

图 2-35　选择“还原键入”命令

2.1.4　自主练习——入场券

本节将利用前面所学的知识制作一张入场券，其效果如图 2-36 所示，读者可以通过本例的学习对前面所学的知识加以巩固，其操作步骤如下。

1）新建文档，在“新建文档”对话框中将“宽度”设置为“200 毫米”，“高度”设置为“80 毫米”。将“边距”选项组中的“上”“下”“内”和“外”的值都设置为“0 毫米”。

2）在文档中绘制一个矩形。打开“颜色”面板，将 CMYK 值分别设置为 56、100、100、49。打开“描边”面板，在面板中将“粗细”设置为“0 点”。

3）选择“视图”→“显示标尺”命令。拖动鼠标，会在文档中拖动出一条垂直参考线，参考线的位置在

图 2-36　入场券效果图

160 毫米。单击“直线工具”按钮，按住〈Shift〉键在参考线上绘制一条直线。选择“视图”→“网格和参考线”→“隐藏参考线”命令。

4）单击“选择工具”按钮，在文档中选择绘制的直线。选择直线后在“控制”面板中将百分比设置为 25%，将“填色”设置为“无”，将描边“颜色”的 CMYK 值设置为 3、36、18、0。将填色右侧设置为“3 点”，将“线型”设置为“虚线”。文档中的虚线将成 25% 的比例显示，然后用鼠标拉伸文档中的虚线，调整好位置。

5）在文档中的中下方绘制一个矩形，将“线型”设置为“实底”。选择“窗口”→“颜色”→“渐变”命令，打开“渐变”面板。在“渐变”面板中的渐变颜色条上选择第一个色标，打开“颜色”面板，将 CMYK 值设置为 10、3、9、0。使用同样的方法为另一个色标设置颜色，将其 CMYK 值设置为 39、81、76、3。第 3 个色标与第一个的 CMYK 值相同。右击“应用渐变”按钮，选择“应用渐变”选项。

6）单击“文字工具”按钮，在文档中创建一个文本框并输入文本。将“字体”设置为“经典粗仿黑”，“字体大小”设置为“20 点”，将文本“颜色”的 CMYK 值设置为 2、6、22、0。并将其位置调整好。在文档中创建第二个文本框并输入文字，将“字体大小”设置为“9 点”。

7）单击“直线工具”按钮，参照上述绘制虚线的方法在文档中绘制一条虚线并对其进行设置。

8）单击“文字工具”按钮，在文档中创建文本框，输入文字，设置其字体、字体大小，并调整其位置。

9）在菜单栏中选择“文件”→“置入”命令。选择“素材”→“Cha02”→“008.psd”文件，并在文档中将其位置调整好。

10）在文档中创建文本框，输入大写字母“Y”，将“字体”设置为“汉仪立黑简”，将“字体大小”设置为“20 点”，并在文档中调整其位置。将前面名片中绘制的图形复制到入场券文档中并调整其位置，在“控制”面板中，将其“旋转角度”进行适当调整。

11）打开“导出”对话框，在该对话框中为其指定导出的路径，为其命名，将“保存类型”设置为 JPEG，单击“确定”按钮，保存该场景即可完成制作。

2.2 设计VIP贵宾卡

贵宾卡是公司的产品推广与形象宣传的理想载体，有独具创意、彰显个性的特点。下面将介绍如何制作贵宾卡，效果图如图 2-37 所示。

图 2-37 贵宾卡效果

2.2.1 知识要点

使用“钢笔工具”绘制人脸轮廓、使用“直线工具”绘制直线、图像的置入、文本的创建与编辑。

2.2.2 实现步骤

1. 制作贵宾卡正面

首先介绍贵宾卡正面的制作方法，其操作步骤如下：

1）在菜单栏中选择“文件”→“新建”→“文档”命令，在弹出的“新建文档”对话框中将“宽度”和“高度”分别设置为“90 毫米”和“55 毫米”，将“边距”选项组中的“上”“下”均设置为“0 毫米”，如图 2-38 所示。

2）设置完成后，单击“确定”按钮，在工具箱中选择“矩形工具”，在文档窗口中绘制一个 90 毫米 ×55 毫米的矩形，并在“控制”面板中将其“X”“Y”均设置为“0 毫米”，如图 2-39 所示。

3）确认该矩形处于被选择的状态下，在菜单栏中选择“窗口”→“颜色”→“颜色”命令，如图 2-40 所示。

4）在打开的“颜色”面板中设置其颜色的 CMYK 值为 81、80、82、66，如图 2-41 所示。

5）将其“颜色”面板关闭，矩形将会被填充上一步所设置的颜色，如图 2-42 所示。

6）在工具箱中选择“钢笔工具”，在文档窗口中绘制出人脸的侧面轮廓，如图 2-43 所示。

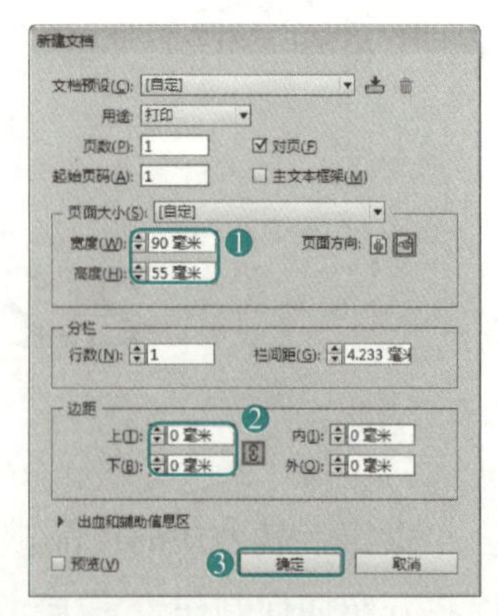

图 2-38 “新建文档”对话框 3

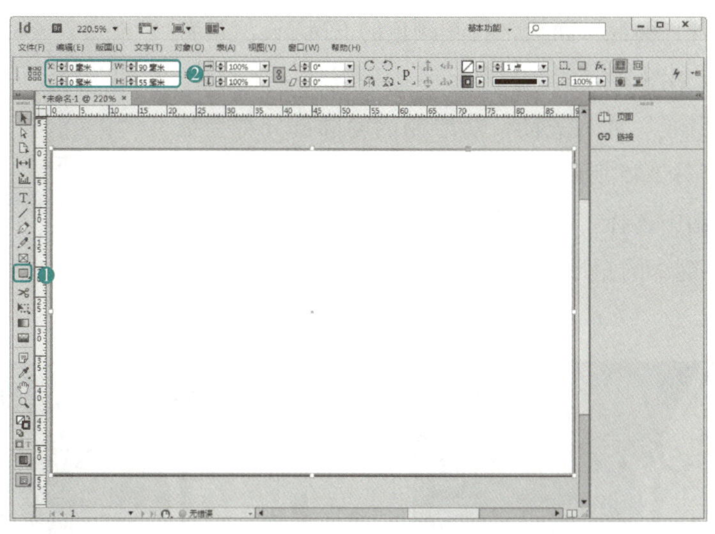

图 2-39　调整矩形位置 1

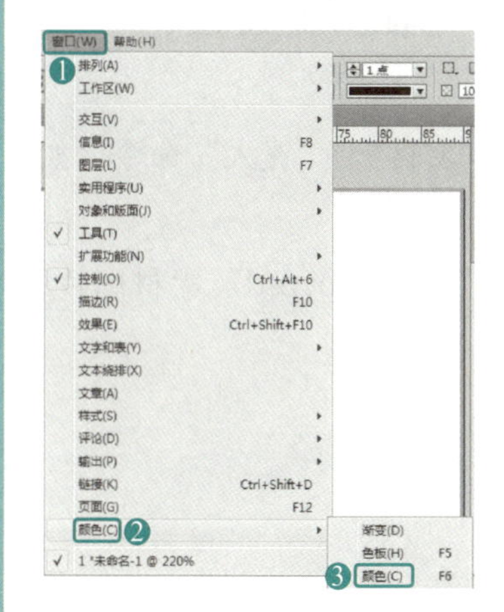

图 2-40　选择“颜色”命令 2

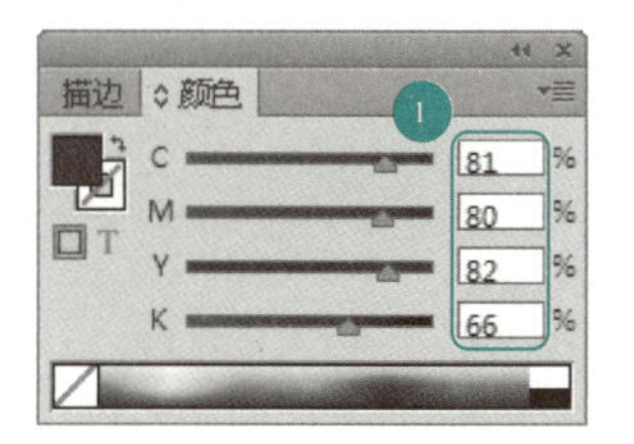

图 2-41　“颜色”面板 2

图 2-42　填充颜色 2

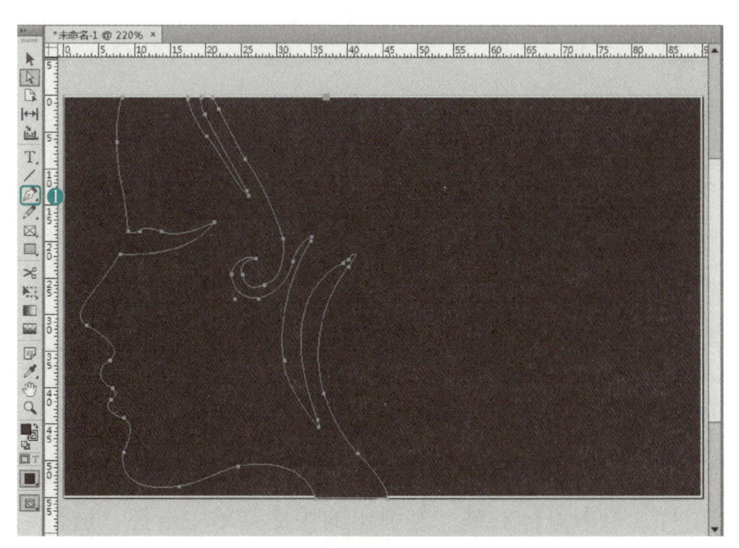

图 2-43　绘制轮廓

7）再次打开“颜色”面板，将其颜色的 CMYK 值设置为 0、0、0、0，如图 2-44 所示。

8）将其“颜色”面板关闭，所绘制的轮廓部分将会被填充为白色，如图 2-45 所示。

9）在工具箱中选择“矩形工具”，在文档窗口中绘制一个 25 毫米 ×12 毫米的矩形，并将其调整至合适的位置，如图 2-46 所示。

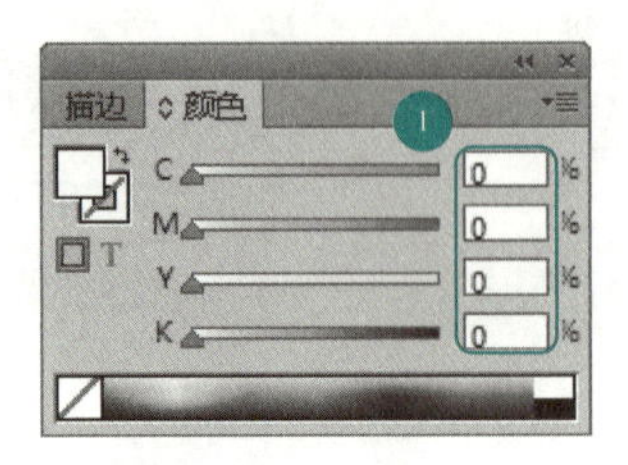

图 2-44 “颜色”面板 3

图 2-45 填充轮廓颜色

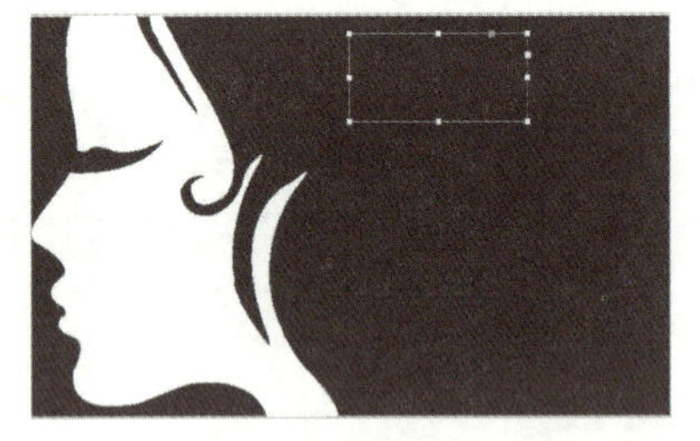
图 2-46 绘制矩形 3

10）确认该矩形处于被选择的状态下，在菜单栏中选择“文件”→“置入”命令，如图 2-47 所示。

11）在打开的“置入”对话框中选择“素材”→“Cha02”→“logo.psd”素材图片，如图 2-48 所示。

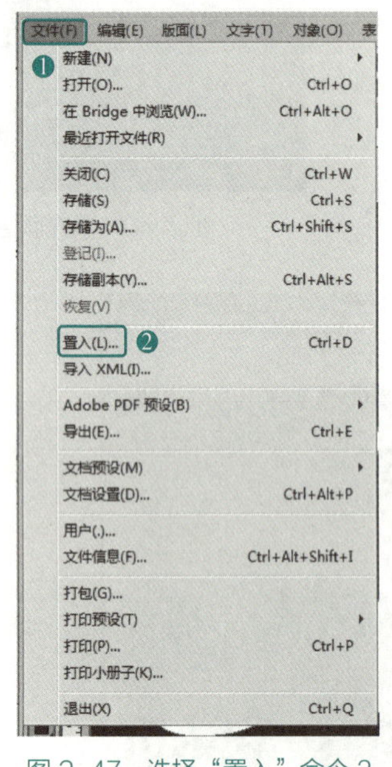

图 2-47 选择“置入”命令 3

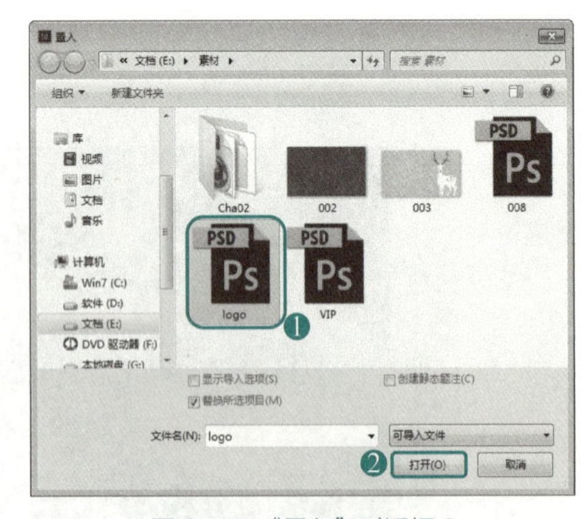

图 2-48 “置入”对话框 3

12）单击“打开”按钮即可将选择的素材图片置入矩形框中，可使用“直接选择工具”选择置入的素材图片，单击鼠标右键，在弹出的快捷菜单中选择“适合”→“使内容适合框架”命令，完成后的效果，如图 2-49 所示。

13）在工具箱中选择“直线工具”，在 Logo 的下方绘制一条长 39mm 的直线，并将其调整至合适的位置，如图 2-50 所示。

图 2-49　完成后的效果 1

图 2-50　绘制直线 2

14）确认直线处于被选择的状态下，在菜单栏中选择“窗口”→“描边”命令，如图 2-51 所示。

15）在打开的“描边”面板中，将其“粗细”设置为“1 点”，如图 2-52 所示。

16）在“控制”面板中双击“描边”缩略图，在弹出的“拾色器”对话框中将其 CMYK 值设置为 0、0、0、0，如图 2-53 所示。

17）单击“确定”按钮，所绘制的直线即呈现为白色的线条，如图 2-54 所示。

18）在工具箱中选择“文字工具”，在直线上侧绘制一个文本框，然后在该文本框中双击并输入文本“美发沙龙内容”，如图 2-55 所示。

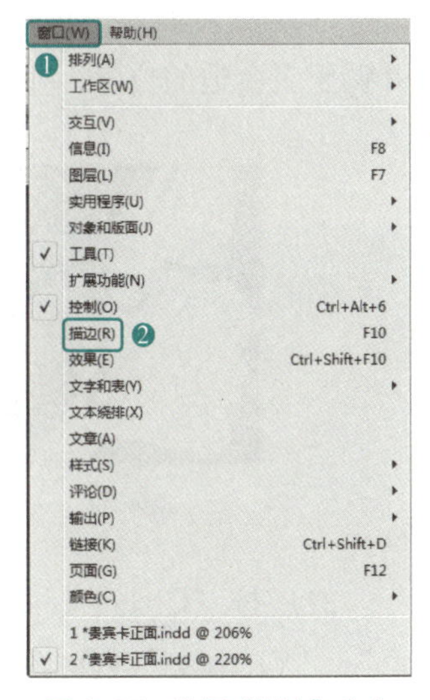

图 2-51　选择“描边”命令

图 2-52　“描边”面板

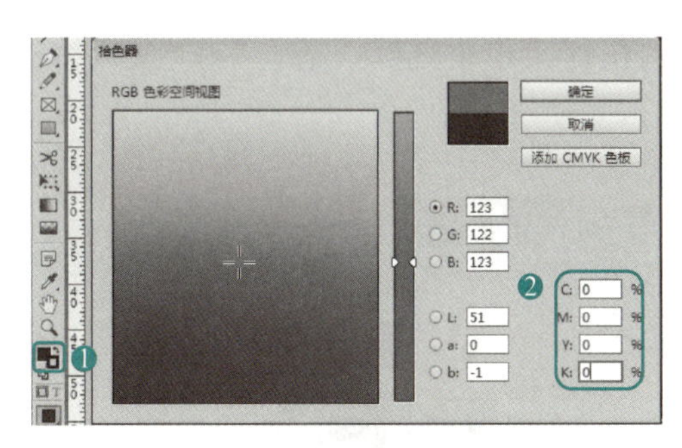

图 2-53　“拾色器”对话框

图 2-54　描边效果

图 2-55　输入文字

▸在 InDesign 中默认文字颜色为黑色，所以在此输入的文字没有表现出来，实为正常。

19）选择输入的文字，在“控制”面板中将“字体”的样式设置为“方正综艺简体”，“字体大小”设置为“9 点”，将其字体“颜色”设置为“白色”，设置完成后，将其调整至合适的位置，完成后的效果如图 2-56 所示。

20）在菜单栏中选择“矩形工具”，在文档窗口中创建一个 30mm × 12mm 的矩形，并调整至合适的位置，如图 2-57 所示。

图 2-56　完成后的效果 2

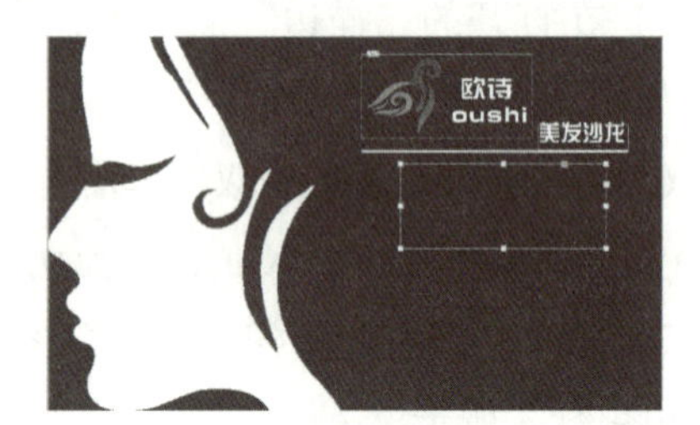

图 2-57　创建矩形 1

21）按〈Ctrl+D〉组合键，在打开的“置入”对话框中选择“素材”→“第 11 章”→“VIP.psd”素材图片，如图 2-58 所示。

22）单击“打开”按钮即可将选择的素材图片置入创建的矩形框中，单击鼠标右键，在弹出的快捷菜单中选择“适合”→“使内容适合框架”命令，完成后的效果如图 2-59 所示。

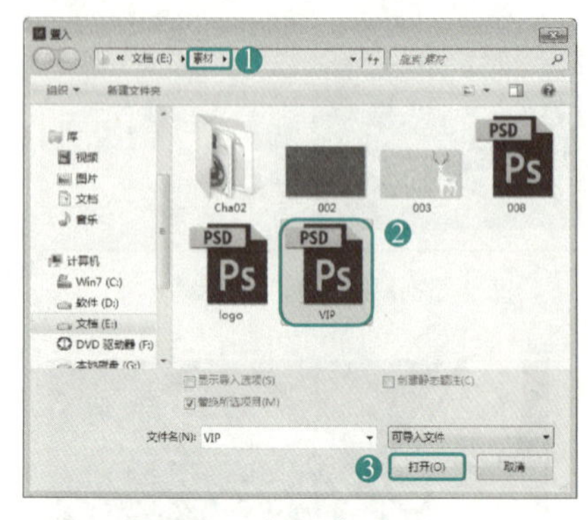

图 2-58　“置入”对话框 4

图 2-59　完成后的效果 3

23）确认该素材处于被选择的状态下，按〈Alt〉键对其进行复制。然后单击鼠标右键，在弹出的快捷菜单中选择“变化”→“垂直翻转”命令，如图 2-60 所示。

24）执行该命令后，使用选择工具并将其移动至合适的位置，再次单击鼠标右键，在弹出的快捷菜单中选择“效果”→“渐变羽化”命令，如图 2-61 所示。

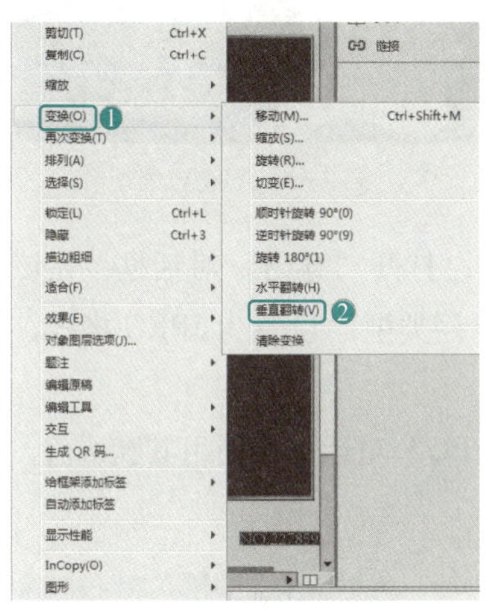

图 2-60　选择“垂直翻转”命令

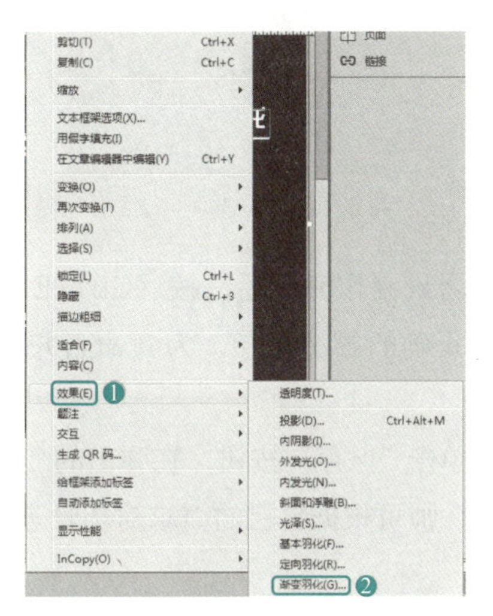

图 2-61　选择“渐变羽化”命令

25）在弹出的“效果”对话框中选择左侧的色标，将其“不透明度”设置为“43%”；选择右侧的色标，将其“位置”设置为“51%”；将“类型”设置为“线性”，将“角度”设置为“90°”，如图 2-62 所示。

26）单击“确定”按钮，设置完成后的效果如图 2-63 所示。

27）使用前面讲到的方法创建一个文本框，在此文本框中输入文字，其字体颜色的 CMYK 值为 27、40、75、0，其他数据可自行设置，完成后的效果如图 2-64 所示。

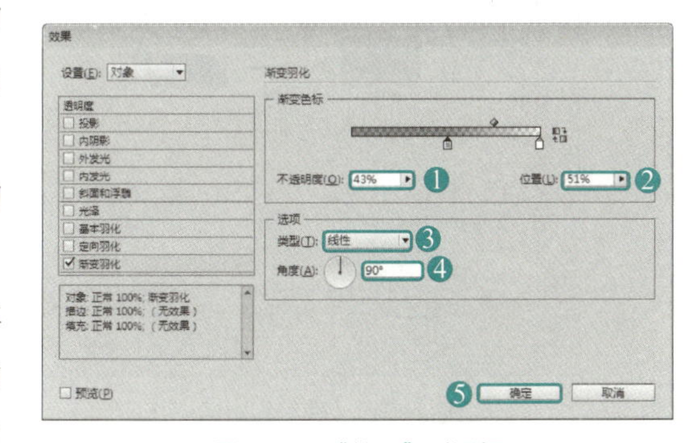

图 2-62　“效果”对话框

图 2-63　添加渐变后的效果

图 2-64　完成后的效果 4

28）最后，将背景矩形选中，在菜单栏中选择“对象”→“角选项”命令，在弹出的“角选项”对话框中将“转角形状”设置为“圆角”，其他为默认设置，如图 2-65 所示。

29）单击“确定”按钮，贵宾卡正面就制作完成，按〈W〉键进行预览，效果如图 2-66 所示。

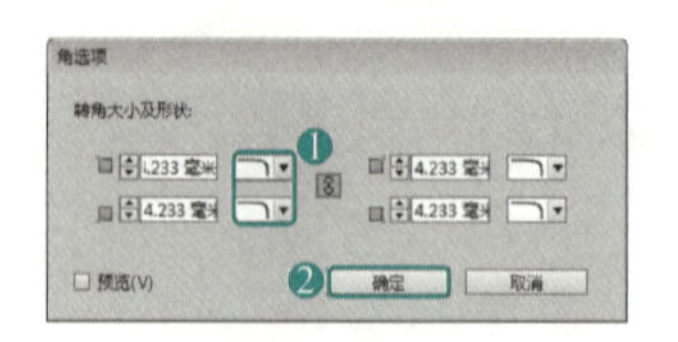

图 2-65 “角选项”对话框

图 2-66 预览效果 1

30）场景制作完成后，按〈Ctrl+E〉组合键，打开“导出”对话框，在该对话框中为其指定正确的导出路径，为其命名并将其“保存类型”设置为 JPEG 格式，如图 2-67 所示。

31）单击“保存”按钮，在弹出的“导出 JPEG”对话框中使用其默认值，如图 2-68 所示。设计师可根据自己的需求对场景进行保存。

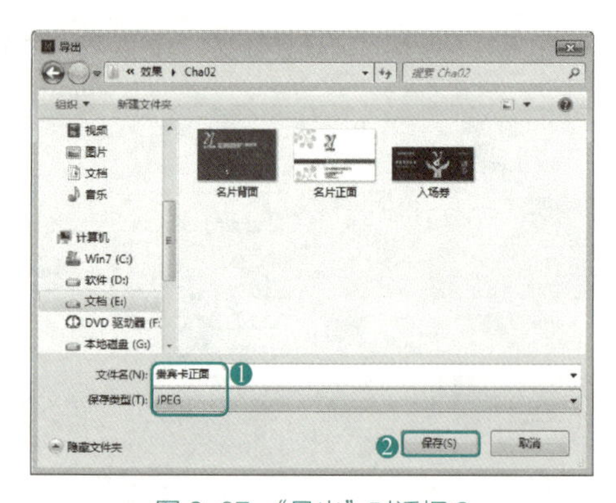

图 2-67 “导出”对话框 3

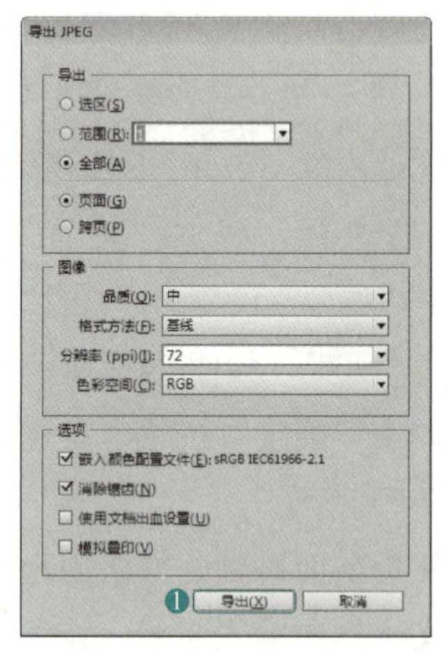

图 2-68 “导出 JPEG”对话框 3

2．制作贵宾卡反面

接下来介绍怎么制作贵宾卡的反面，其操作步骤如下：

1）在菜单栏中选择“文件”→“新建”→“文档”命令，在弹出的“新建文档”对话框中将“宽度”和“高度”分别设置为“90 毫米”和“55 毫米”，将“边距”选项组中的“上”“下”的值均设置为“0 毫米”，如图 2-69 所示。

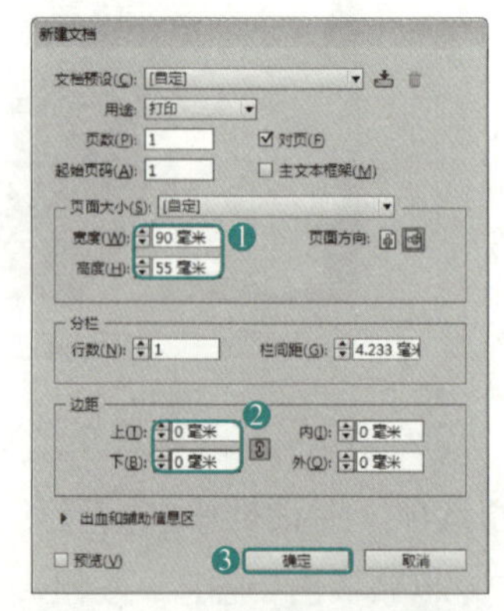

图 2-69 “新建文档”对话框 4

2）设置完成后，单击“确定”按钮，在工具箱中选择“矩形工具”，在文档窗口中绘制一个 90mm × 55mm 的矩形，并在“控制”面板中将其“X”“Y”均设置为“0 毫米”，如图 2-70 所示。

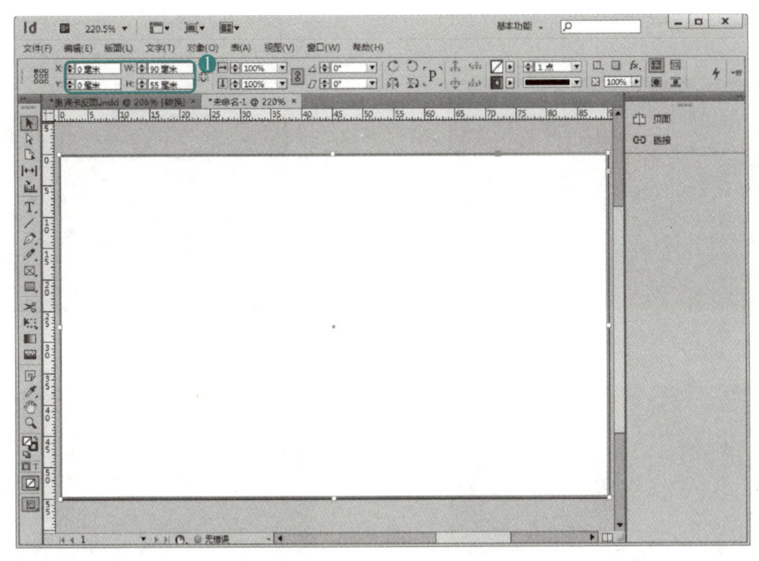

图 2-70 调整矩形位置 2

3）确认该矩形处于被选择的状态，在菜单栏中选择“窗口”→“颜色”→“颜色”命令，如图 2-71 所示。

4）在打开的“颜色”面板中设置其颜色的 CMYK 值为 81、80、82、66，如图 2-72 所示。

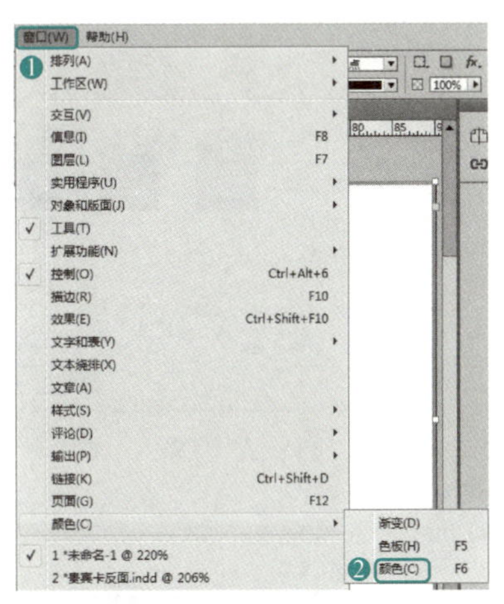

图 2-71 选择“颜色”命令 3

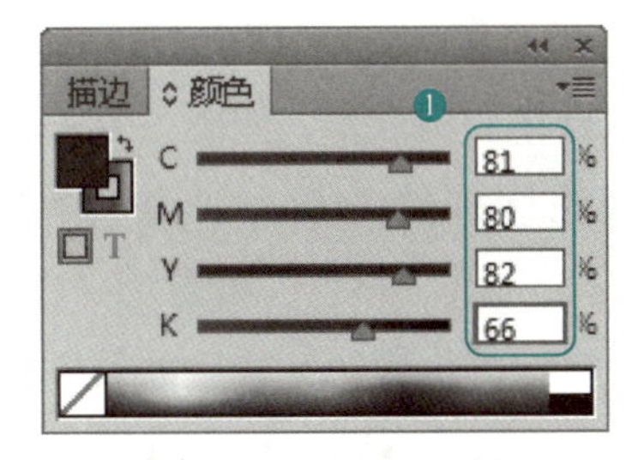

图 2-72 “颜色”面板 4

5）将其“颜色”面板关闭，矩形将会被填充上一步所设置的颜色，如图 2-73 所示。

6）在工具箱中选择“文字工具”，在文档窗口中拖拽出一个文本框，并在此文本框中输入文字内容“高贵品质”，并将其“颜色”设置为“白色”，将“字体”设置为“汉仪中黑简”，“字体大小”设置为“9 点”，如图 2-74 所示。

7）使用同样的方法，制作出右侧的文本内容，如图 2-75 所示。

8）在工具箱中选择“矩形工具”，在文档窗口中创建一个 12mm × 9mm 的矩形，并将其调整至合适的位置，如图 2-76 所示。

图 2-73　填充颜色 3

图 2-74　创建文本 1

图 2-75　创建文本 2

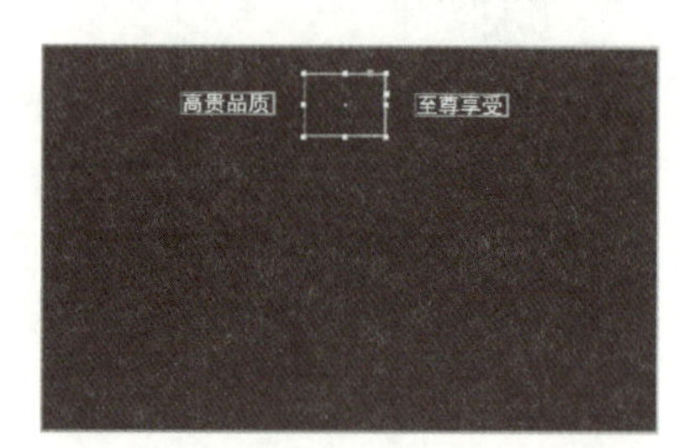

图 2-76　创建矩形 2

9）按〈Ctrl+D〉组合键，在打开的“置入”对话框中选择“素材”→“Cha02 皇冠 .psd”素材图片，如图 2-77 所示。

10）单击“打开”按钮，将选择的素材图片置入创建的矩形框中，使用直接选择工具选择置入的素材图片，单击鼠标右键，在弹出的快捷菜单中选择“适合”→“使内容适合框架”命令，执行该操作后的效果，如图 2-78 所示。

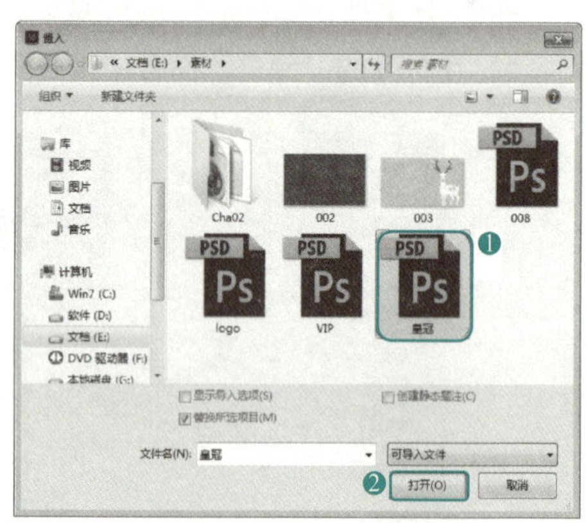

图 2-77　“置入”对话框 5

11）使用同样的方法，创建一个 90mm × 6mm 的矩形，将其“填色”设置为“白色”，并将其移动至合适的位置，完成后的效果，如图 2-79 所示。

图 2-78　完成后的效果 5

图 2-79　创建矩形 3

12）在工具箱中选择“文字工具”，在文档窗口中创建一个文本框，设计师可根据自己的设计理念为其添加文本内容，并为其设置字体大小、颜色及字体样式，完成后的效果，如图 2-80 所示。

13）在工具箱中选择“直线工具”，在创建的文本下方绘制一个长 90mm 的直线，为其添加描边，将其描边大小设置为 1 毫米，颜色设置为白色，完成后的效果，如图 2-81 所示。

图 2-80 创建文本框

图 2-81 创建直线

14）使用前面所讲到的方法创建其他文本内容，设计师可根据自己的设计理念来设置字体的颜色、字体大小及字体样式，完成后的效果，如图 2-82 所示。

15）选择创建的背景矩形，在菜单栏中选择“对象”→“角选项”命令，在打开的“角选项”对话框中将“转角类型”设置为“圆角”，设置完成后将其对话框关闭，按〈W〉键进行预览，预览效果如图 2-83 所示。

图 2-82 创建其他文本

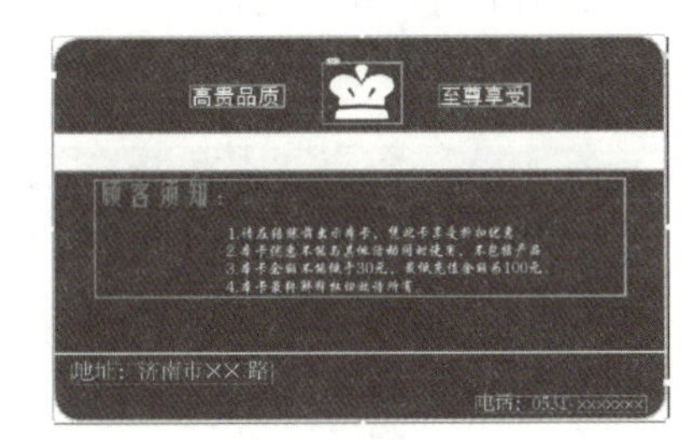

图 2-83 预览效果 2

16）场景制作完成后，按〈Ctrl+E〉组合键，打开“导出”对话框，在该对话框中为其指定正确的导出路径，为其命名并将其“保存类型”设置为 JPEG 格式，如图 2-84 所示。

17）单击“保存”按钮，在弹出的“导出 JPEG”对话框中使用其默认值，如图 2-85 所示。设计师可根据自己的需求对场景进行保存。

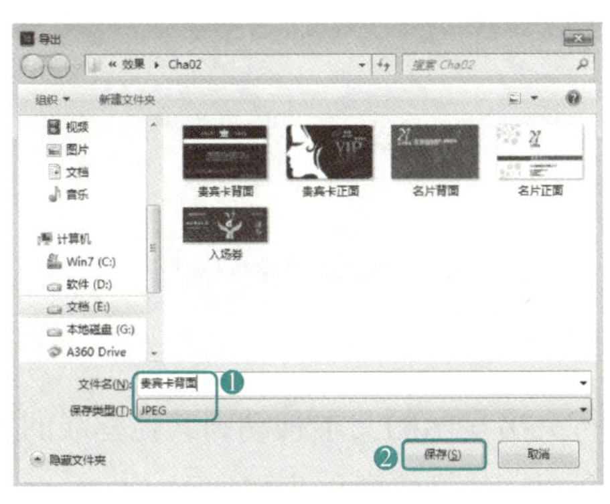

图 2-84 “导出”对话框 4

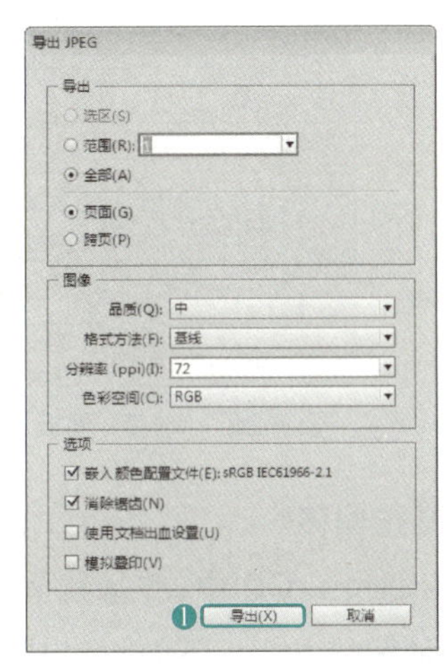

图 2-85 “导出 JPEG”对话框 4

2.2.3 知识解析

在 InDesign CC 中，包含很多种文字的编辑功能。用户可以根据需要对字体进行相应的设置，本节将对其进行简单的介绍。

1．修改文字大小

在 InDesign 中进行编辑时，难免会对文字的大小进行更改，然而合理有效地调整字体大小，能使整篇设计的文字构架更具可读性。下面将介绍如何对文字的大小进行修改，其具体操作步骤如下。

1）在菜单栏中选择“文件”→“打开”命令，在弹出的“打开文件”对话框中打开“素材”→“Cha02”→“007.indd”文件，如图 2-86 所示。

2）在工具箱中单击“选择工具”，在文档窗口中选择要调整大小的文字，如图 2-87 所示。

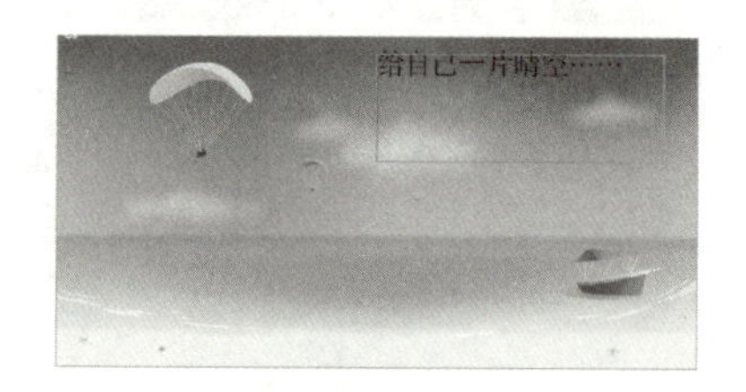

图 2-86　打开素材文件 1

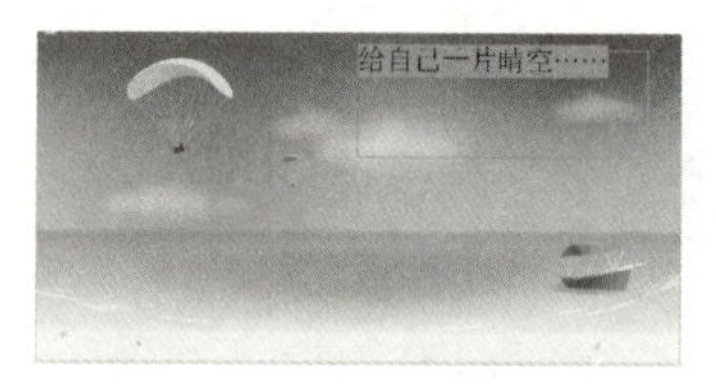

图 2-87　选择素材文件

3）在菜单栏中选择“文字”→“字符”命令，在弹出的“字符”面板中将“字体大小”设置为“18 点”，如图 2-88 所示。

4）按〈Enter〉键确认，完成后的效果，如图 2-89 所示。

图 2-88　“字符”面板 1

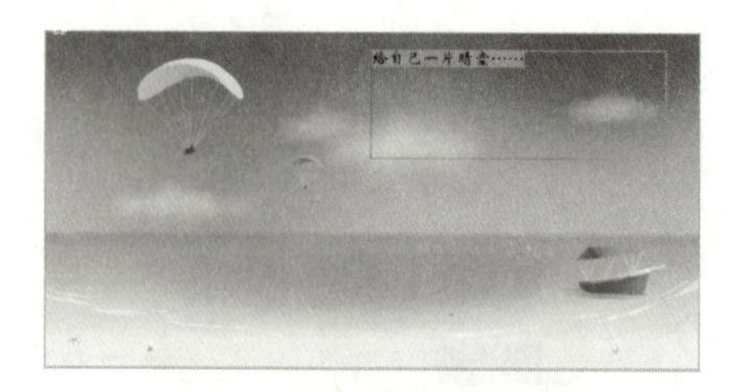
图 2-89　完成后的效果 6

2．基线偏移

在 InDesign CC 中，“基线偏移”是允许将突出显示的文本移动到其他基线的上面或下面的一种偏移方式，下面将对其进行简单的介绍，其具体操作步骤如下。

1）打开素材 007.indd，在文档窗口中选择要进行设置的文字，在菜单栏中选择“文字”→“字符”命令，弹出“字符”面板，如图 2-90 所示。

2）在弹出的“字符”面板中将“基线偏移”设置为“10 点”，如图 2-91 所示。

3）按〈Enter〉键确认，完成后的效果，如图 2-92 所示。

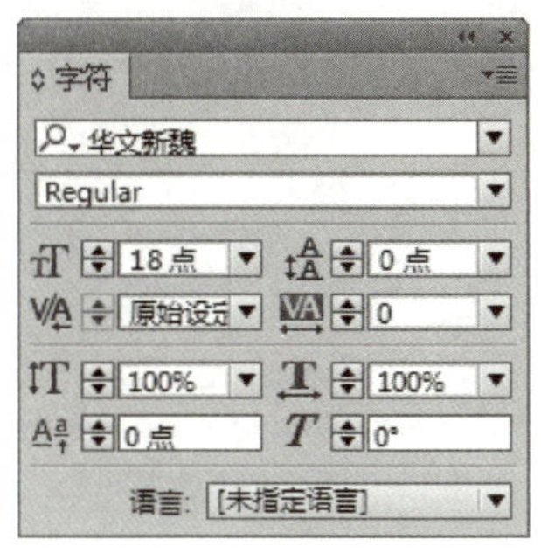

图 2-90 “字符”面板 2

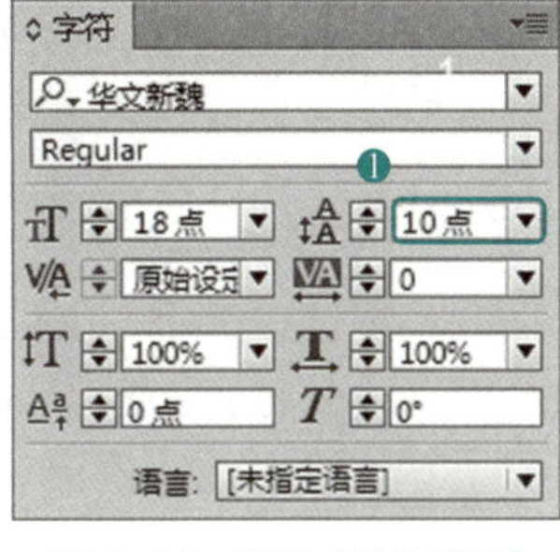

图 2-91 设置“基线偏移”

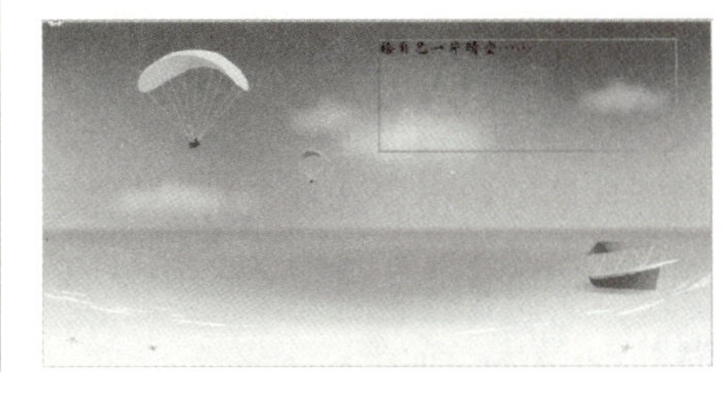

图 2-92 完成后的效果 7

3．倾斜

在 InDesign CC 中，用户可以对文字进行倾斜，以便达到简单美化的效果，下面将对其进行简单的介绍，其具体操作步骤如下。

1）在菜单栏中选择“文件”→“打开”命令，在弹出的“打开文件”对话框中打开“素材”→“Cha02”→“007.indd”文件，如图 2-93 所示。

图 2-93 打开素材文件 2

2）在工具箱中单击“选择工具”，在文档窗口中选择如图 2-94 所示的文字。

3）按〈Ctrl+T〉组合键打开“字符”面板，在该面板中将“倾斜”设置为“40°”，并按〈Enter〉键确认，完成后的效果，如图 2-95 所示。

图 2-94 选择对象

图 2-95 完成后的效果 8

2.2.4 自主练习——婚礼请柬

本节将利用前面所学的知识制作一个婚礼请柬，其效果如图 2-96 所示。读者可以通过本例的学习对前面所学的知识有所巩固，其具体操作步骤如下：

1）新建文档，在弹出的“新建文档”对话框中将“宽度”和“高度”分别设置为“400毫米”和“212毫米”，将“边距”选项组中的“上”“下”的值都设置为“0毫米”。

2）在工具箱中单击“钢笔工具”，在文档窗口中绘制一个路径。打开“颜色”面板，将“填色”的CMYK值设置为0、96.02、94.6、0。

3）使用“钢笔工具”在文档窗口中绘制心形路径。在工具箱中单击“选择工具”，按住〈Shift〉键选中其下方所绘制的图形，在菜单栏中选择“对象”→“路径查找器”→“减去”命令。

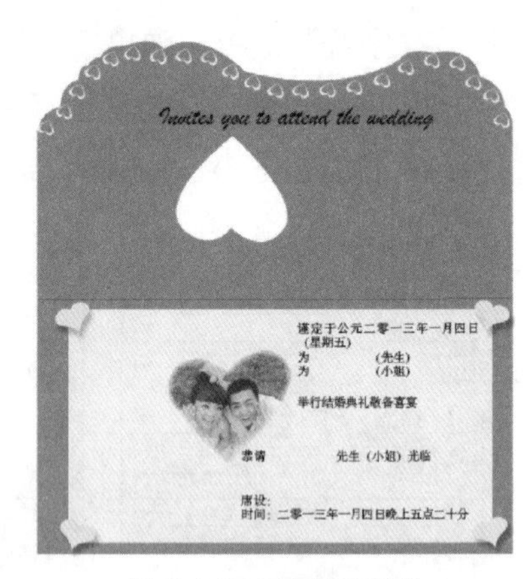

图2-96　婚礼请柬效果

4）按住〈Alt〉键向右进行拖动，对选中的图形进行复制按〈Ctrl+G〉组合键将其成组，在“控制”面板中单击“垂直翻转”按钮，并在文档窗口中调整其位置。

5）在工具箱中选择“矩形工具”，在文档窗口中按住鼠标进行绘制，按〈F6〉键打开“颜色”面板，将“填色”的CMYK值设置为0、4.19、34.22、0。

6）在工具箱中单击“钢笔工具”，在文档窗口中绘制一个与前面相同的心形路径，将“描边”设置为“无”。

7）选择刚绘制的图形，在菜单栏中选择“文件”→“置入”命令。在弹出的“置入”对话框中选择一个素材图片，在文档窗口中调整其大小及文字。

8）在文档窗口中选择置入图片的心形，打开“效果”面板，在该面板中单击“向选定的目标添加对象效果”按钮，在弹出的下拉列表中选择“基本羽化”命令，将“羽化宽度”设置为“3”。

9）在工具箱中单击“钢笔工具”，可根据喜好在文档窗口中绘制其他路径并填色，将“描边”设置为“无”。

10）按〈Shift+Ctrl+F10〉组合键打开“效果”面板，在该面板中单击“向选定的目标添加对象效果”按钮，在弹出的下拉列表中选择“投影”命令，在弹出的对话框中将“不透明度”设置为“50%”，将“距离”和“角度”分别设置为2.7、120，勾选“使用全局光”复选框。设置完成后，对其进行复制以及调整。最后可以根据个人喜好使用“文字工具”在文档窗口中添加其他文字。

11）完成后按〈Ctrl+E〉组合键打开“导出”对话框，在该对话框中指定输出路径，为其命名，将“保存类型”设置为JPEG，单击“保存”按钮，再在弹出的“导出 JPEG”对话框中单击“导出”按钮，对完成后的场景进行保存即可。

第3章 宣传页设计——文字的进阶操作

【本章导读】

重点知识

- ■设计汽车宣传单页
- ■设计茶文化宣传页

本章通过汽车宣传单页和茶文化宣传页的制作介绍了文本的创建与编辑，例如，添加文本、导出文本等简单操作，除此之外，用户还可以在InDesign中进行一些一般的文字编辑，可以对文本框架、文本等对象灵活地进行操作。

3.1 设计汽车宣传单页

下面将介绍在 InDesign 中设计汽车宣传单页的操作步骤，完成后的效果，如图 3-1 所示。

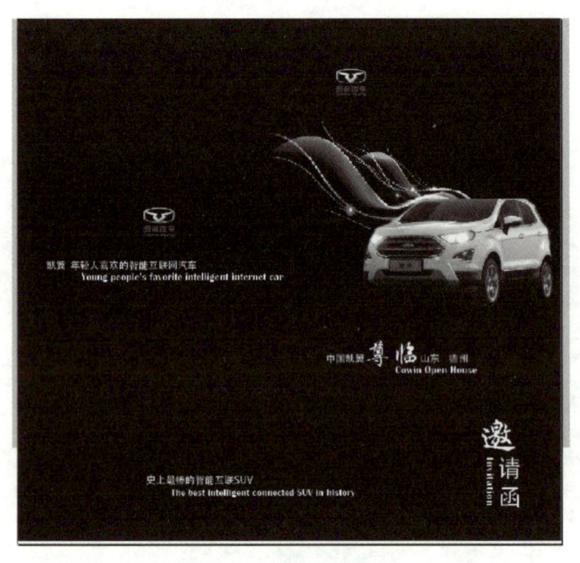

图 3-1 汽车宣传单页

3.1.1 知识要点

本例主要通过使用“置入”命令置入图片丰富页面，然后使用“文字工具”输入内容说明信息。

3.1.2 实现步骤

1）启动 InDesign CC 软件，按〈Ctrl+N〉组合键，打开“新建文档”对话框，在“页面大小”选项组中将“页面方向”定义为“横向”，将“宽度”设置为“370 毫米”，将“高度”设置为“350 毫米”，将“边距”选项组中的“上”“下”“内”“外”均设置为“0 毫米”，如图 3-2 所示。

2）设置完成后单击“确定”按钮。在菜单栏中选择“文件”→“置入”命令，如图 3-3 所示。

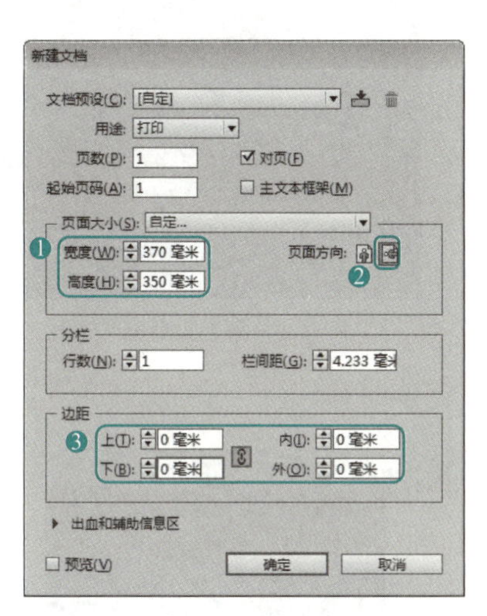

图 3-2　“新建文档”对话框 1

图 3-3　选择“置入”命令 1

3）在弹出的“置入”对话框中，选择“素材”→“Cha03”→“汽车宣传海报素材 .psd”素材文件，单击“打开”按钮即可，如图 3-4 所示。

4）在界面中拖动图片，单击文档的左上角位置即可，置入图片效果如图 3-5 所示。

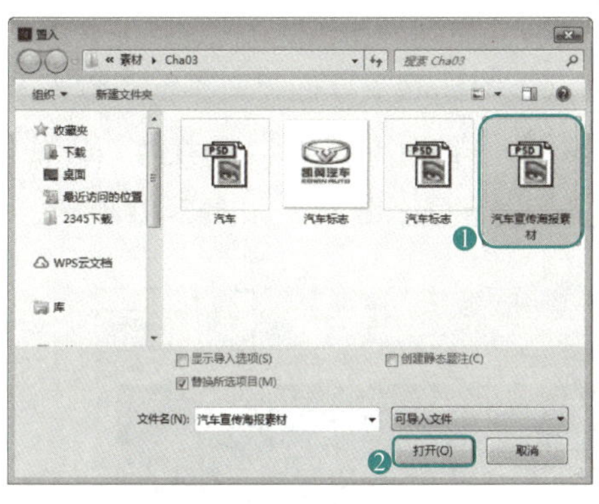

图 3-4　选择“素材” 1

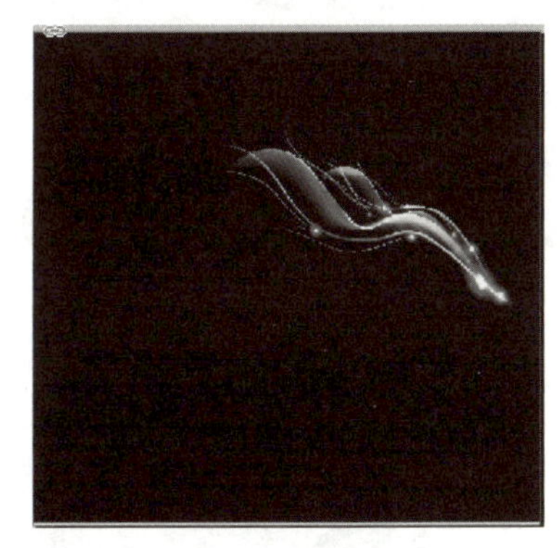

图 3-5　置入图片效果

5）继续在菜单栏中选择“文件”→“置入”命令，在弹出的“置入”对话框中，选择“素材”→“Cha03”→“汽车 .psd”素材文件，单击“打开”按钮，如图 3-6 所示。添加素材显示效果如图 3-7 所示。

6）按〈Ctrl+D〉组合键，在弹出的“置入”对话框中选择“素材”→“Cha03”→“汽车标志 .psd”素材文件，置入素材后的显示效果如图 3-8 所示。

7）按住〈Alt〉键将汽车标志进行复制，在工具箱中使用“缩放工具”，单击“约束缩放比例”按钮，将复制图形的“X 缩放百分比”设置为“70%”，设置完成后将其调整到合适的位置，如图 3-9 所示。

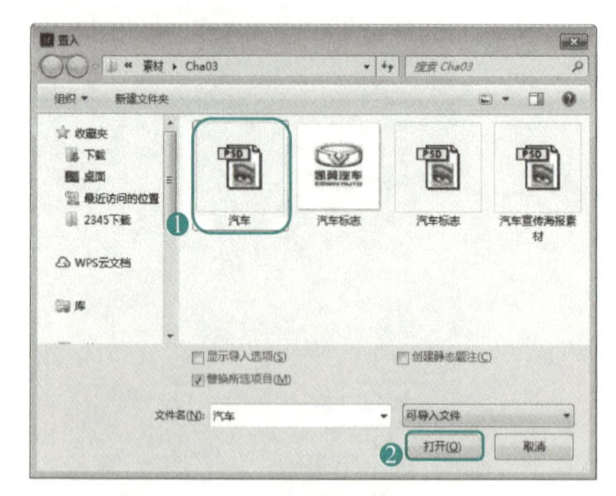

图 3-6　选择“素材”2

图 3-7　添加素材显示效果

图 3-8　置入素材显示效果

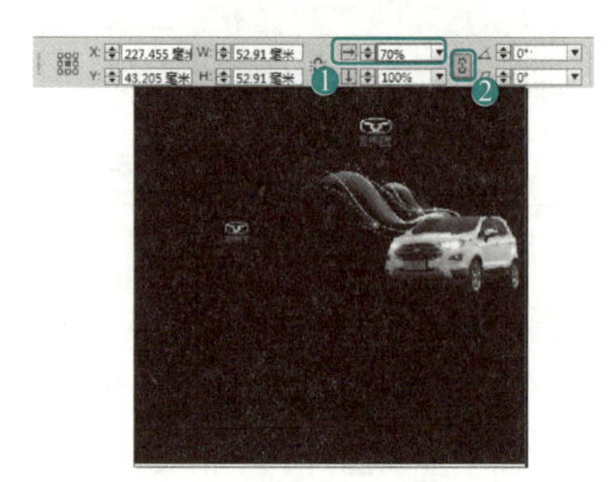

图 3-9　复制效果

8）在工具箱中选择“文字工具”，在复制汽车图标的下方创建文本框本输入文字对象，在工具栏中将“字体”设置为“Adobe 黑体 Std”，将“字体大小”设置为“19 点”。将“填色”设置为“纸色”，将“描边”设置为“无”，文字显示效果，如图 3-10 所示。

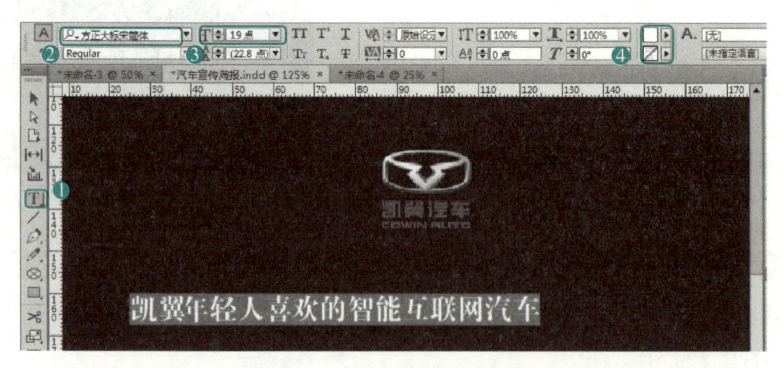

图 3-10　创建文本并设置参数 1

9）将鼠标放置在“凯翼”文字后面，单击两次〈Space〉键，调整字间距，调整效果如图 3-11 所示。

10）在工具箱中选择“文字工具”，在紧邻上面文本下面创建文本框，并输入英文字母，在工具栏中将“字体”设置为“Britannic Bold”，将“字体大小”设置为“19 点”，将“填色”设置为“纸色”，将“描边”设置为“无”，文字显示效果如图 3-12 所示。

11）对字母进行调整，使每个独立字母隔开，再使用“移动工具”将文本对象调整到合适的位置，调整效果如图 3-13 所示。

12）继续使用“文字工具”，创建比较大的文本框并输入文字，在工具栏中将“字体”设置为“Adobe 黑体 Std”，将“字体大小”设置为“19 点”。将“填色”设置为“纸色”，将“描边”设置为“无”，显示效果如图 3-14 所示。

图 3-11　调整字间距

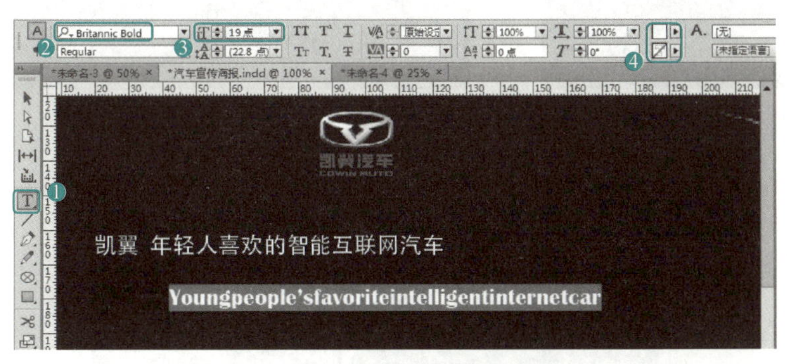

图 3-12　创建文本并设置参数 2

图 3-13　调整效果

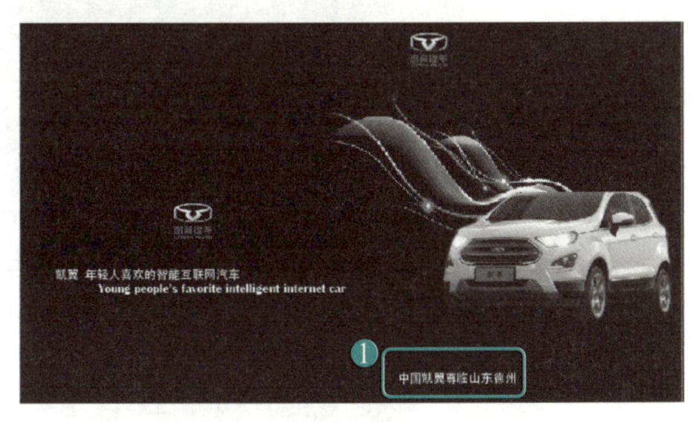

图 3-14　创建文本并设置参数 3

13）将鼠标放置在“山东”文字后面，单击 4 次〈Space〉键，选中“尊临”文字，在工具栏中将“字体”设置为“华文行楷”，将“字体大小”设置为“53 点”，如图 3-15 所示。

14）在工具箱中继续选择“文字工具”，在紧邻上面文本下面创建文本框，并输入英文字母，在工具栏中将“字体”设置为 Britannic Bold，将“字体大小”设置为“19 点”，将“填色”设置为“纸色”，将“描边”设置为“无”，并调整字母间距，完成效果如图 3-16 所示。

15）在工具箱中选择“文字工具”，创建文本框并输入文字，在工具栏中将“字体”设置为“华文行楷”，将“字体大小”设置为“80 点”，将“填色”设置为“纸色”，将“描边”设置为“无”，文字显示效果，如图 3-17 所示。

16）使用同样的方法，创建“请函”文字，将其各行输入并设置相应的参数，文字显示效果，如图 3-18 所示。

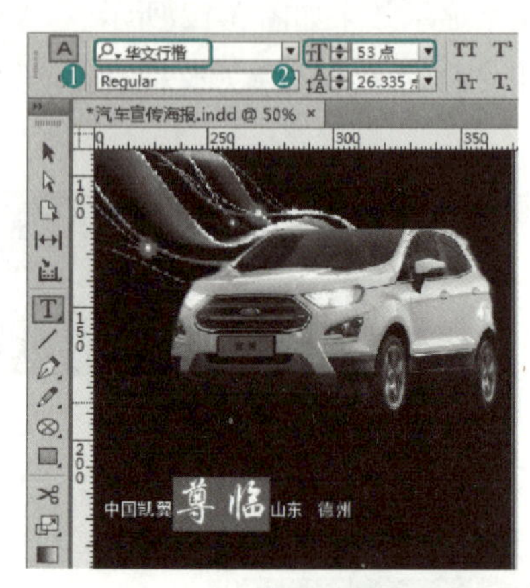

图 3-15　设置文字参数

图 3-16　文字显示效果

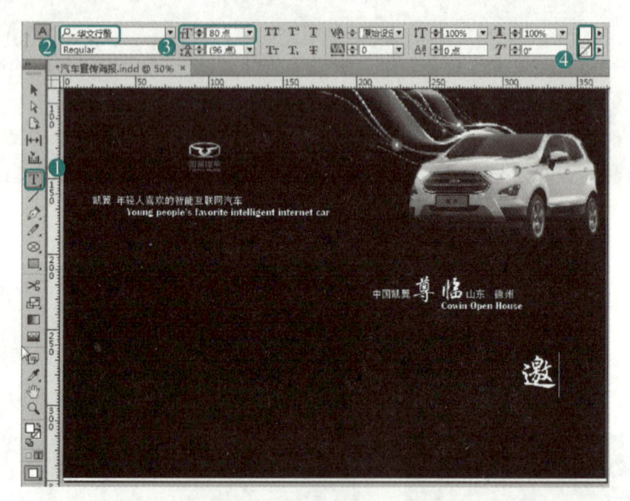

图 3-17　创建文本并设置参数 4

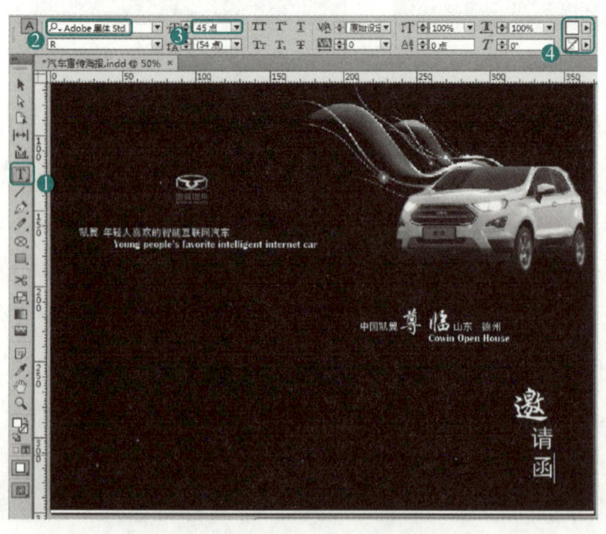

图 3-18　创建文本并设置参数 5

17）继续创建文本对象“Invitation”并设置其相应的参数，然后使用“选择工具”选择该文本对象，单击鼠标右键，在弹出的快捷菜单中选择“变换”→“旋转”命令，如图 3-19 所示。

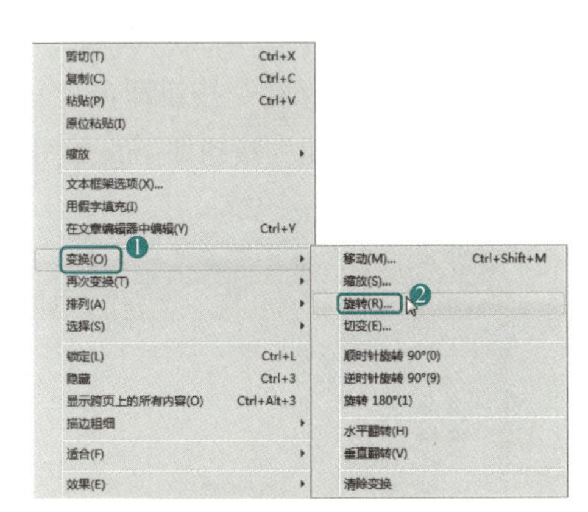

图 3-19 选择“旋转”命令

18）在弹出的“旋转”对话框，将“角度”设置为“–90°”，然后单击“确定”按钮，如图 3-20 所示。旋转后将其调整到合适的位置，显示效果如图 3-21 所示。

19）使用前面的方法创建其他文字对象，显示效果如图 3-22 所示。

20）在菜单栏中选择“文件”→“导出”命令，如图 3-23 所示。

图 3-20 “旋转”对话框

图 3-21 显示效果 1

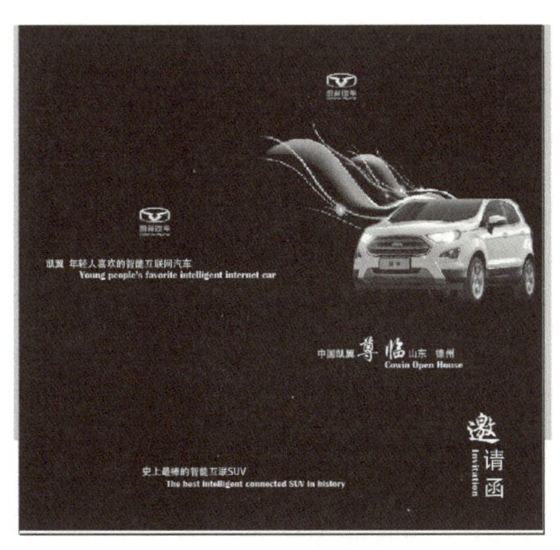

图 3-22 创建其他文字

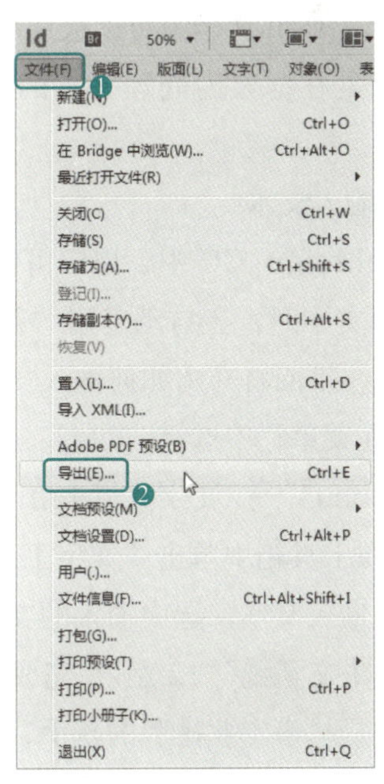

图 3-23 选择“导出”命令 1

21）在弹出的“导出”对话框中为其指定一个正确的存储路径，将其重命名为“汽车宣传单页”，将“保存类型”设置为 JPEG，如图 3-24 所示。

22）单击“保存”按钮即可将其导出，在弹出的“导出　JPEG”对话框中保持默认设置，单击“导出”按钮即可，如图 3-25 所示。

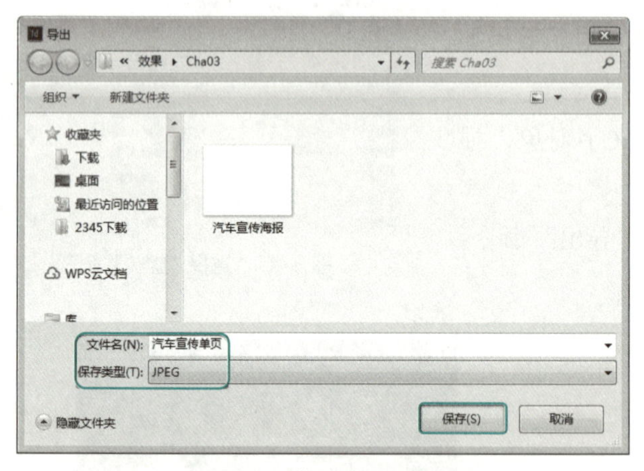

图 3-24　“导出”对话框 1

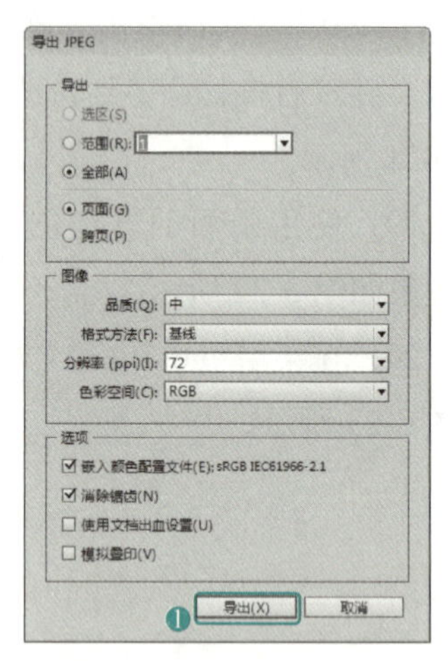

图 3-25　“导出　JPEG”对话框

3.1.3　知识解析

在 InDesign 文档中可以很简单地添加文本、粘贴文本、拖入文本、导入和导出文本。InDesign 是在框架内处理文本的，框架可以提前创建或在导入文本时由 InDesign 自动创建。

1．输入文本

在 InDesign　CC 中，用户可以像在 Photoshop 中添加文本一样，在 InDesign　CC 中输入新的文本时，会自动套用“基本段落样式”中设置的样式属性，这是 InDesign 预定义的样式。下面将介绍如何输入文本。

1）在菜单栏中选择“文件”→“打开”命令，在弹出的“打开文件”对话框中打开“素材”→“Cha03”→“文字素材 1.indd”文件，如图 3-26 所示。

2）在工具箱中单击“文字工具”，在文档窗口中按住鼠标左键并拖动创建一个新的文本框架，输入文本，选中输入的文本，在“控制”面板中将“字体”和“字体大小”分别设置为“华文新魏”“12 点”，完成后的效果，如图 3-27 所示。

如果是从事专业排版的新手，就需要了解一些有关在打字机上或字处理程序中输入文本域和在一个高端出版物中输入文本之间的区别：

图 3-26 打开“素材”文件 1

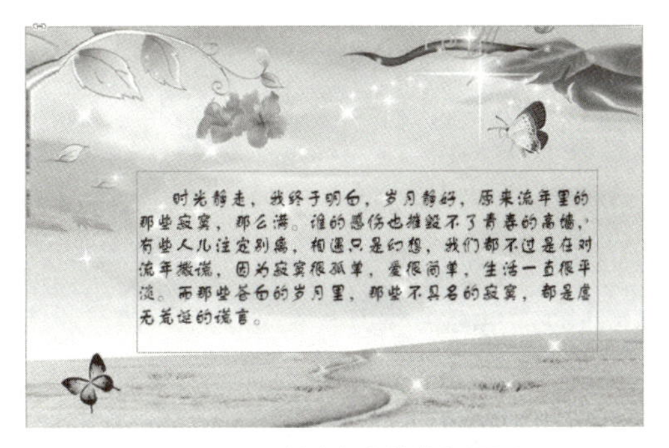

图 3-27 创建文本并进行设置

在句号或冒号后面不需要输入两个空格，如果输入两个空格会导致文本排列出现问题。

不要在文本中输入多余的段落回车，也不要输入制表符来缩进段落，可以使用段落属性来实现需要的效果。

需要使文本与栏对齐时，不要输入多余的制表符；在每个栏之间放一个制表符，然后对齐制表符即可。

提示

▸如果需要查看文本中哪有制表符、段落换行、空格和其他不可见的字符，可以选择“文字”→“显示隐含的字符”命令，或按〈Alt+Ctrl+I〉组合键，即可显示出文本中隐含的字符。

2. 粘贴文本

当文本在 Windows 剪贴板时，可以将其粘贴到文本中光标所在位置或使用剪贴板中的文本替换选中的文本。如果当前没有活动的文本框架，InDesign 会自动创建一个新的文本框架来包含粘贴的文本。

在 InDesign 中可以通过“编辑”菜单或快捷键对文本进行剪切、复制和粘贴等操作，其具体操作步骤如下。

1）在工具箱中单击“文字工具”，在文档窗口中选择如图 3-28 所示的文字。

2）在菜单栏中选择“编辑”→“复制”命令，或按〈Ctrl+C〉组合键进行复制，如图 3-29 所示。

3）在文档窗口的其他位置上单击，在菜单栏中选择“编辑”→“粘贴”命令，并使用“选择工具”调整其位置，完成后的效果，如图 3-30 所示。

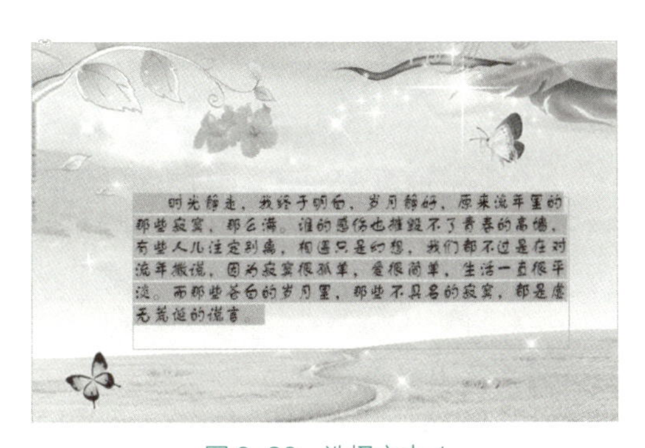

图 3-28 选择文本 1

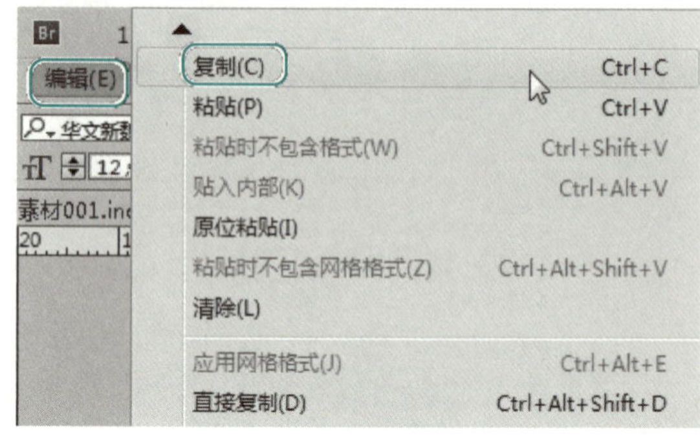

图 3-29　选择“复制”命令

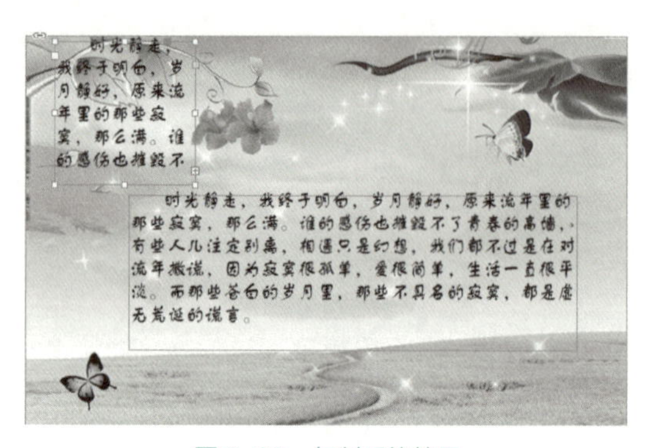
图 3-30　复制后的效果

从 InDesign 复制或剪切的文本通常会保留其他格式，而从其他程序粘贴到 InDesign 文档中的文本通常会丢失格式。在 InDesign 中，可以在粘贴文本时指定是否保留文本格式。如果执行“编辑”→“粘贴时不包含格式”命令或按〈Ctrl+Shift+V〉组合键，即可删除文本的格式并粘贴文本。

提示

▸除此之外，用户还可以在选中文字后，单击鼠标右键，在弹出的快捷菜单中选择相应的命令，如图 3-31 所示。

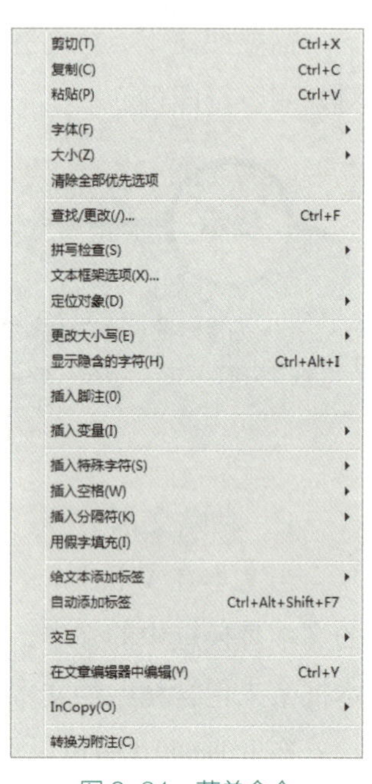

图 3-31　菜单命令

3. 拖放文本

当拖放一段文本选区时，其格式会丢失。当拖放一个文本文件时，其过程类似于文本导入，文本不但会保留其格式而且还会带来它的样式表。拖放文本操作与使用“置入”命令导入文本不同，拖放文本操作不会提供指定文本文件中格式和样式如何处理的选项。

提示

▸如果需要查看文本中哪有制表符、段落换行、空格和其他不可见的字符，可以选择“文字”→“显示隐含的字符”命令，或按〈Alt+Ctrl+I〉组合键，即可显示出文本中隐含的字符。

4. 导出文本

在 InDesign 中不能将文本从 InDesign 文档中导出为像 Word 这样的字处理程序格式。如果需要将 InDesign 文档中的文本导出，可以将 InDesign 文档中的文本导出为

RTF、Adobe InDesign 标记文本和纯文本格式。下面将介绍如何导出文本。

1）在工具箱中选择“文字工具”，在文档窗口中选择如图 3-32 所示的文字。

2）在菜单栏中选择“文件”→“导出”命令，或按〈Ctrl+E〉组合键，如图 3-33 所示。

图 3-32　选择文本 2

▸如果需要将导出的文本发送到使用字处理程序的用户，可以将文本导出为 RTF 格式；如果需要将导出的文本发送给另一个保留了所有 InDesign 设置的 InDesign 用户，可以将文本导出为 InDesign 标记文本。

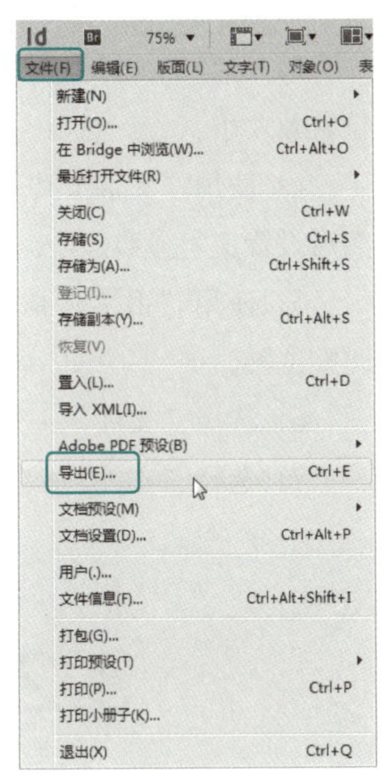

图 3-33　选择“导出”命令 2

3）在弹出的“导出”对话框中选择要导出的路径，为其重命名为“文字素材 1”，将“保存类型”设置为 RTF，如图 3-34 所示。设置完成后，单击“保存”按钮即可。

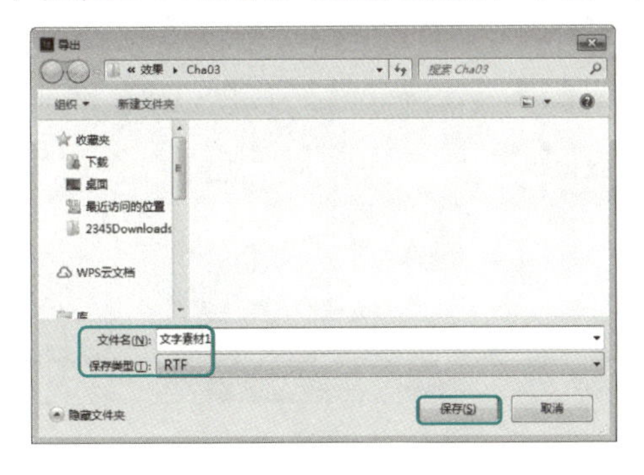

图 3-34　“导出”对话框 2

3.1.4　自主练习——艾滋病知识宣传单

本节将介绍如何制作健康知识宣传单，使读者可以通过学习对 InDesign 有简单的了解，其具体操作步骤如下。

1）选择“文件”→“新建”→“文档”命令，新建文档。艾滋病知识宣传单，效果图如图 3-35 所示。

2）使用“矩形工具”创建图形并进行设置。

3）选择“文件”→“置入”命令，置入素材并调整位置及大小。

4）使用“文字工具”创建文本框并输入文字对象，然后设置文字参数。

5）使用“钢笔工具”创建图形并设置参数，然后调整位置。

图 3-35　艾滋病知识宣传单

6）选择“文件”→“导出”命令，将效果导出到合适的路径。

7）选择“文件”→“存储为”命令，将创建的场景进行保存即可。

3.2　设计茶文化宣传页

本节将介绍如何制作茶文化宣传页，效果图如图 3-36 所示。

图 3-36　茶文化宣传页

3.2.1　知识要点

本例主要通过使用“矩形工具”制作茶文化宣传页的背景，然后置入图片丰富页面，使用“文字工具”输入内容。

3.2.2 实现步骤

1）启动 InDesign CC 软件，按〈Ctrl+N〉组合键，打开“新建文档”对话框，在“页面大小”选项组中将“页面方向”定义为“横向”，将“宽度”设置为“285 毫米”，将“高度”设置为“210 毫米”，将“边距”选项组中的“上”“下”“内”“外”均设置为“0 毫米”，如图 3-37 所示。文档显示效果，如图 3-38 所示。

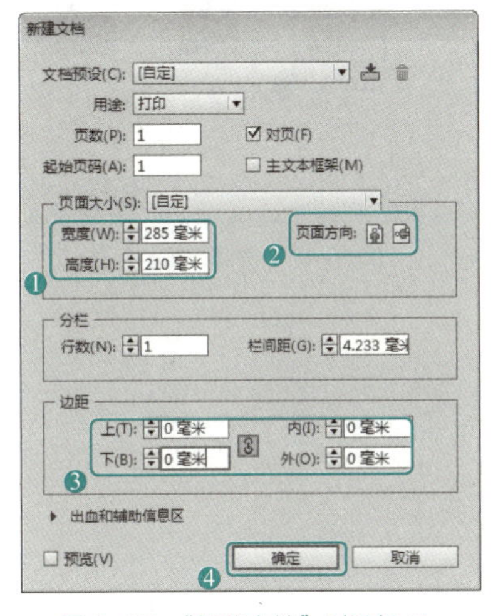

图 3-37 “新建文档”对话框 2

图 3-38 文档显示效果

2）设置完成后单击“确定”按钮。在菜单栏中选择“文件”→“置入”命令，如图 3-39 所示。

3）在弹出的“置入”对话框中，选择“素材”→“Cha03”→“茶文化宣传页底纹 .psd”素材文件，单击“打开”按钮即可，如图 3-40 所示。置入素材显示效果，如图 3-41 所示。

4）选择置入素材，单击鼠标右键在弹出的快捷菜单中选择“适合”→“使内容适合框架”命令，如图 3-42 所示。

5）按〈Ctrl+D〉组合键，在弹出的“置入”对话框中选择“素材”→“Cha03”→“躺椅 .psd”素材文件，对其进行大小位置调整，置入素材后的显示效果，如图 3-43 所示。

6）使用同样的方法置入其他素材，显示效果如图 3-44 所示。

7）在工具箱中选择“文字工具”，在复制汽车图标的下方创建文本框并输入文字对象，在工具栏中将“字体”设置为“方正新舒体简体”，将“字体大小”设置为“200 点”。将“填色”设置为“黑色”，将“描边”设置为“无”，文字显示效果，如图 3-45 所示。

8）使用同样的方法创建“之道”文本并设置参数，将文字调整到合适的位置，显示效果如图 3-46 所示。

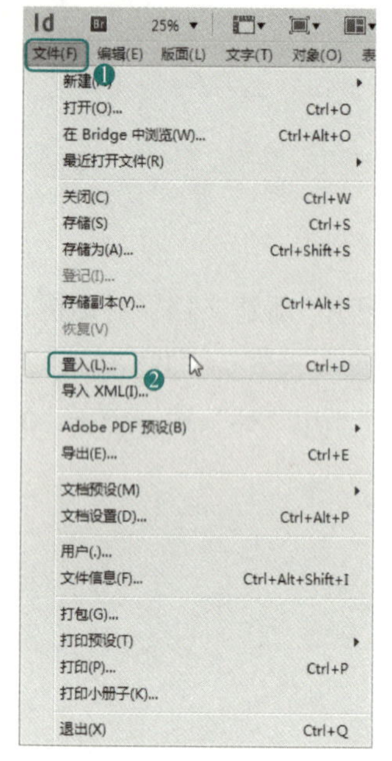

图 3-39　选择“置入”命令 2

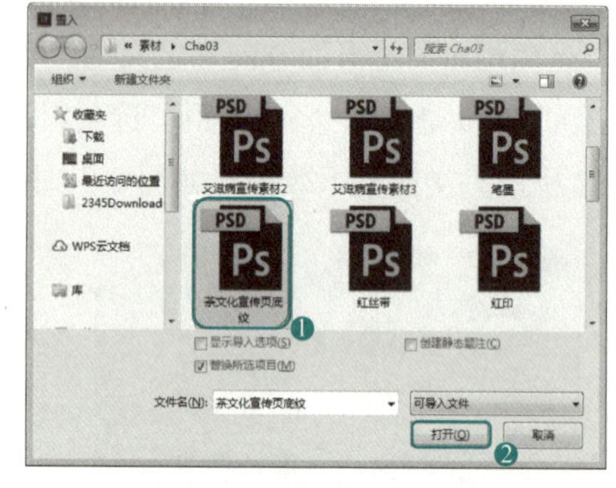

图 3-40　选择“素材”3

图 3-41　显示效果 2

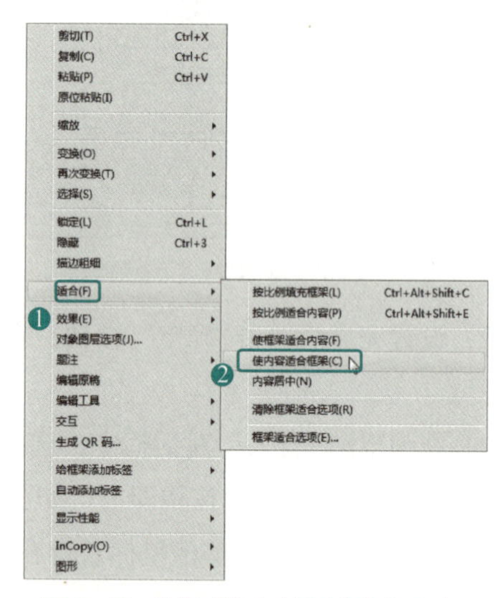

图 3-42　选择“使内容适合框架”命令

图 3-43　调整素材的大小及位置

图 3-44　置入其他素材

图 3-45　输入文字

9）在菜单栏中使用“直线工具”，在工具栏中将“填色”设置为“黑色”，将“描边”设置为“黑色”，将“描边大小”设置为“1 点”，显示效果如图 3-47 所示。

10）选中所有直线对象，在菜单栏中选择“对象”→“编组”命令，将直线进行编组，如图 3-48 所示。

图 3-46　创建文字 1

图 3-47　绘制直线

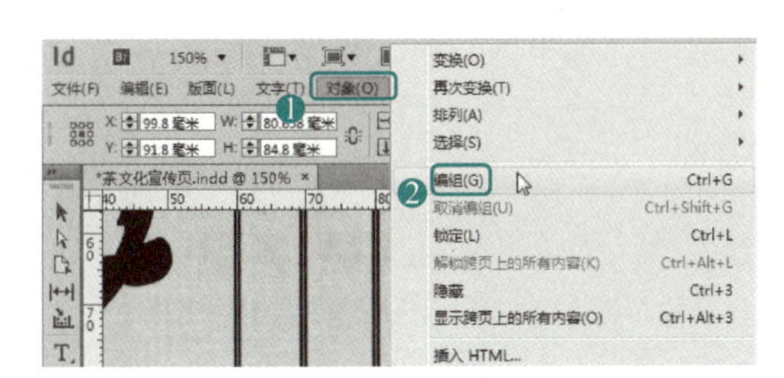

图 3-48　编组直线

11）在工具箱中选择“路径文字工具”，创建文字对象，在工具栏中将“字体”设置为“方正黄草简体”，将“字体大小”设置为“15 点”。将“填色”设置为“黑色”，将“描边”设置为“无”，文字显示效果，如图 3-49 所示。

12）选中文字对象，在菜单栏中选择“文字”→“文字路径”→“选项”命令，如图 3-50 所示。

13）在弹出的“路径文字选项”对话框，将“效果”设置为“阶梯效果”，将“对齐”设置为“字母上缘”，将“到路径”设置为“上”，设置完成后单击“确定”按钮即可，如图 3-51 所示。调整路径后的显示效果，如图 3-52 所示。

图 3-49　创建文字 2

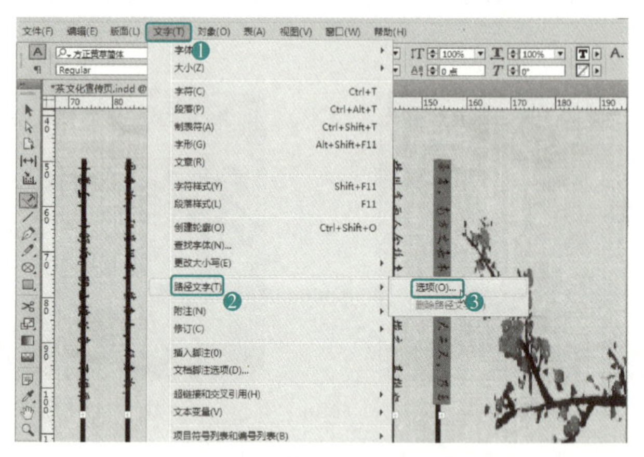

图 3-50　选择"选项"命令

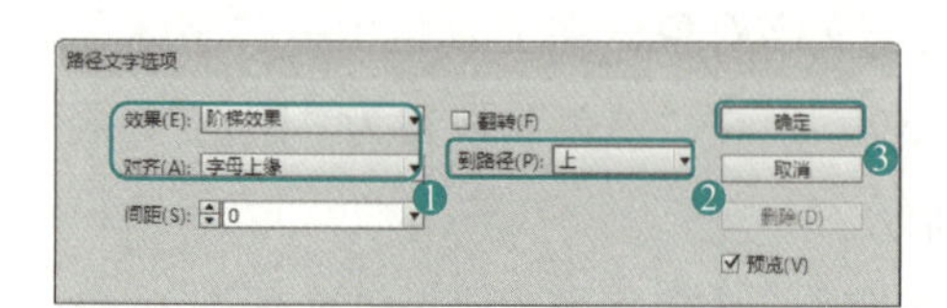

图 3-51　"路径文字选项"对话框

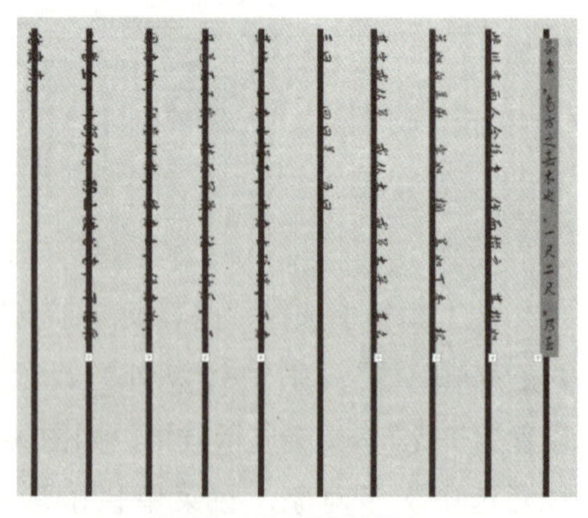

图 3-52　显示效果 3

14）使用同样的方法调整其他文字的路径，显示效果如图 3-53 所示。

15）选中直线对象，在工具栏中将"填色"设置为"无"，将"描边"设置为"无"，将直线进行隐藏，隐藏后的显示效果，如图 3-54 所示。

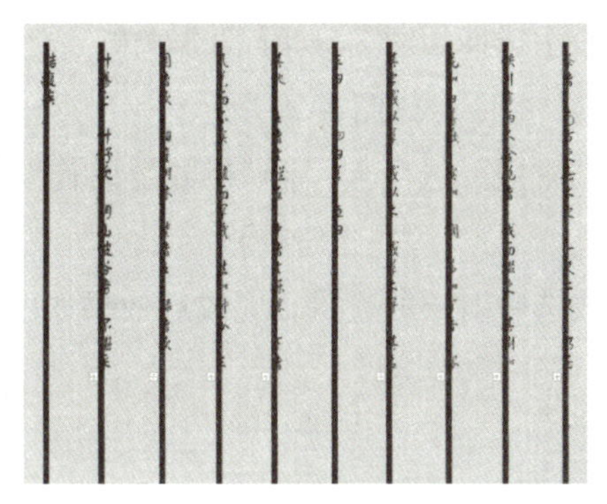

图 3-53 显示效果 4

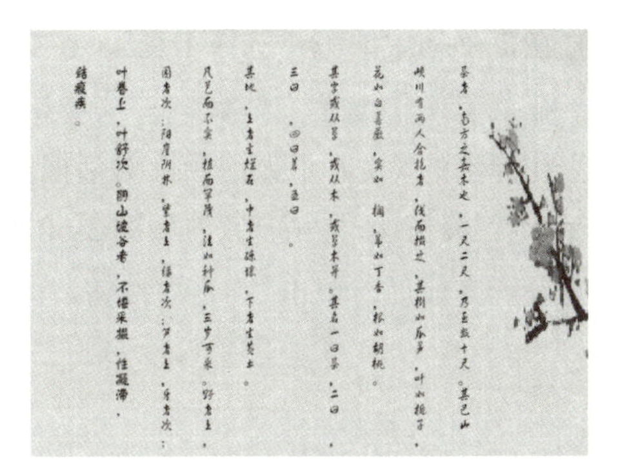

图 3-54 隐藏直线效果

16）按〈Ctrl+D〉组合键，在弹出的“置入”对话框中选择“素材”→“Cha03”→“红印 .psd”素材文件，置入红印效果，如图 3-55 所示。

17）使用前面讲到的方法，导入其他素材并创建文字对象，按〈W〉键预览完成后的效果，完成效果如图 3-56 所示。

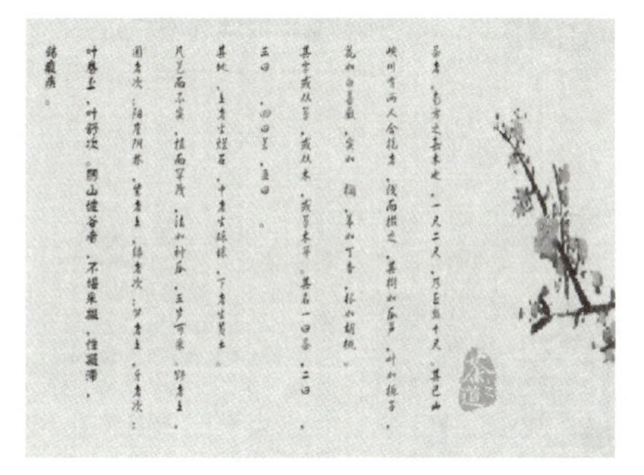

图 3-55 置入“红印 .psd”素材效果

图 3-56 完成效果

3.2.3 知识解析

在文档中创建文本框架以后，不仅可以修改文本框架的大小，还可以修改文本框架的栏数等。本节将介绍在 InDesign 中创建文本框架后如何进行文本框架的修改。

利用 InDesign 中的“文本框架选项”功能，可以方便快捷地对文本框架进行设置。

1）在菜单栏中选择“文件”→“打开”命令，在弹出的“打开文件”对话框中打开“素材”→“Cha03”→“004 .indd”文件，如图 3-57 所示。

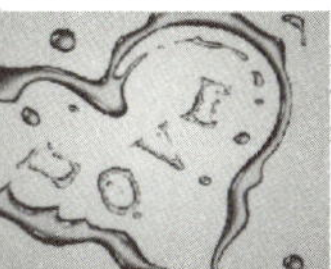

图 3-57 打开“素材”文件 2

2）在工具箱中单击“选择工具”，在文档窗口中选择如图 3-58 所示的对象。

3）在菜单栏中选择“对象”→“文本框架选项”命令，如图 3-59 所示。

4）在弹出的“文本框架选项”对话框中选择“常规”选项卡，将“栏数”设置为“2”，将“栏间距”设置为“2 毫米”，如图 3-60 所示。

5）设置完成后，单击“确定”按钮，即可完成选中对象的设置，完成后效果如图 3-61 所示。

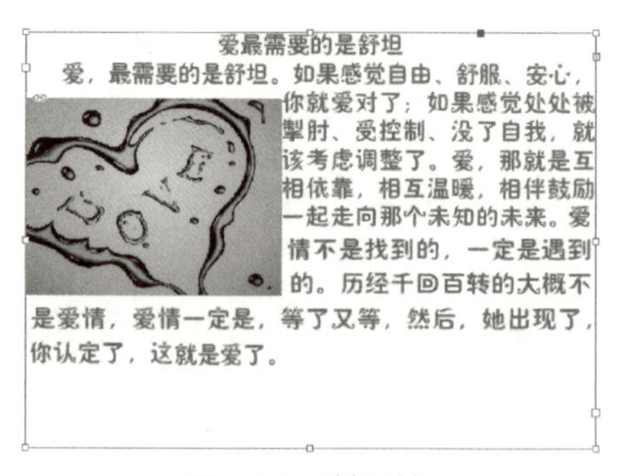

图 3-58　选择对象

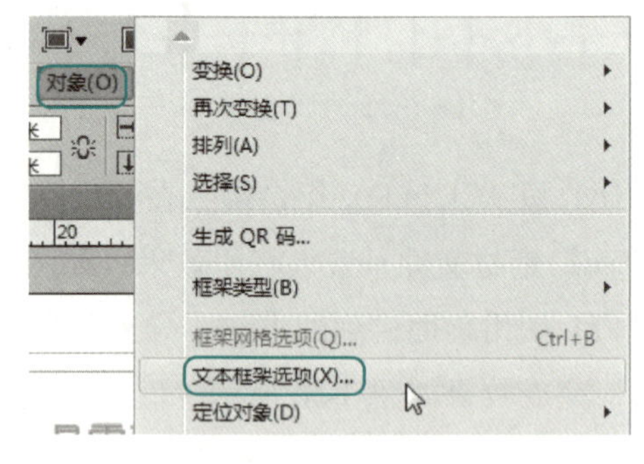

图 3-59　选择“文本框架选项”命令

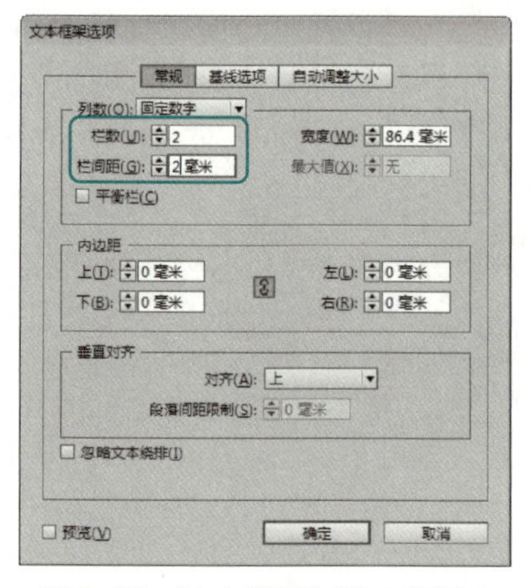

图 3-60　“文本框架选项”对话框 1

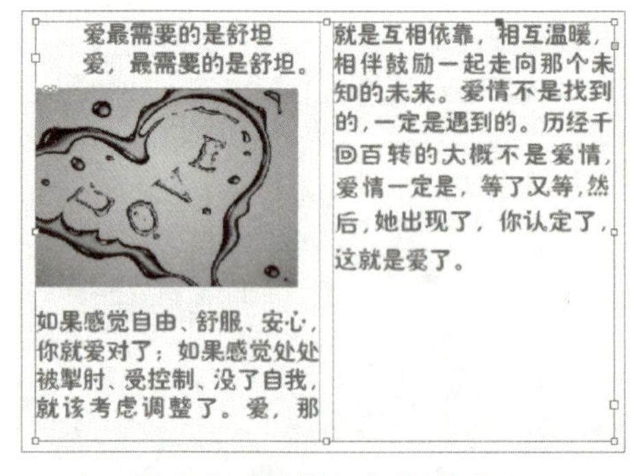

图 3-61　设置完成后的效果 1

“文本框架选项”对话框中的各选项的功能如下：

1.“列数”选项组

该选项组是设置文本框中文本内容的分栏方式的。

“栏数”：在文本框中输入数值可以设置文本框的栏数。如图 3-62 所示，将“栏数”设置为“2”的文本框架效果。

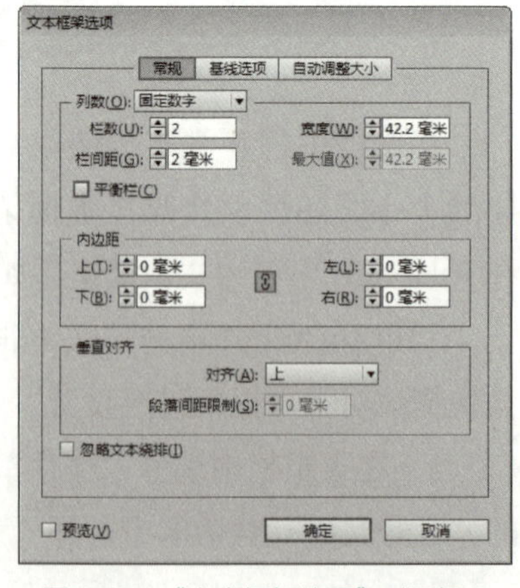

图 3-62　“文本框架选项”对话框 2

“栏间距”：该选项可以设置文本之间行与行之间的间距。

“宽度”：在该选项的文本框架中输入数值，可以控制文本框架的宽度。数值越大，文本框架的宽度就越宽；数值越小，文本框架的宽度就越窄。

“平衡栏”：勾选该复选框可以将文字平衡分到各个栏中。

2．“内边距”选项组

在该选项组下的文本框中输入数值，可以设置文本框架向内缩进。

▸在设置内边距时，当“将所有设置为相同”按钮为 ⛓ 状态时，可以将 4 个内边距的数值设置为相同；当“将所有设置为相同”按钮为 ⛓ 状态时，可以任意设置 4 个内边距的数值。

3．“垂直对齐”选项组

选项组是设置文本框架中文本内容对齐方式的。

“对齐”：在该选项中可以对文本设置以下对齐方式，其中包括“上”“居中”“下”和“两端对齐”四个选项。

“忽略文本绕排”：勾选该复选框后，如果在文档中对图片或图形进行了文本绕排，则取消文本绕排。

“预览”：勾选该复选框后，在“文本框架选项”对话框中设置参数时，在文档中会看到设置的效果。

要更改所选文本框架的首行基线选项，可以在“文本框架选项”对话框中选择“基线选项”选项卡，“首行基线”选项组中的“位移”下拉列表中有以下几个选项，如图 3-63 所示。

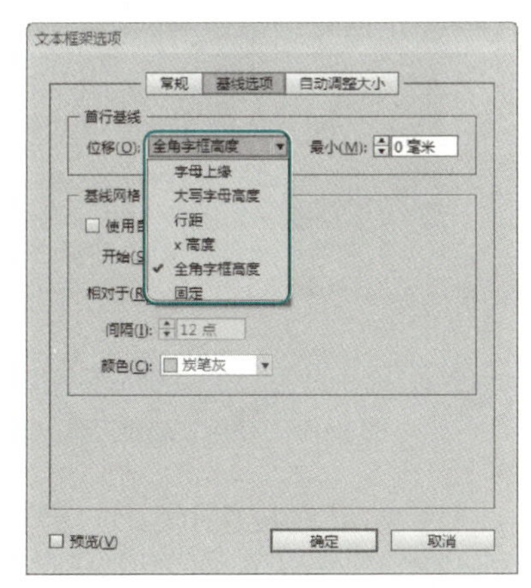

图 3-63 “位移”下拉列表

“字母上缘”：字体中字符的高度降到文本框架的位置。

“大写字母高度”：大写字母顶部触及文本框架上的位置。

“行距”：以文本的行距值作为文本首行基线和框架的上内陷之间的距离。

“x 高度”：字体中字符的高度降到框架的位置。

“固定”：指定文本首行基线和框架的上内陷之间的距离。

“全角字框高度”：全角字框决定框架的顶部与首行基线之间的距离。

“最小”：选择基线位移的最小值文本，如果将位移设置为“行距”，则当使用的位移值小于行距值时，将应用“行距”；当设置的位移值大于行距值时，将位移值应用于文本。

勾选“使用自定基线网格”复选框，将“基线网格”选项激活，各选项介绍如下。

“开始”：在文本框中输入数值以从页面顶部、页面的上边距、框架顶部或框架的上内陷移动网格。

“相对于”：该选项中有以下参数可供选择，其中包括“页面顶部”“上边距”“框架顶部”和“上内边距”四个选项。

“间隔”：在文本框中输入数值作为网格线之间的间距。在大多数情况下，输入的数值等于文本行距的数值，以便于文本行能恰好对齐网格。

“颜色”：为网格选择一种颜色，如图3-64所示。

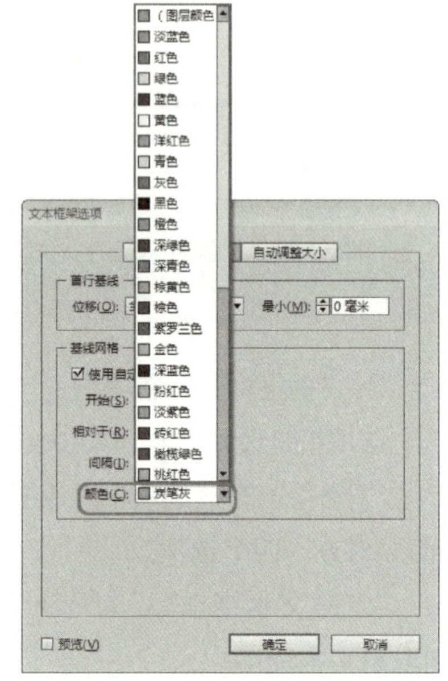

图3-64 “颜色”下拉列表

4. 使用鼠标缩放文本框架

在InDesign中，用户可以根据需要对文本框架进行缩放，下面将介绍如何使用鼠标缩放文本框架，具体操作步骤如下：

1）打开素材文件，使用“选择工具”在文档窗口中选择如图3-65所示的对象。

2）将鼠标放置在任何一个控制点即可，当鼠标变为↔形状时，拖动鼠标即可更改文本框的大小，而文本内容不会随着变化，如图3-66所示。

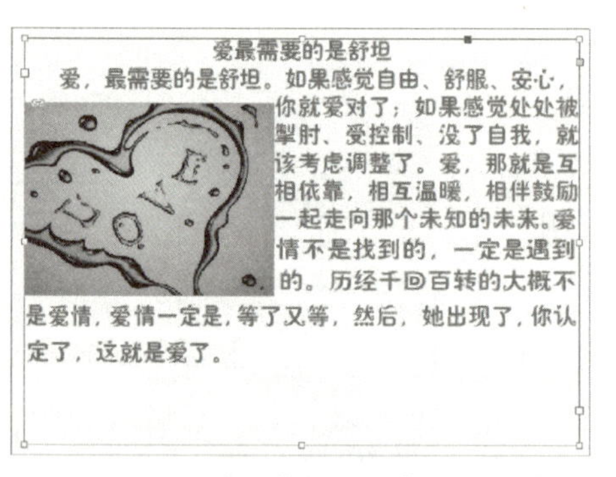

图3-65 使用“选择工具”选择对象

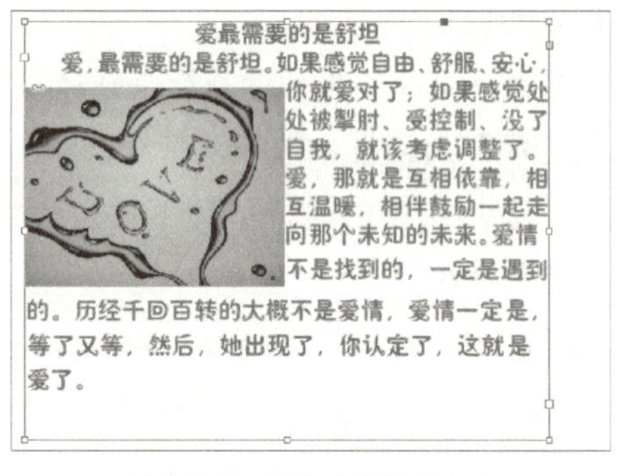

图3-66 更改文本框的大小

3）如果在按住〈Ctrl〉键的同时再拖动文本框架，文本内容就会随着文本框架进行放大和缩小，如图3-67所示为缩小后的效果。

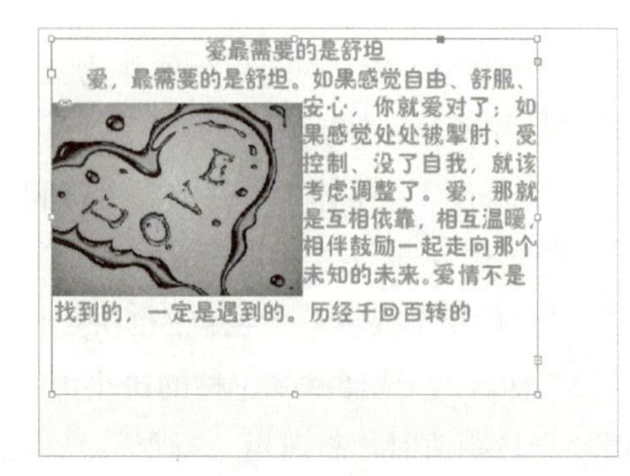

图3-67 缩小后的效果

5. 在主页上创建文本框架

在InDesign中，用户可以根据需要在主页上创建文本框架，默认情况下，在主页上创建的文本框架允许自动将文本排列到文档中。当创建一个新文档时，可以创建一个主页文本框，它将适应页边距并包含指定数量的分栏。

主页可以拥有以下多种文本框：

包含像杂志页眉这样的标准文本的文本框。

包含像图题或标题等元素的占位符文本的文本框。

用于在页面内排列文本的自动置入的文本框，自动置入的文本框被称为主页文本框并创建于“新建文档”对话框。

1）在菜单栏中选择“文件”→“新建”→“文档”命令，在弹出的“新建文档”对话框中勾选“主文本框架”复选框，如图 3-68 所示。

2）然后单击“边距和分栏”按钮，再在弹出的“新建边距和分栏”对话框中进行相应的设置，如图 3-69 所示。

3）设置完成后，单击“确定”按钮，即可创建一个包含主页文本框的新文档。

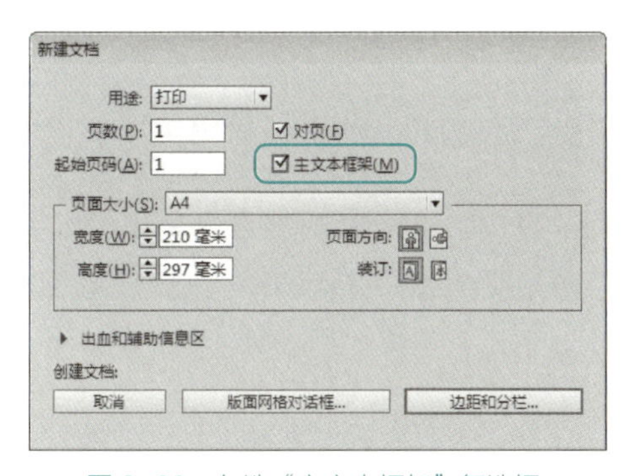

图 3-68　勾选“主文本框架”复选框

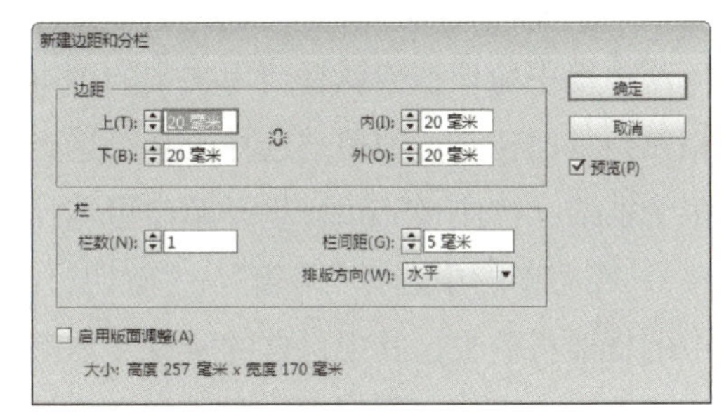

图 3-69　“新建边距和分栏”对话框

6. 串接文本框架

串接文本框架中的文本可独立于其他框架，也可在多个框架之间连续排文。要在多个框架之间连续排文，必须先连接这些框架。连接的框架可位于同一页或跨页，也可位于文档的其他页。在框架之间连接文本的过程称为串接文本。本节将对其进行简单介绍。

串接文本框架

在处理串接文本框架时，首先需要产生可以串接的文本框架，在此基础上才能进行串接、添加现有框架、在串接框架序列中添加以及取消串接文本框架等操作。

串接文本框架可以将一个文本框架中的内容通过其他文本框架的链接而显示。每个文本框架都包含一个入口和一个出口，这些端口用来与其他文本框架进行链接。空的入口或出口分别表示文章的开头或结尾。端口中的箭头表示该框架链接到另一个框架。出口中的红色加号（+）表示该文章中有更多要置入的文本，但没有更多的文本框架可以放置文本。其他的不可见文本称为溢流文本，下面将介绍如何串接文本框架。

1）在菜单栏中选择“文件”→“打开”命令，在弹出的“打开文件”对话框中打开“素材”→“Cha03”→“005.indd”文件，如图 3-70 所示。

2）在工具箱中单击“选择工具”，在文本窗口中选择如图 3-71 所示的对象。

3）在文档窗口中单击文本框架右下角的⊞按钮，然后在文档窗口中单击，将会出现另外一个文本框，完成后的效果，如图 3-72 所示。

剪切或删除串接文本框架

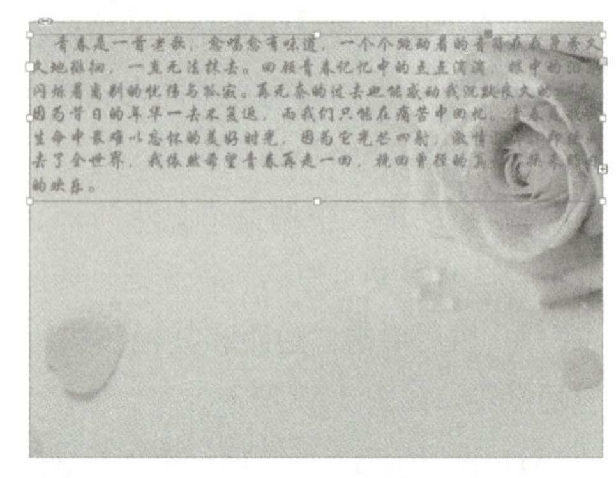

图 3-70　打开“素材”文件 3

在剪切或删除串接文本框架时并不会删除文本内容，其文本仍包含在串接中。剪切和删除串接文本框架的区别在于：剪切的框架将使用文本的副本，不会从原文章中移去任何文本。在一次剪切和粘贴一系列串接文本框架时，粘贴的框架将保持彼此之间的连接。但将失去与原文章中任何其他框架的链接；当删除串接中的文本框架时，文本将称为溢出文本，或排列到连续的下一框架中。

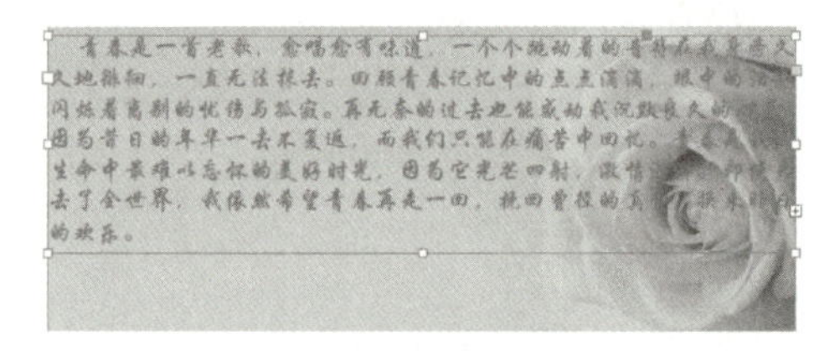

图 3-71　选择对象

从串接中剪切框架就是使用文本的副本，将其粘贴到其他位置。使用“选择工具”选择一个或多个框架（按住〈Shift〉键并单击可选择多个对象），在菜单栏中选择“编辑”→“剪切”命令，选中的框架将消失，其中包含的所有文本都排列到该文章内的下一个框架中。剪切文章的最后一个框架时，其中的文本存储为上一个框架的溢流文本。

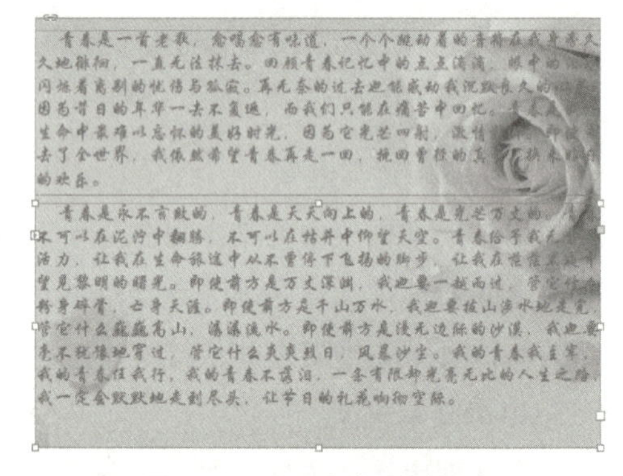

图 3-72　设置完成后的效果 2

从串接中删除框架就是将所选框架从页面中去掉，而文本将排列到连续的下一框架中。如果文本框架未链接到其他任何框架，则将框架和文本一起删除。使用“选择工具”选择所需删除的框架，按〈Del〉键即可。

3.2.4　自主练习——幼儿园招生宣传单

本节将介绍如何通过搭配不同的文字效果，制作一张精美的幼儿园招生宣传单，效果图如图 3-73 所示，其具体操作步骤如下。

1）选择“文件”→“新建”→“文档”命令，新建文档。

2）选择“文件”→“置入”命令，置入素材并调整位置及大小。

3）使用“文字工具”创建文本框并输入文字对象，然后设置文字参数。

4）使用“椭圆工具”创建图形并进行设置。

5）然后选择“文件”→“导出”命令，将效果导出到合适的路径。

6）最后选择“文件”→“存储为”命令，将创建的场景进行保存即可。

图 3-73 幼儿园招生宣传单

第 4 章 宣传单设计——样式的设置

【本章导读】

重点知识

- ■设计房地产宣传单
- ■设计酒店宣传页

宣传单（Leaflets）又称宣传单页，是商家为其宣传自己的一种印刷品，一般为单张双面印刷或单面印刷，单色或多色印刷，材质有传统的铜版纸和餐巾纸。

传单一般分为两大类，一类主要作用是推销产品、发布一些商业信息或寻人启事之类。另外一类是义务宣传，例如，宣传人们义务献血、宣传征兵等。

4.1　设计房地产宣传单

本节将介绍如何制作房地产宣传单，完成后的效果，如图 4-1 所示。

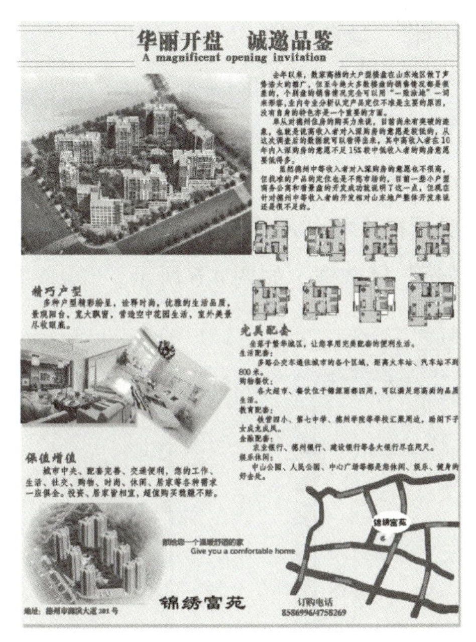

图 4-1　房地产宣传单

4.1.1　知识要点

房地产宣传单主要通过使用“矩形工具”制作房地产宣传单的背景，然后置入图片丰富页面，并使用“钢笔工具”绘制路径，使用“文字工具” T 输入内容。

4.1.2　实现步骤

1）在菜单栏中选择“文件”→“新建”→“文档”命令，在弹出的“新建文档”对话框中将“宽度”和“高度”分别设置为“430 毫米”和“575 毫米”，将“边距”选项组中的“上”“下”的值都设置为“0 毫米”，如图 4-2 所示。

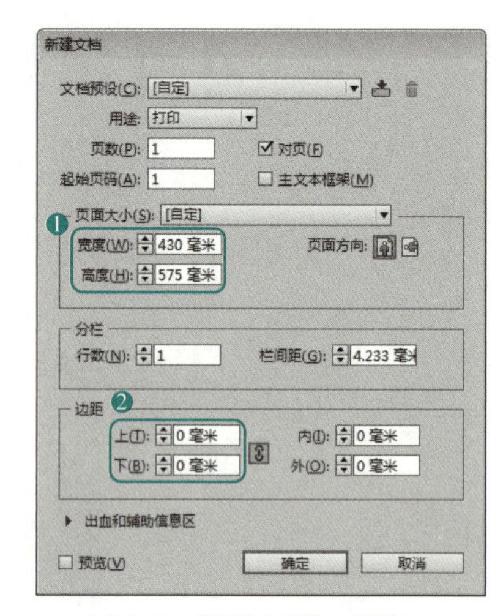

图 4-2 "新建文档"对话框 1

2）设置完成后，单击"确定"按钮，在工具箱中单击"矩形工具"，在文档窗口中绘制一个矩形，并在"控制"面板中将"W"和"H"分别设置为"422 毫米""567 毫米"，如图 4-3 所示。

3）确认绘制的图形处于选中的状态，按〈F6〉键打开"颜色"面板，在该面板中将"填色"的 CMYK 值设置为 4、4、13、0，将"描边"设置为"无"，如图 4-4 所示。

4）再单击鼠标右键，在弹出的快捷菜单中选择"效果"→"投影"命令，如图 4-5 所示。

5）在弹出的"效果"对话框中将"不透明度"设置为"29%"，勾选"使用全局光"复选框，如图 4-6 所示。

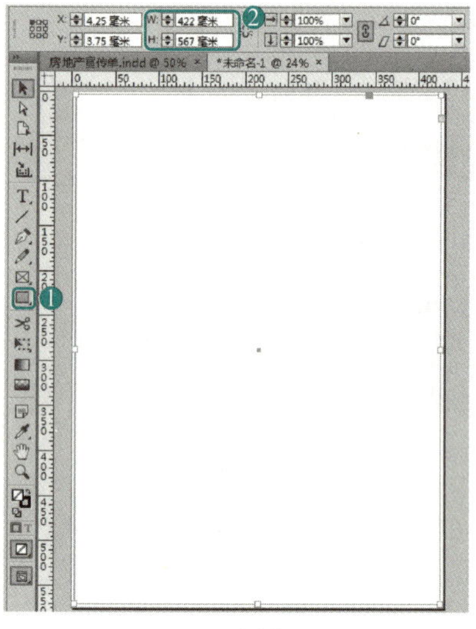

图 4-3 绘制矩形 1

图 4-4 设置填色及描边 1

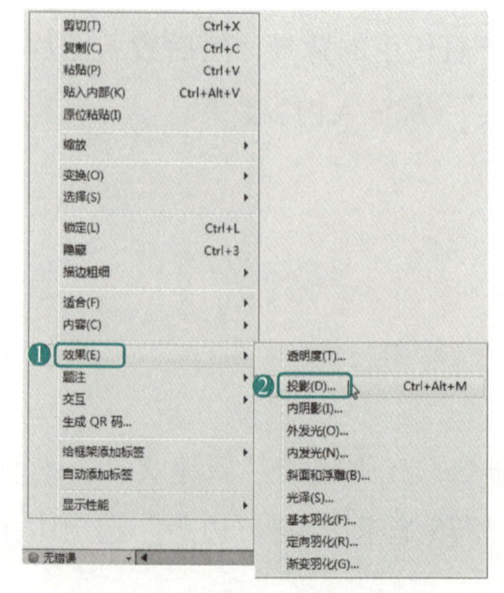

图 4-5 选择"投影"命令

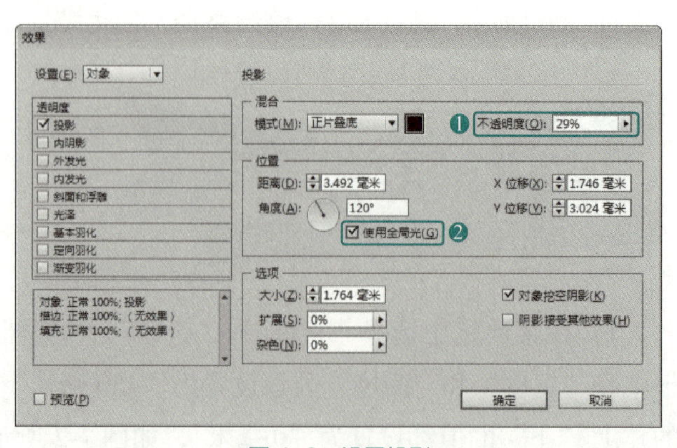

图 4-6 设置投影

6）在工具箱中单击“直线工具”，在文档窗口中按住〈Shift〉键绘制一条直线，如图 4-7 所示。

7）在文档窗口中按住〈Alt〉键对直线进行复制，并调整其位置，调整后的效果，如图 4-8 所示。

图 4-7 绘制直线

图 4-8 复制直线后的效果

8）在工具箱中单击“文字工具”，在文档窗口中绘制一个文本框，并输入文字，将文字选中，在“控制”面板中将“字体”设置为“汉仪粗宋简”，将“字体大小”设置为“60点”，如图 4-9 所示。

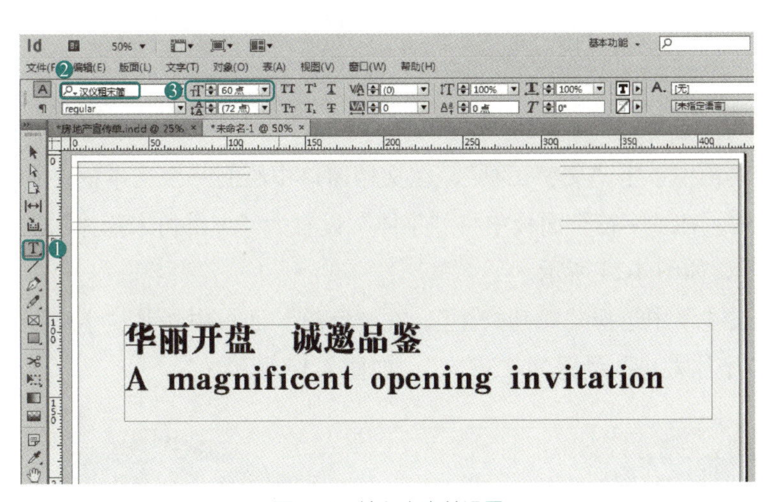

图 4-9 输入文字并设置

9）再选择文本框中的英文，在“字符”面板中将“字体大小”设置为“31 点”，在文档窗口中使用“选择工具”调整其位置，调整后效果如图 4-10 所示。

10）在工具箱中单击“文字工具”，将文字选中，按〈F6〉键打开“颜色”面板，在该面板中选择填色，单击该面板右上角按钮，在弹出的下拉列表中选择 CMYK，将其 CMYK 值设置为 100、50、99、30，如图 4-11 所示。

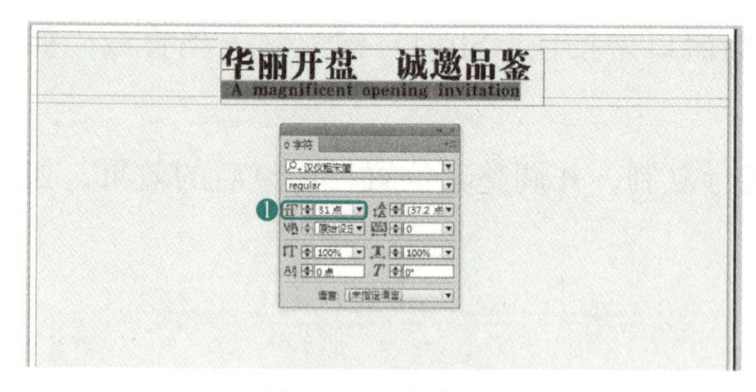

图 4-10 调整文字

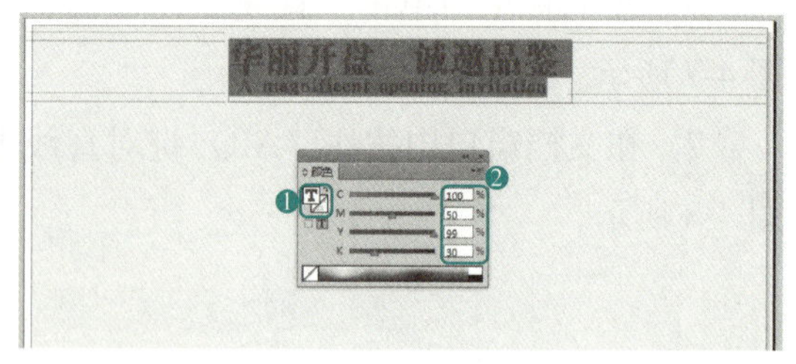

图 4-11 设置字体颜色

11）在空白位置上单击按〈Ctrl+D〉组合键打开“置入”对话框，在弹出的“置入”对话框中选择“素材”→“Cha04”→“楼 2.psd”，如图 4-12 所示。

12）单击“打开”按钮，在文档窗口中为其指定位置，并调整其大小及位置，如图 4-13 所示。

图 4-12 选择素材文件 1

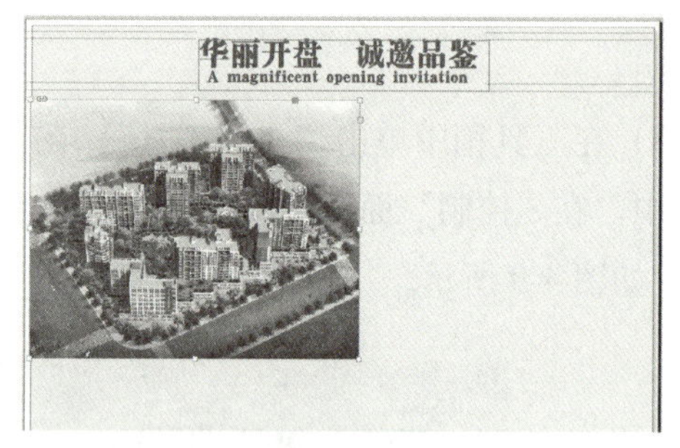

图 4-13 调整素材文件的大小及位置

13）在工具箱中单击“文字工具”，在文档窗口中绘制一个文本框，并输入文字，将输入的文字选中，在“字符”面板中将“字体”设置为“方正仿宋简体”，将“字体大小”设置为“24 点”，如图 4-14 所示。

14）在该文本框中选择“精巧户型”，在“字符”面板中将其“字体”设置为“汉仪魏碑简”，将“字体大小”设置为“36 点”，如图 4-15 所示。

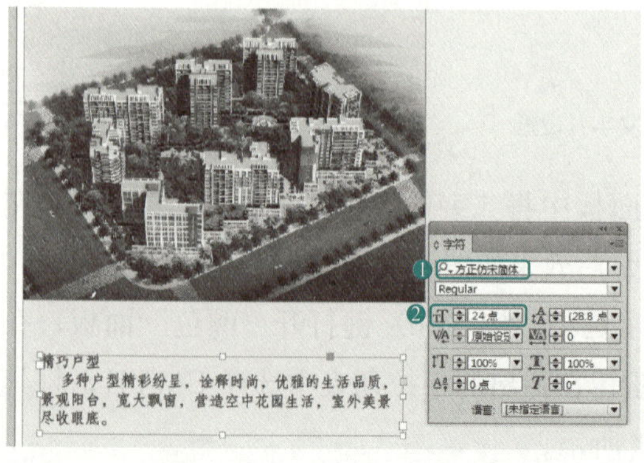

图 4-14 设置字体及字体大小 1

图 4-15 设置字体及字体大小 2

15）按〈F6〉键打开“颜色”面板，在该面板中选择“填色”，单击该面板右上角的按钮，在弹出的下拉列表中选择 CMYK，将其 CMYK 值设置为 0、100、100、50，如图 4-16 所示。

16）使用同样的方法输入其他文字，并对其进行相应的设置，效果如图 4-17 所示。

图 4-16　设置填色 1

图 4-17　输入其他文字 1

17）按〈Ctrl+D〉组合键打开“置入”对话框，在弹出的“置入”对话框中选择“素材”→“Cha04”→“003.jpg”，如图 4-18 所示。

18）单击“打开”按钮，在文档窗口中指定位置，并调整其大小及位置，调整后的效果如图 4-19 所示。

图 4-18　“置入”对话框

图 4-19　导入的素材文件

19）确认图片处于选中状态，按〈Shift+Ctrl+F10〉组合键打开“效果”面板，在该面板中单击“向选定的目标添加对象效果”按钮，在弹出的下拉列表中选择“渐变羽化”命令，如图 4-20 所示。

20）在弹出的“效果”对话框中选择左侧的色标，将其“位置”设置为“50%”，将“类型”设置为“径向”，如图 4-21 所示。

21）设置完成后，单击“确定”按钮，设置渐变羽化后的效果，如图 4-22 所示。

22）使用相同的方法将其他素材导入到文档窗口，并对其进行相应的设置，效果如图 4-23 所示。

23）在工具箱中单击“钢笔工具”，在文档窗口中绘制如图 4-24 所示的图形。

24）在文档窗口中使用“钢笔工具”绘制其他图形，如图 4-25 所示。

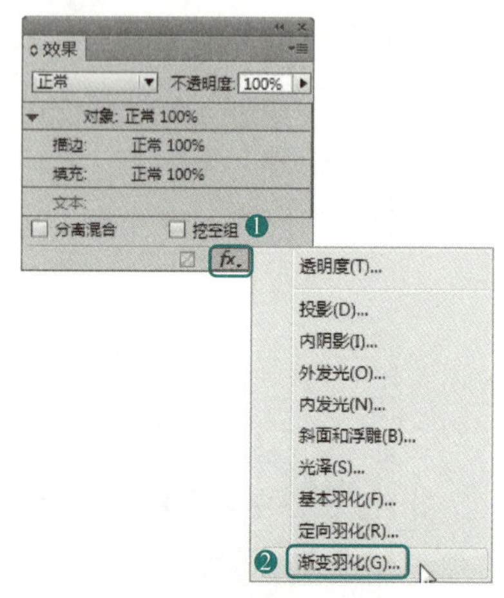

图 4-20　选择“渐变羽化”命令

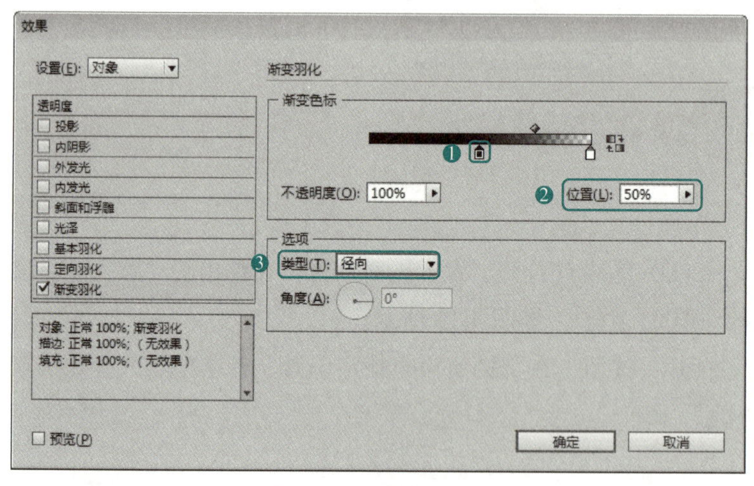

图 4-21　设置渐变羽化

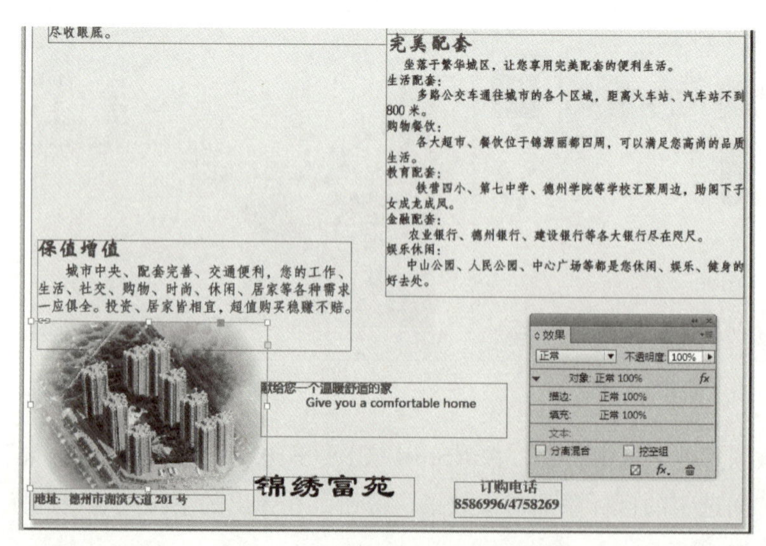

图 4-22　设置渐变羽化后的效果

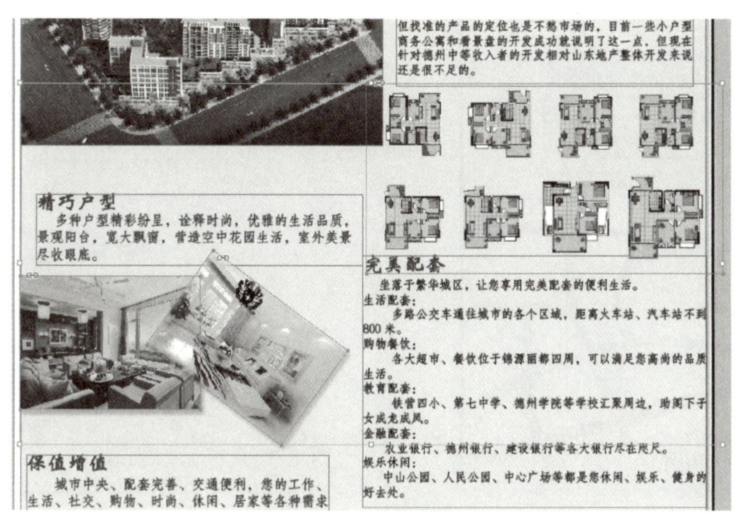

图 4-23　导入其他素材

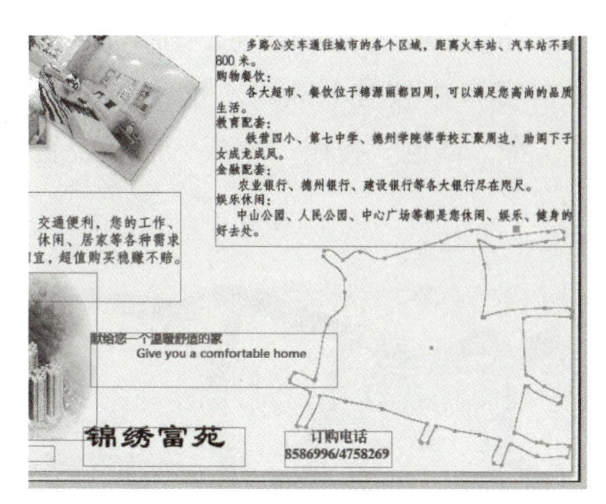

图 4-24　绘制图形 1

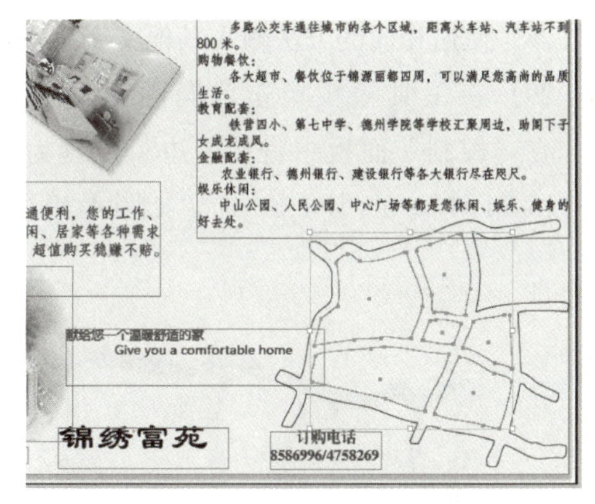

图 4-25　绘制其他图形后的效果

25）在文档窗口中按住〈Shift〉键选择所绘制的图形，在菜单栏中选择“对象”→“路径”→“建立复合路径”命令，如图 4-26 所示。

26）按〈F6〉键打开“颜色”面板，在该面板中将“填色”的 CMYK 值设置为 30、100、100、30，将“描边”设置为“无”，如图 4-27 所示。

27）在工具箱中单击“文字工具”，在文档窗口中绘制一个文本框，输入文字，将输入的文字选中，在“控制”面板中将“字体大小”设置为“15 点”，将“填色”设置为“纸色”，并旋转其角度，如图 4-28 所示。

图 4-26　选择“建立复合路径”命令

图 4-27 设置填色及描边 2

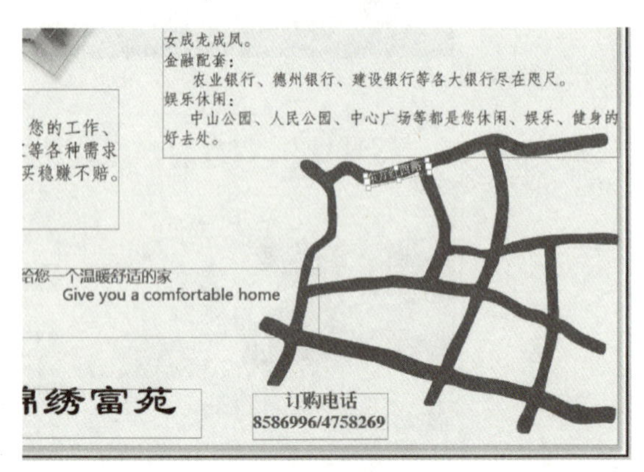

图 4-28 输入文字并旋转

28）使用相同的方法输入其他文字，并进行相应的设置，效果如图 4-29 所示。

29）在工具箱中单击“椭圆工具”，在文档窗口中按住〈Shift〉键绘制一个正圆，在“控制”面板中将“描边”设置为“无”，将“填色”按照“色板”面板设置为“C=15 M=100 Y=100 K=0”，如图 4-30 所示。

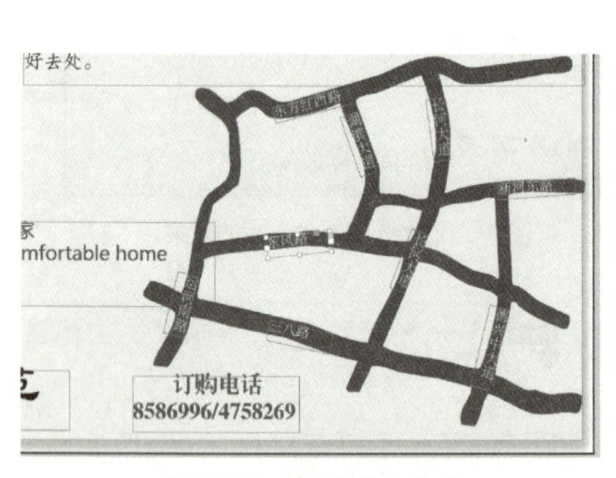

图 4-29 输入其他文字 2

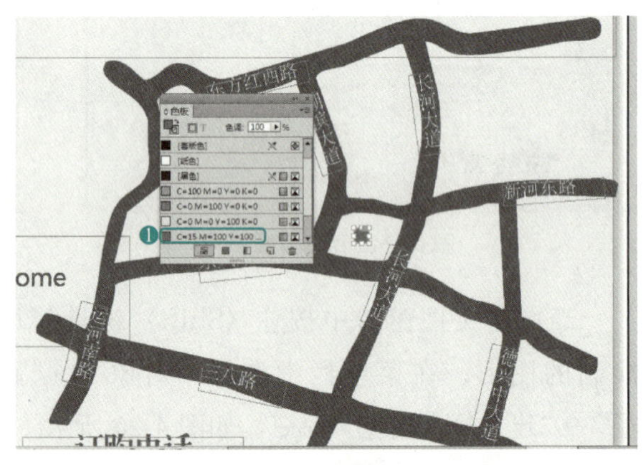

图 4-30 设置填色 2

30）在工具箱中单击“钢笔工具”，在文档窗口中绘制如图 4-31 所示的图形。

31）按〈F6〉键打开“颜色”面板，在面板中将“填色”的 CMYK 的值设置为 0、0、0、0，将“描边”设置为“无”，如图 4-32 所示。

32）在工具箱中单击“文字工具”，在文档窗口中绘制一个文本框，并输入文字，将输入的文字选中，在“控制”面板中将“字体”设置为“创艺简黑体”，将“字体大小”设置为“22 点”，如图 4-33 所示。

33）按〈W〉键预览效果，效果如图 4-34 所示，对完成后的场景进行保存即可。

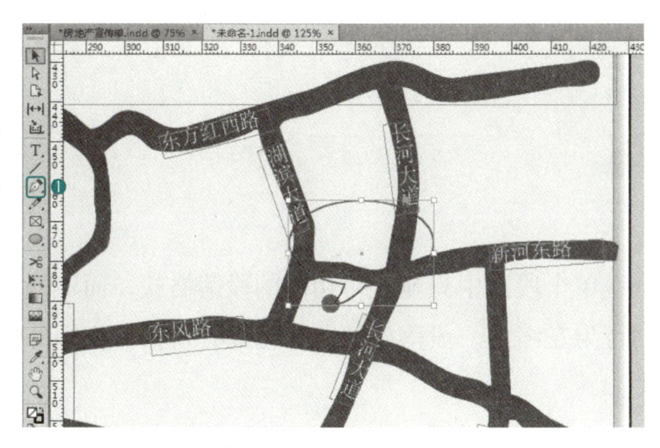

图 4-31 绘制图形 2

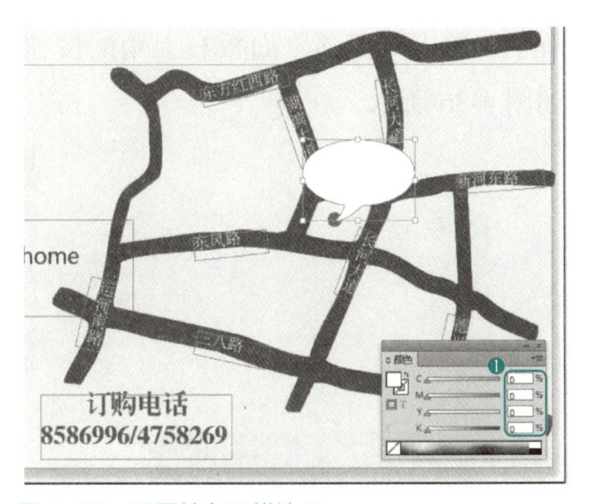

图 4-32 设置填色及描边 3

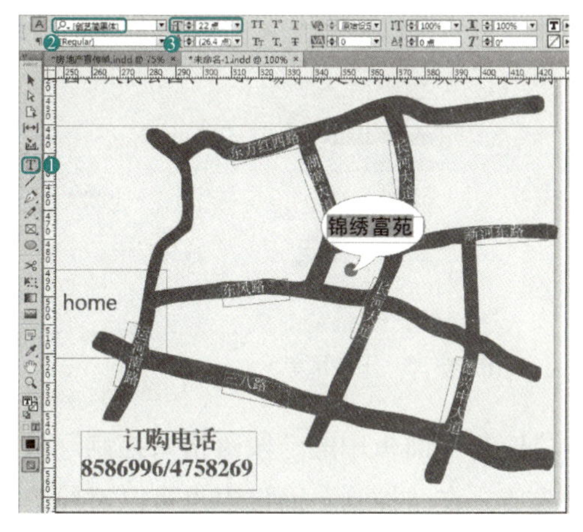

图 4-33 输入字体与设置字体大小

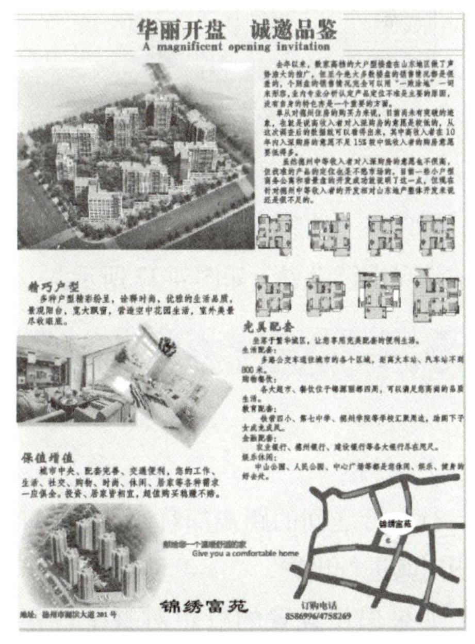

图 4-34 完成后的效果 1

4.1.3 知识解析

设置段落属性的前提就是段落基础。在单个段落中只能应用相同的段落格式，而不能在一个段落中指定一行为左对齐，其他的行为左缩进。段落中的所有行都必须共享相同的对齐方式、缩进和制表行设置等段落格式。

在菜单栏中选择“窗口”→“文字和表”→“段落”命令，打开“段落”面板，如图 4-35 所示，单击“段落”面板右上角的按钮，在弹出的下拉列表中可以选择相应的命令，如图 4-36 所示。

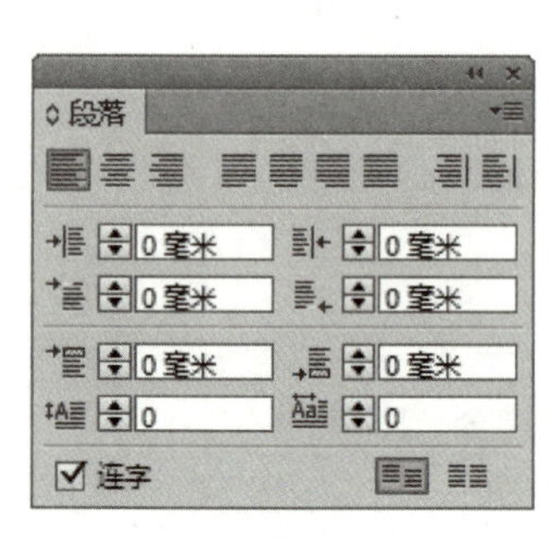

图 4-35 “段落”面板

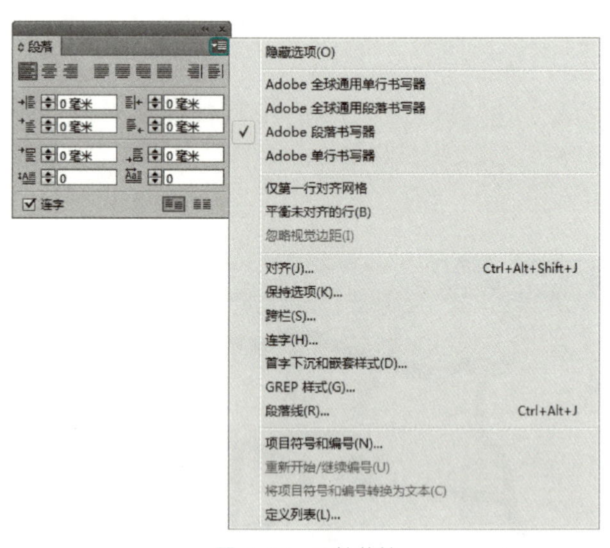

图 4-36 下拉菜单

在工具箱中单击“文字工具”按钮，然后单击“控制”面板中的“段落格式控制”按钮，可以将“控制”面板切换到“段落格式控制”选项，在“控制”面板中也可以对段落格式选项进行设置，如图 4-37 所示。

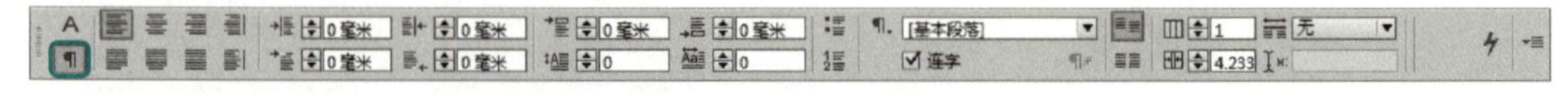

图 4-37 “控制”面板

1. 行距

行与行之间的距离简称行距，在 InDesign CC 中可以使用“字符”面板或“控制”面板对其进行设置。

如果想使设置的行距对整个段落起作用，可以在菜单栏中选择“编辑”→“首选项”→“文字”命令，如图 4-38 所示。弹出“首选项”对话框，在左侧的列表中选择“文字”选项卡，然后在右侧的“文字选项”选项组中勾选“对整个段落应用行距”复选框，如图 4-39 所示。设置完成后单击“确定”按钮，即可使设置的行距对整个段落起作用。

图 4-38　选择“文字”命令

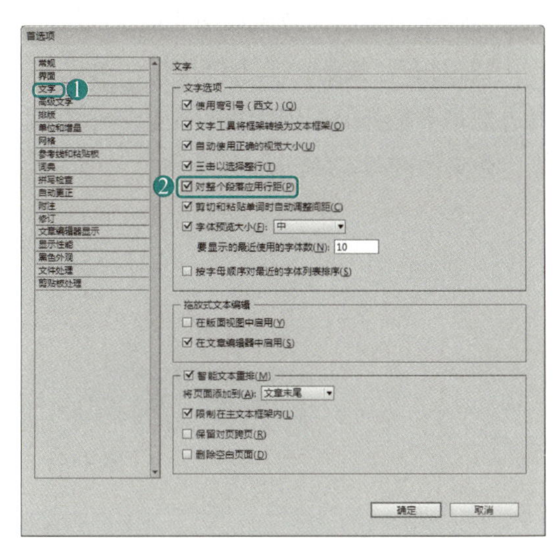

图 4-39　勾选“对整个段落应用行距”复选框

2. 对齐

将“控制”面板切换到“段落格式控制”选项或是使用“段落”面板顶端，然后使用其左侧的对齐按钮，可以控制一个段落的对齐方式。

打开“素材”→“Cha04”→“005.indd”文档，在工具箱中单击“文字工具”按钮，在需要设置的文本段落中单击或是拖动鼠标选择多个需要设置的文本段落，如图 4-40 所示。

“左对齐”按钮：单击该按钮，可以使文本向左页面边框对齐，在左对齐段落中，右页边框是不整齐的，因为每行右端剩余空间都是不一样的，所以产生右边框参差不齐的边缘，效果如图 4-41 所示。

图 4-40　选择多个需要设置的文本段落

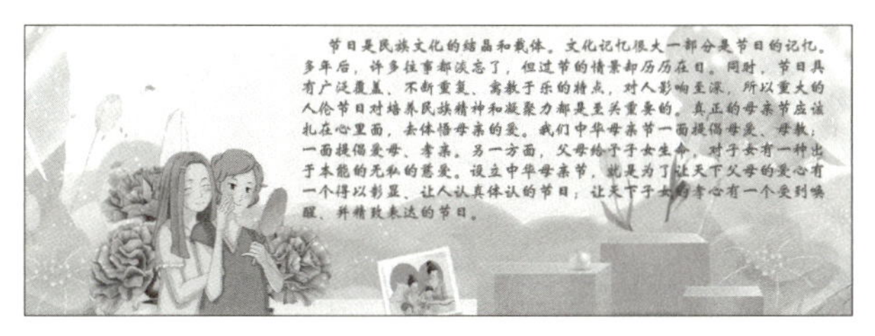

图 4-41　左对齐效果

“居中对齐”按钮：单击该按钮，可以使文本居中对齐，每行剩余的空间被分成两半，分别置于行的两端。在居中对齐的段落中，段落的左边缘和右边缘都不整齐，但文本相对于垂直轴是平衡的，效果如图 4-42 所示。

“右对齐”按钮：单击该按钮，可以使文本向右页面边框对齐．在右对齐段落中，左页边框是不整齐的，因为每行左端剩余空间都是不一样的，所以产生左边框参差不齐的边缘，效果如图 4-43 所示。

图 4-42　居中对齐效果

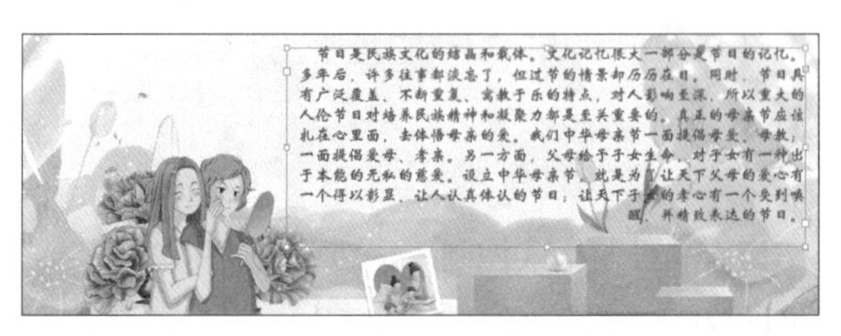

图 4-43　右对齐效果

“双齐末行齐左”按钮：在双齐文本中，每一行的左右两端都充满页边框。单击该按钮，可以使段落中的文本两端对齐，最后一行左对齐，效果如图 4-44 所示。

“双齐末行居中”按钮：单击该按钮，可以使段落中的文本两端对齐，最后一行居中对齐，效果如图 4-45 所示。

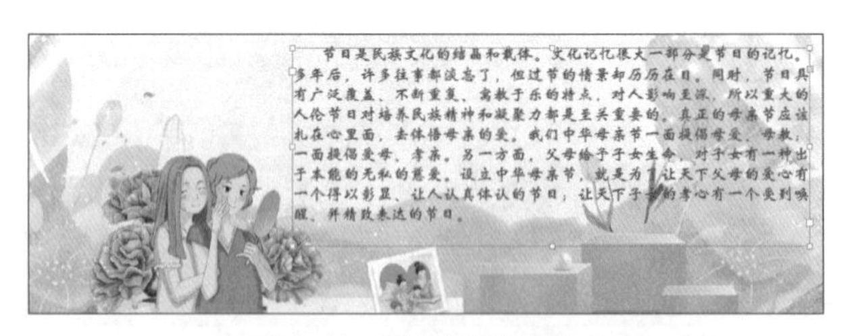

图 4-44　双齐末行齐左效果

图 4-45　双齐末行居中效果

“双齐末行齐右”按钮：单击该按钮，可以使段落中的文本两端对齐，最后一行居右对齐，效果如图 4-46 所示。

“全部强制双齐”按钮：单击该按钮，可以使段落中的文本强制所有行两端对齐，效果如图 4-47 所示。

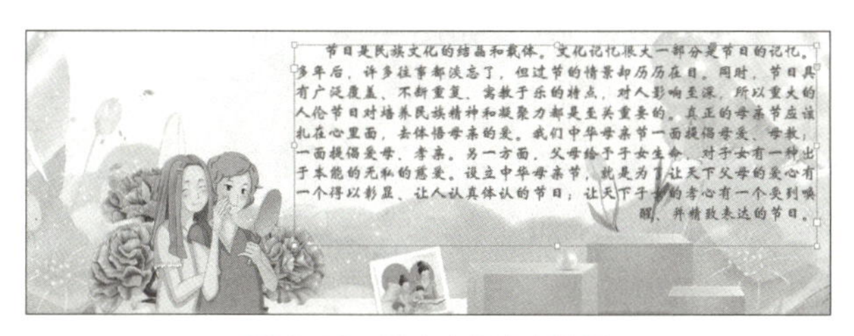

图 4-46　双齐末行齐右效果

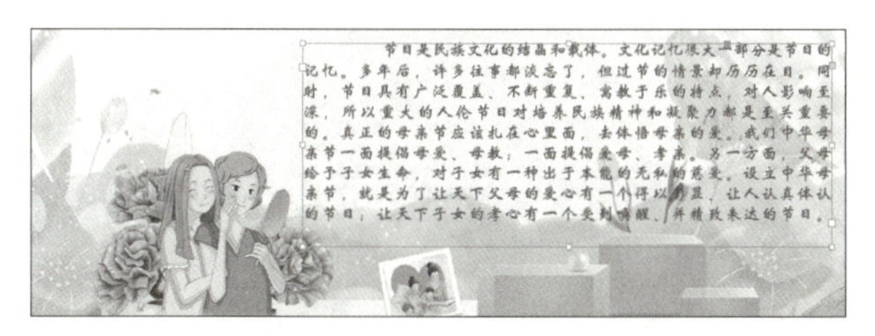

图 4-47　全部强制双齐效果

“朝向书脊对齐”按钮：该按钮与“左对齐”或“右对齐”按钮功能相似，InDesign 将根据书脊在对页文档中的位置选择左对齐或右对齐。本质上，该对齐按钮会自动在左边页面上创建右对齐文本，在右边页面上创建左对齐文本。该素材文档的页面为右边页面，因此，效果如图 4-48 所示。

“背向书脊对齐”按钮：单击该按钮与单击“朝向书脊对齐”按钮作用相同，但对齐的方向相反。在左边页面上的文本左对齐，在右边页面上的文本右对齐。该素材文档的页面为右边页面，因此，效果如图 4-49 所示。

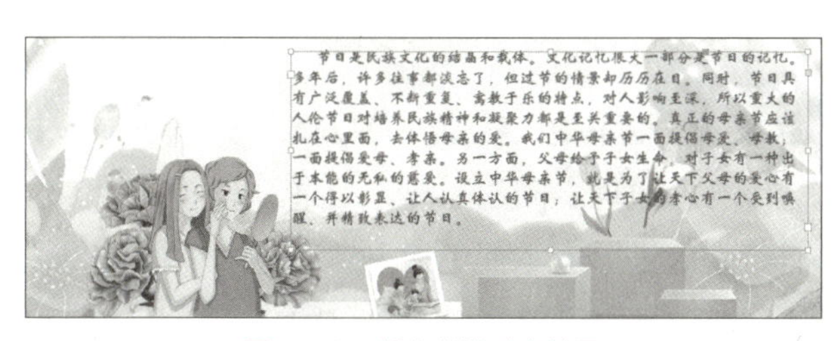

图 4-48　朝向书脊对齐效果

图 4-49　背向书脊对齐效果

3. 缩进

在“段落”面板的缩进选项中可以设置段落的缩进：

“左缩进”：在该文本框中输入数值，可以设置选择的段落左边缘与左边框之间的距离。如果在“段落”面板的“左缩进”文本框中输入“20 毫米”，如图 4-50 所示，则选择的段落文本效果，如图 4-51 所示。

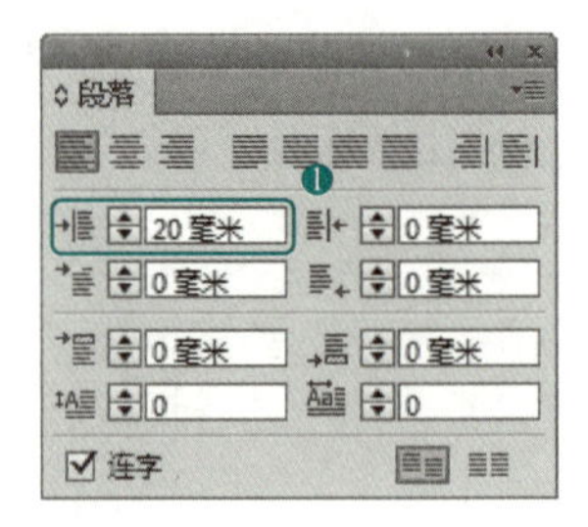

图 4-50　输入“左缩进”数值

“右缩进”：在该文本框中输入数值，可以设置选择的段落右边缘与右边框之间的距离。如果在“段落”面板的“右缩进”文本框中输入“20 毫米”，则选择的段落文本效果，如图 4-52 所示。

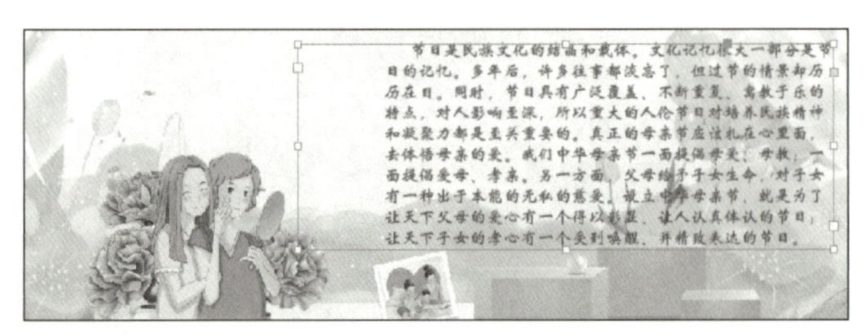

图 4-51　左缩进效果

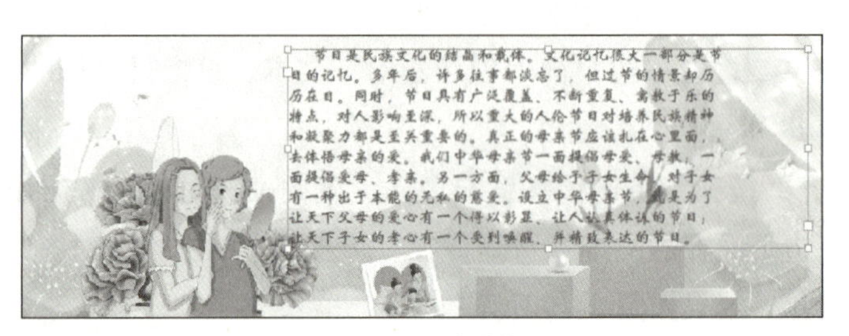

图 4-52　右缩进效果

“首行左缩进”：在该文本框中输入数值，可以设置选择的段落首行左边缘与左边框之间的距离，如果在“段落”面板的“首行左缩进”文本框中输入“20 毫米”，如图 4-53 所示，则选择的段落文本效果，如图 4-54 所示。

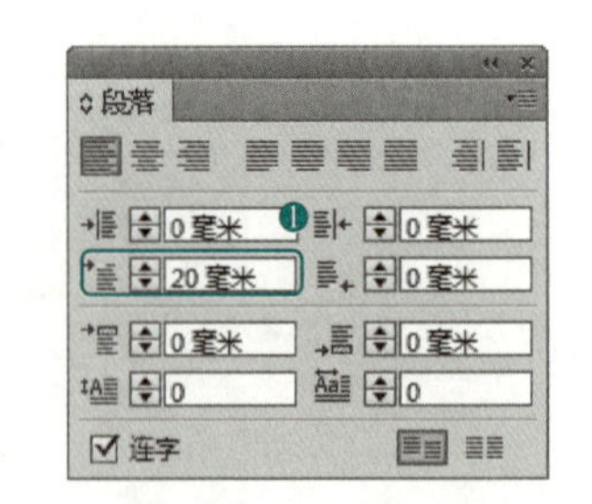

图 4-53　输入“首行左缩进”数值

“末行右缩进”：在该文本框中输入数值，可以设置选择的段落末行右边缘与右边框之间的距离。如果在“段落”面板的“末行右缩进”文本框中输入“110 毫米”，则选择的段落文本效果，如图 4-55 所示。

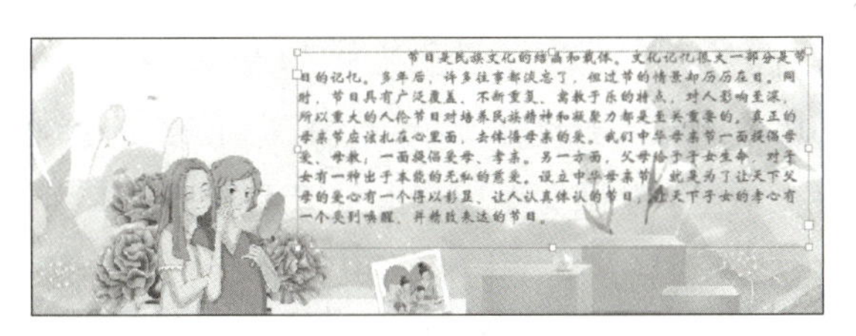

图 4-54　首行左缩进效果

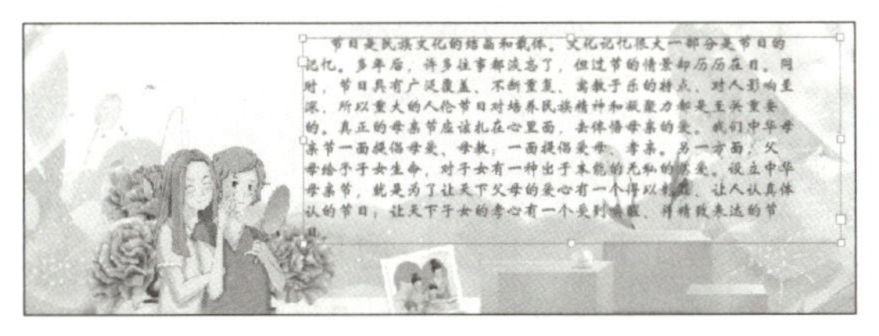

图 4-55　末行右缩进效果

4.1.4　自主练习——装饰公司宣传单

本节将利用前面所学的知识制作一张装饰公司宣传单，其效果如图 4-56 所示，读者可以通过本例的学习对前面所学的知识加以巩固，其操作步骤如下：

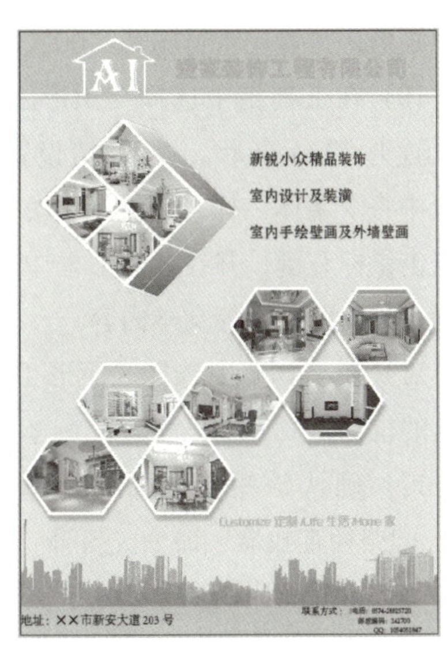

图 4-56　装饰公司宣传单

1）运行 InDesign CC 软件，按〈Ctrl+N〉组合键，打开“新建文件”对话框，在“页面大小”选项组中设置“宽度”和“高度”分别为“300 毫米”和“420 毫米”，在“边距”选项组中将“上”“下”值均设置为“0 毫米”。

2）单击“确定”按钮，在工具箱中选择“矩形工具”，在“控制”面板中将“描边”设置为“无”，绘制一个 300×420 毫米的矩形。在工具箱中选择“选择工具”，选择绘制的矩形，在“控制”面板中将其“X”“Y”值均设置为“0 毫米”。

3）确认该矩形处于被选中的状态下，在菜单栏中选择“窗口”→“颜色”→“颜色”命令。在打开的“颜色”面板中将其 CMYK 值设置为 0、0、0、14。在工具箱中选择“矩形工具”，在文档窗口中单击，打开“矩形”对话框，在选项组中设置其“宽度”和“高度”值分别为“299.9 毫米”和“47 毫米”。

4）在工具箱中选择“选择工具”，使用同样的方法，在文档窗口中调整新建矩形的位置，并为其填充一种蓝色，其 CMYK 值为 55、3、11、0。使用同样的方法，新建一个 300×20 毫米的矩形，在“控制”面板中将“X”“Y”值设置为“0毫米”“400毫米”，并为其填充颜色。

5）在文档窗口中选择上方的矩形，当其处于被选择的状态下，置入“素材”→“Cha04”→“素材1.tif”素材文件。将素材置入到矩形框中，并调整其至合适的位置。在工具箱中选择“文字工具”，在文档窗口中绘制一个175mm×20mm的文本框，并调整其X值为“110毫米”，Y值为“16毫米”。

6）在“控制”面板中将其“字体”样式设置为“方正大黑简体”，“字体大小”设置为“48点”，设置字体“颜色”的CMYK值为0、55、86、0，并在其绘制的文本框中双击，输入“爱家装饰工程有限公司”。

7）在工具箱中选择“矩形工具”，在文档窗口中绘制一个143mm×128mm的矩形，并在“控制”面板将其“X”值设置为“13毫米”，“Y”值为“60毫米”。按〈Ctrl+D〉组合键，在打开的“置入”对话框中选择“素材”→“Cha04”→“素材2.psd”素材文件，使用“直接选择工具”调整该图片至合适的位置。

8）在工具箱中选择“矩形工具”，绘制一个37mm×37mm的矩形，并在其控制面板中将其“旋转角度”设置为“45°”，调整其位置。确认该矩形处于被选择的状态下，按〈Ctrl+D〉组合键，在弹出的“置入”对话框中选择“素材”→“Cha04”→“001.tif”素材文件。

9）在工具箱中选择“直接选择工具”，在文档窗口中选择置入的素材文件，并在“控制”面板中将其旋转角度设置为“0°”，最后调整其至合适的位置。使用同样的方法绘制其他矩形，并置入素材图片“002.tif”“003.tif”“004.tif”。

10）在工具箱中选择“矩形工具”，绘制一个136mm×66mm的矩形，并将其“X”值设置为“164毫米”，“Y”值设置为“84毫米”。在工具箱中选择“文字工具”，在控制面板中将“字体”样式设置为“方正宋黑简体”，“字体大小”设置为“30点”，在矩形框中双击鼠标右键，并在此矩形框中输入“新锐小众精品装饰、室内设计及装潢、室内手绘壁画及外墙壁画”等文本内容。

11）在工具箱中选择“矩形工具”，绘制一个73mm×52mm的矩形，并将其调整至合适的位置。

12）确认该矩形处于被选择的状态下，在菜单栏中选择“窗口”→“对象和面板”→“路径查找器”命令。打开“路径查找器”面板，在“转换形状”选项组中选择“多边形”按钮。确认该多边形处于被选择的状态下，按〈Ctrl+D〉组合键，在打开的“置入”对话框中选择“素材”→“Cha04”→“005.tif”素材文件，并将其置入多边形中。

13）使用同样的方法创建其他多边形并置入相应的素材图片。使用选择工具，按住〈Shift〉键的同时单击多边形。按〈F10〉键，打开“描边”面板，将其描边的“粗细”设置为“7点”，其他为默认设置。在“控制”面板中双击描边缩略图，打开“拾色器”对话框，将其描边“颜色”设置为“白色”，其CMYK的值均为0。

14）在菜单栏中选择“对象”→“效果”→“投影”命令。打开“效果”对话框，在“投影”→“混合”选项组中单击“设置阴影颜色”缩略图，在打开的“效果颜色”对话框中设置颜色样式为 CMYK，将其“黑色”设置为“58%”。单击“确定”按钮，在“位置”选项组中设置“距离”为“4 毫米”，“角度”设置为“105°”。

15）单击“确定”按钮，在文档窗口中创建文字，设置其“字体”样式为“迷你简中倩”，“字体大小”设置为“24 点”，并调整至合适的位置。创建一个 300mm × 68mm 的矩形，并调整其至合适的位置，按〈Ctrl+D〉组合键，将“素材”→“Cha04”→“底纹 .png”导入，并调整底纹的位置，选择矩形，单击鼠标右键，在弹出的快捷菜单中选择“变换”→“后移一层”命令。

16）多次执行该命令，直至图呈现出比较理想的效果，使用同样的方法创建其他文本内容，设计师可根据自己的需求调整字体样式及大小颜色，并调整其位置。

4.2　设计酒店宣传页

本节将利用前面所学的知识制作一张酒店宣传页，其效果如图 4-57 所示，读者可以通过本例的学习对前面所学的知识加以巩固，其操作步骤如下。

图 4-57　酒店宣传页效果

4.2.1　知识要点

酒店宣传页主要通过使用“椭圆工具”绘制图形，然后置入背景，为椭圆添加描边，使用“文字工具”输入内容，通过“颜色”面板改变颜色。

4.2.2 实现步骤

1）运行 InDesign CC 软件后，在菜单栏中选择“文件”→“新建”→“文档”命令，在弹出的“新建文档”对话框中，将“页面大小”设置为“A3”，将“页面方向”设置为“横向”，在“边距”选项组中将“上”“下”的值均设置为“0 毫米”，如图 4-58 所示。

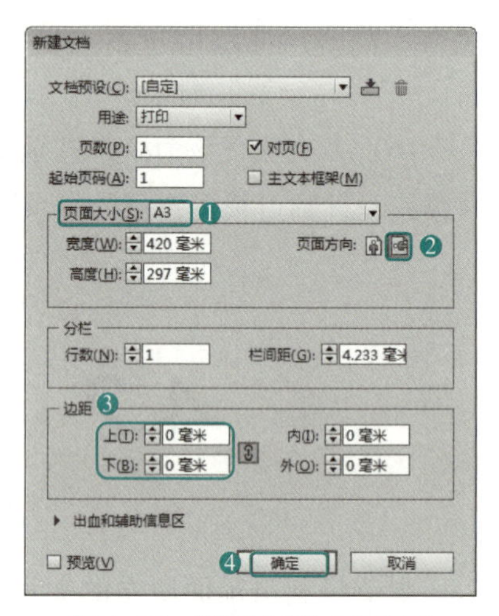

图 4-58 “新建文档”对话框 2

2）设置完成后，单击“确定”按钮，在工具箱中选择“矩形工具”，在文档窗口空白处单击，在弹出的“矩形”对话框中，将“宽度”和“高度”分别设置为“420 毫米”和“297 毫米”，如图 4-59 所示。

3）单击“确定”按钮，在工具箱中选择“选择工具”，选择绘制的矩形，在“控制”面板中将“X”“Y”值设置为“0 毫米”，如图 4-60 所示。

图 4-59 调整矩形位置

图 4-60 “矩形”对话框

4）继续选择该矩形，按〈F6〉键打开“颜色”面板，将填充颜色 CMYK 值设置为 87、7、0、0，如图 4-61 所示。

5）为了后面的操作更加方便，选择该矩形，然后单击鼠标右键，在弹出的快捷菜单中，选择“锁定”命令，如图 4-62 所示。

6）在工具箱中，在“矩形工具”按钮处单击鼠标右键，在下拉列表中选择“椭圆工具”，按住〈Shift〉键拖动鼠标，在场景中绘制一个圆形，如图 4-63 所示。

7）在工具箱中选择“选择工具”，选择绘制的圆形，按〈Ctrl+D〉组合键，打开“置入”对话框，选择“素材”→“Cha04”→“03.jpg”文件，单击“打开”按钮，如图 4-64 所示。

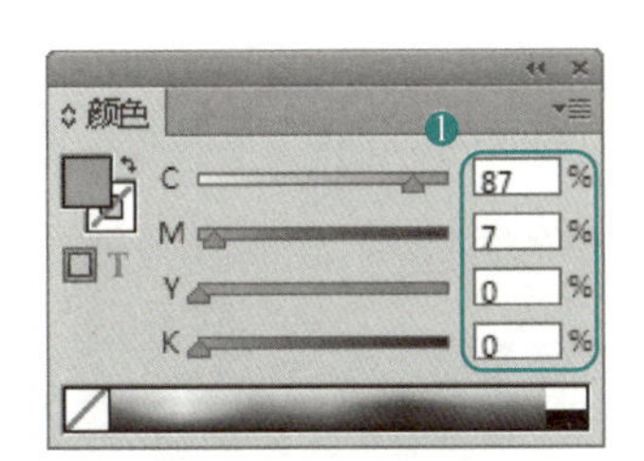

图 4-61 “颜色”面板

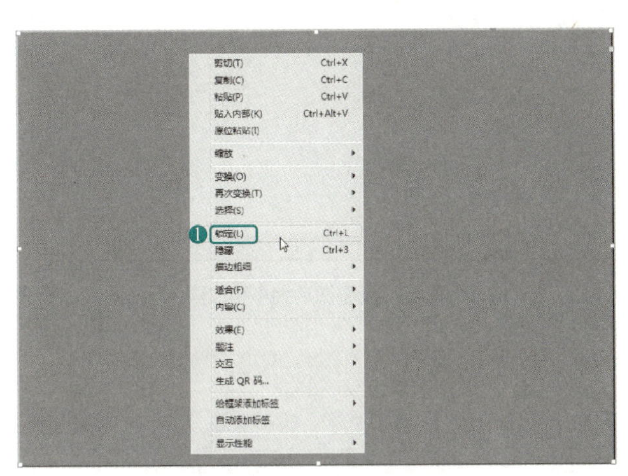

图 4-62 “锁定”命令

图 4-63 绘制圆形 1

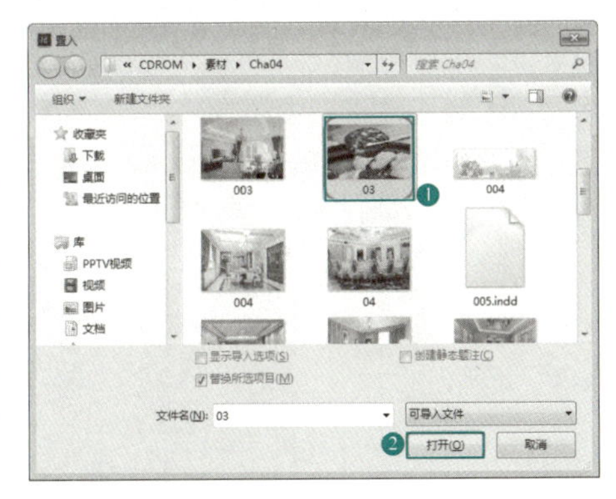

图 4-64 选择素材文件 2

8）在工具箱中选择“直接选择工具”，选择置入的图片，按住〈Shift〉键对图片进行等比缩放，调整至合适的大小和位置，如图 4-65 所示。

9）在工具箱中选择“选择工具”，在文档窗口空白处单击，然后选择绘制的圆形，按〈F10〉键，打开“描边”面板，将“粗细”设置为“10 点”，“类型”设置为“粗 - 细”，如图 4-66 所示。

10）按〈F5〉键，打开“色板”面板，将“颜色”设置为“纸色”，如图 4-67 所示。

11）绘制不同的图形，然后置入图片文件，完成后的效果如图 4-68 所示。

12）在工具箱中选择“椭圆工具”，在场景中按住〈Shift〉键拖动鼠标，绘制 4 个不同大小的圆形，然后使用“选择工具”，选择绘制的圆形并调整位置和大小，调整完整后的效果如图 4-69 所示。

图 4-65　调整图片大小和位置

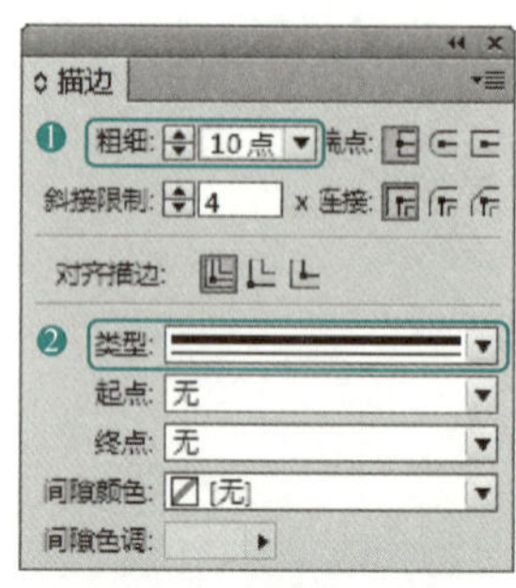

图 4-66　“描边”面板 1

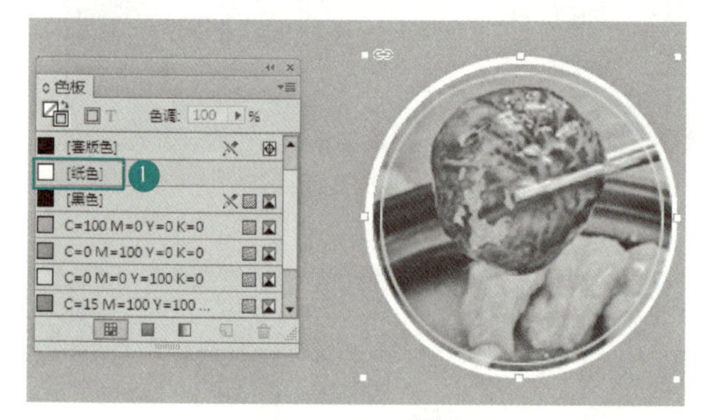

图 4-67　“色板”面板 1

图 4-68　完成后的效果 2

图 4-69　绘制圆形 2

13）使用“选择工具”选择绘制 4 个圆形，然后在菜单栏中选择“窗口”→“对象和版面”→“路径查找器”命令，打开“路径查找器”面板，单击“相加”按钮，如图 4-70 所示。

14）确认路径处于选中状态，按〈F5〉键打开“色板”面板，将填充“颜色”设置为“纸色”，如图 4-71 所示。

15）继续选择该路径，在菜单栏中选择“对象”→“效果”→“内投影”命令，如图 4-72 所示。

图 4-70　“路径查找器”面板

图 4-71　设置填充“颜色”

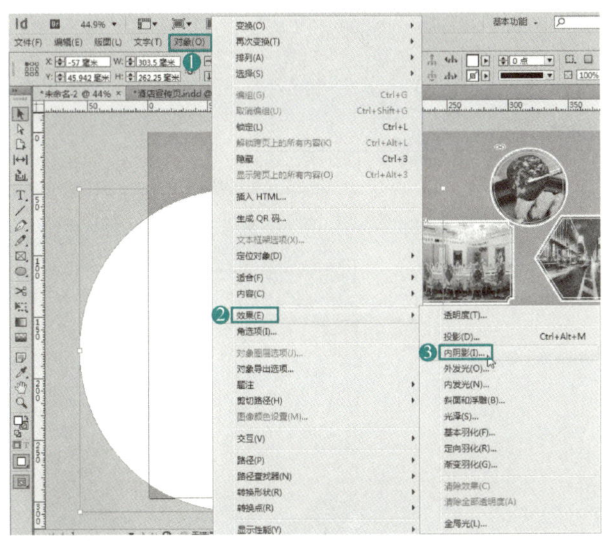

图 4-72　选择“内阴影”命令

16）弹出“效果”对话框，勾选“预览”复选项，将“混合”选项组下的“距离”设置为“2 毫米”，“角度”设置为“110°”；将“选项”选项组下的“大小”设置为“3 毫米”，如图 4-73 所示。

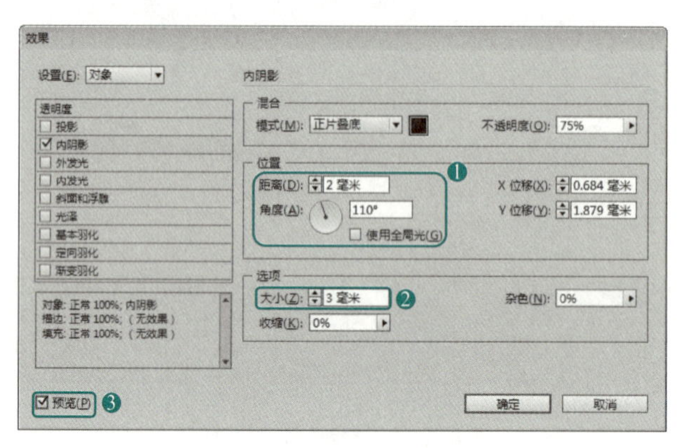

图 4-73　设置“内阴影”

17）单击“确定”按钮，继续选择该路径，单击鼠标右键，在弹出的快捷菜单中选择“锁定”命令，效果如图 4-74 所示。

18）使用相同的制作方法，设计师根据排版要求可以在场景中添加不同的图形，如图 4-75 所示。

图 4-74　锁定效果

图 4-75　制作其他效果

19）按〈W〉键预览效果，在工具箱中选择“文字工具” T，在文档窗口中按住鼠标进行拖动，绘制出一个文本框，打开“素材”→“Cha04”→“服务设施 .txt”文件，将文字选中复制粘贴至文本框中；选中文字后，在“控制”面板中，将“字体”设置为“方正北魏楷书简体”，将“字体大小”设置为“12 点”，如图 4-76 所示。

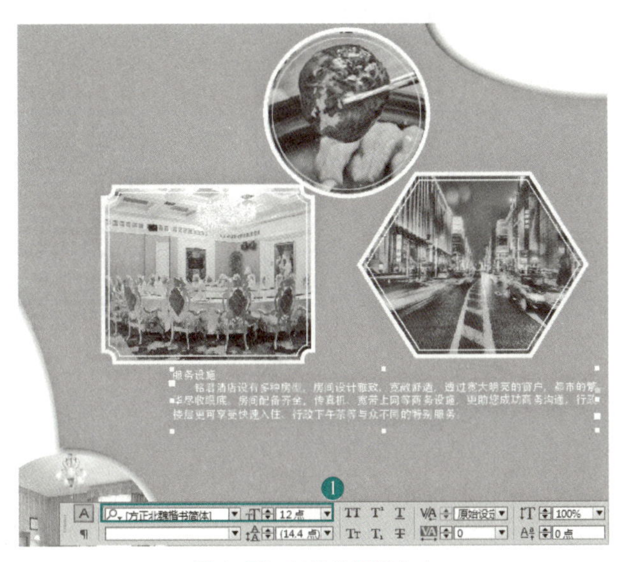

图 4-76 粘贴并设置文字

20）使用“文字工具”，选中“服务设施”文字，在“控制”面板中将“字体”设置为“方正粗圆简体”，“字体大小”设置为“14 点”，单击“下画线”按钮，为其添加下画线，按〈Ctrl+T〉组合键，将“倾斜”数值设置为“20°”，按〈F5〉键打开“色板”面板，选择“C=0 M=0 Y=0 K=0”，如图 4-77 所示。

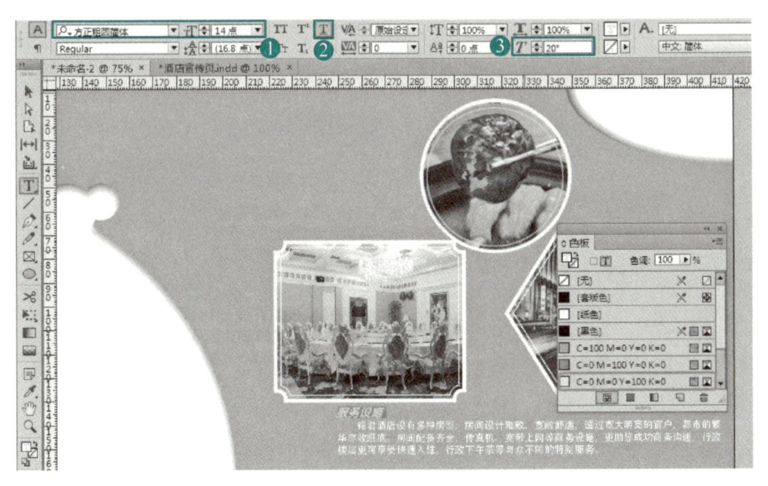

图 4-77 设置文字

21）使用相同的方法，制作其他文本效果，如图 4-78 所示。

22）使用相同的方法，制作文本，然后将“字体大小”设置为“18 点”，设计师可以根据排版要求设置其他文字样式和颜色，如图 4-79 所示。

图 4-78　制作文本 1

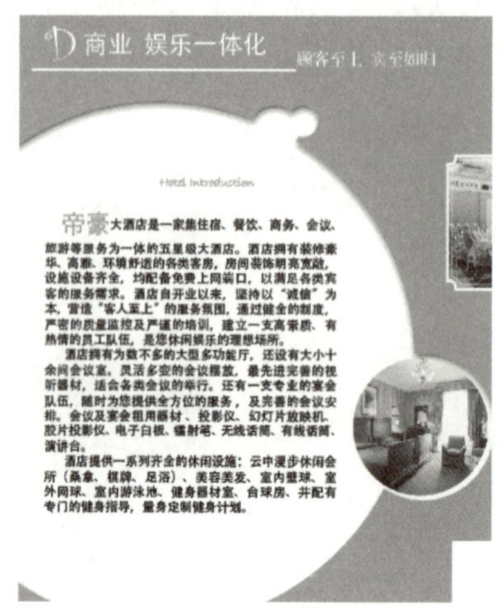

图 4-79　制作文本 2

23）在工具箱中选择“矩形工具”，在文档窗口中按住鼠标进行拖动，绘制出一个矩形并在菜单栏中选择“窗口”→“对象和版面”→“路径查找器”命令，在“路径查找器”面板中，单击▢按钮，将矩形转换为如图 4-80 所示的形状。

24）确认绘制的矩形处于选中状态，按〈F6〉键打开“颜色”面板，将“填色”的 CMYK 值设置为 87、7、0、0，如图 4-81 所示。

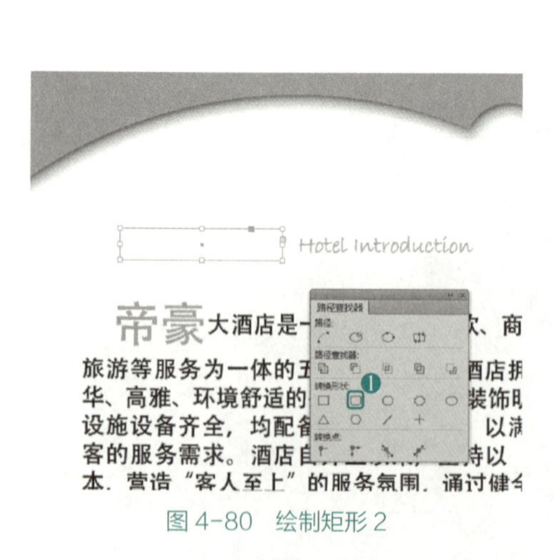

图 4-80　绘制矩形 2

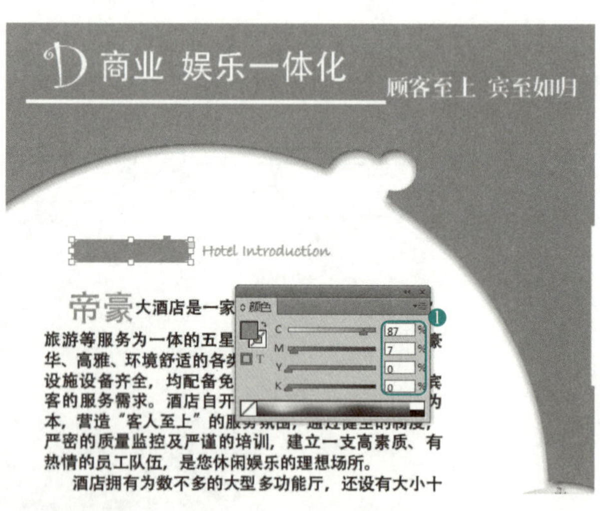

图 4-81　设置“填色”

25）确认绘制的矩形处于选中状态，在工具箱中选择“文字工具”，在矩形内单击，然后输入文字“酒店简介”，选中文字，在“字符”面板中将“字体”设置为“长城新艺体”，“字体大小”设置为“24 点”，如图 4-82 所示。

26）在工具箱中选择“文字工具”，在文档窗口中按住鼠标进行拖动，绘制出一个文本框，输入文字“帝豪大酒店”，选中文字，在“字符”面板中将“字体”设置为“长城新艺体”，“字体大小”设置为“60 点”，如图 4-83 所示。

27）在工具箱中选择“选择工具”，选择刚刚制作的文本，在菜单栏中选择“对象”→“效果”→“投影”命令，在“效果”对话框中，将“混合”选项卡中的“不透明度”设置为“40%”，将“位置”选项卡中的“距离”设置为“3 毫米”，“角度”设置为“−150°”，将“选项”选项卡中的“大小”设置为“1 毫米”，如图 4-84 所示。

28）单击“确定”按钮，文字效果如图 4-85 所示。

29）使用相同的方法，制作右上角的文字效果，最终效果如图 4-86 所示。

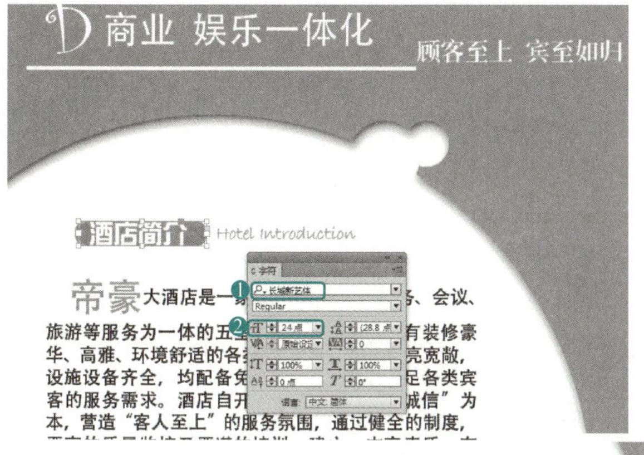

图 4-82　设置文字 1

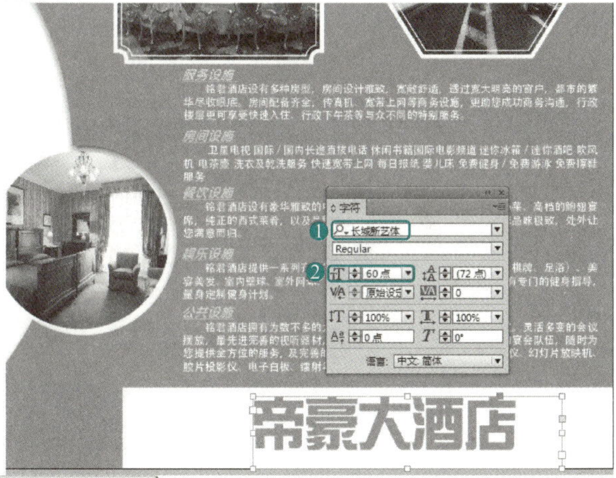

图 4-83　设置文字 2

图 4-84　“效果”对话框

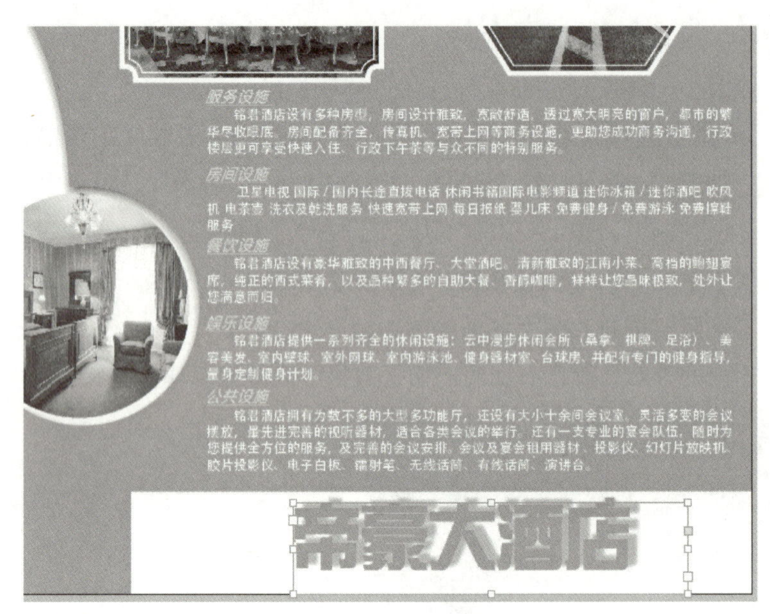

图 4-85　文字效果

图 4-86　最终效果

4.2.3 知识解析

为了使排版内容能引人注目，通常会对文本段落进行美化设计，例如，对文本颜色、反白文字的设置，为文字添加下画线、删除线等，都会有意想不到的效果。

1．设置文本颜色

通常为了方便阅读和排版更加美观，会为标题、通栏标题、副标题或引用设置不同的颜色，但是在正文中很少为文本设置颜色。为文本设置颜色的操作步骤如下：

▶应用于文本的颜色通常源于相关图形中的颜色，或者来自一个出版物传统的调色板。一般文字越小，文字的颜色应该越深，这样可以使文本更易阅读。

1）打开“素材”→“Cha04”→“千纸鹤 1.indd”文档，在工具箱中单击“选择工具”按钮，如图 4-87 所示。

2）在菜单栏中选择“窗口”→“颜色”→“色板”命令，打开“色板”面板，在“色板”面板中单击选择一种颜色，如图 4-88 所示。

3）在工具箱中单击“描边”图标，然后在“色板”面板中单击一种颜色，将其应用到文本的描边，如图 4-89 所示。

4）在菜单栏中选择“窗口”→“描边”命令，打开“描边”面板，在“描边”面板中的“粗细”下拉列表中设置描边的粗细，如图 4-90 所示。

图 4-87　选择文本

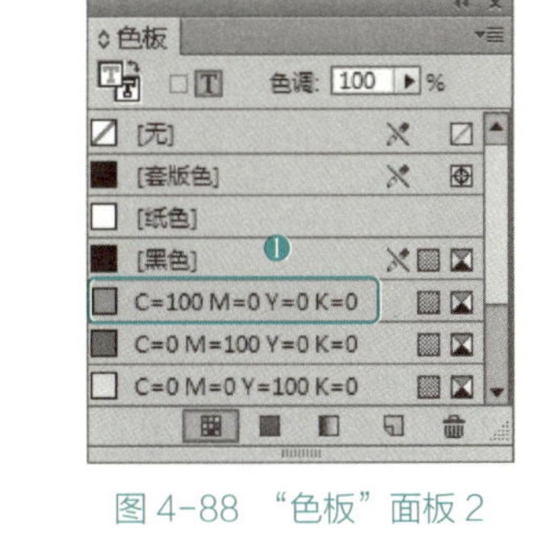

图 4-88　“色板”面板 2

图 4-89　选择描边颜色

图 4-90　“描边”面板 2

5）为文本设置颜色后的效果，如图 4-91 所示。

图 4-91　为文本设置颜色后的效果

2．反白文字

所谓的反白文字并不一定就是黑底白字，也可以是深色底浅色字。反白文字一般用较大的字号和粗体字样效果最好，因为这样可以引起读者注意，也不会使文本被背景吞没。制作反白文字效果的操作步骤如下：

1）打开“素材”→“Cha04”→“千纸鹤 2.indd”文档，单击工具箱中的“文字工具”按钮，然后在文本框架中拖动光标选择文字，如图 4-92 所示。

图 4-92　选择文字 1

2）双击工具箱中的“填色”图标，弹出“拾色器”对话框，在该对话框中为选择的文字设置一种浅颜色，如图 4-93 所示。

3）单击“确定”按钮，然后将光标移至刚刚设置颜色的文字后，在菜单栏中选择“窗口”→“文字和表”→“段落”命令，打开“段落”面板，单击“段落”面板右上角的按钮，在弹出的下拉列表中选择“段落线”命令，如图 4-94 所示。

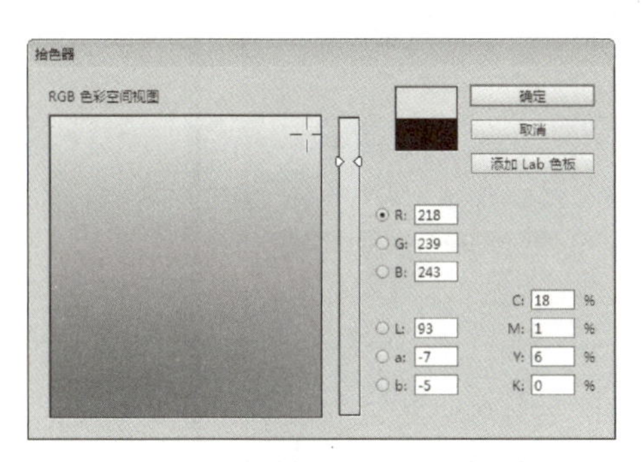

图 4-93 为选择的文字设置浅颜色

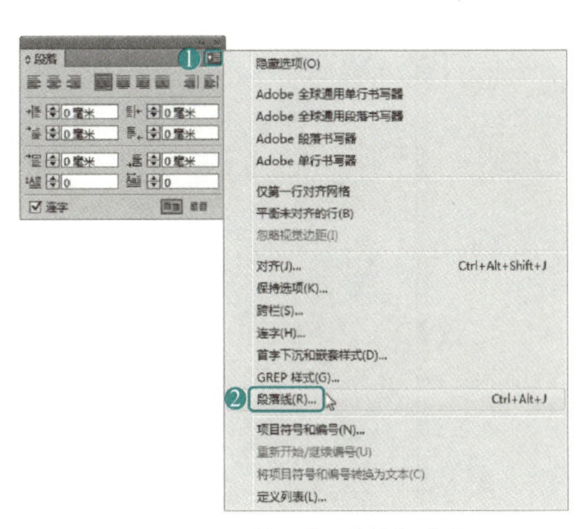

图 4-94 选择“段落线”命令

4）弹出“段落线”对话框，在“段落线”对话框左上角的下拉列表中选择“段后线”选项，勾选“启用段落线”复选框，在“粗细”下拉列表中选择“20 点”，在“颜色”下拉列表中选择“红色”，然后设置“位移”为“−7 毫米”，如图 4-95 所示。

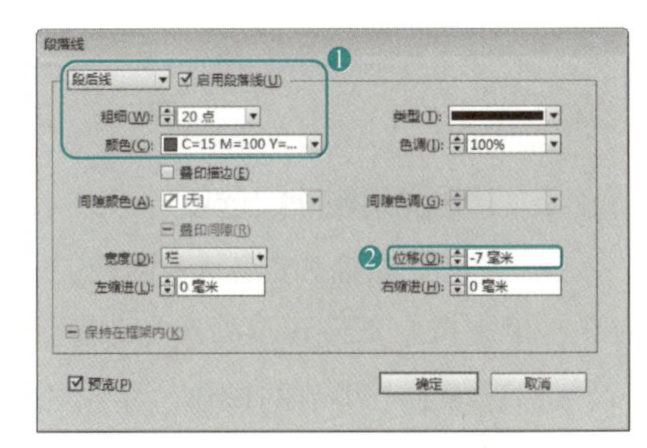

图 4-95 “段落线”对话框

5）单击“确定”按钮，完成反白文字效果的制作，如图 4-96 所示。

图 4-96 反白文字效果

6）使用同样的制作方法，可以为文档中的其他文字制作反白文字效果，如图 4-97 所示。

图 4-97　为其他文字制作反白文字效果

3．下画线和删除线选项

在“字符”面板和“控制”面板的下拉列表中都提供了“下画线选项”和“删除线选项”命令，用来自定义设置下画线和删除线。为文字添加下画线和删除线的操作方法如下：

1）继续上一小节的操作。单击工具箱中的“文字工具”按钮，拖动光标选择需要添加下画线的文字，如图 4-98 所示。

图 4-98　选择文字 2

2）在菜单栏中选择“窗口”→“文字和表”→“字符”命令，弹出“字符”面板，单击“字符”面板右上角的按钮，在弹出的下拉列表中选择“下画线选项”命令，如图 4-99 所示。

3）弹出“下画线选项”对话框，勾选“启用下画线”复选框，然后将“粗细”设置为“2点”，将“位移”设置为“3点”，将“颜色”设置为“红色”，如图4-100所示。

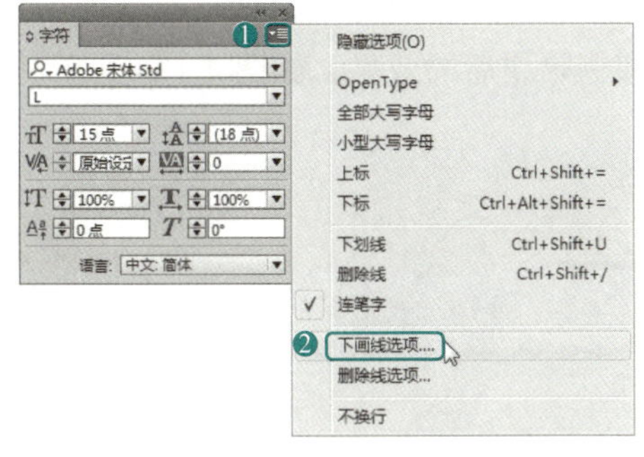

图4-99　选择“下画线选项”命令

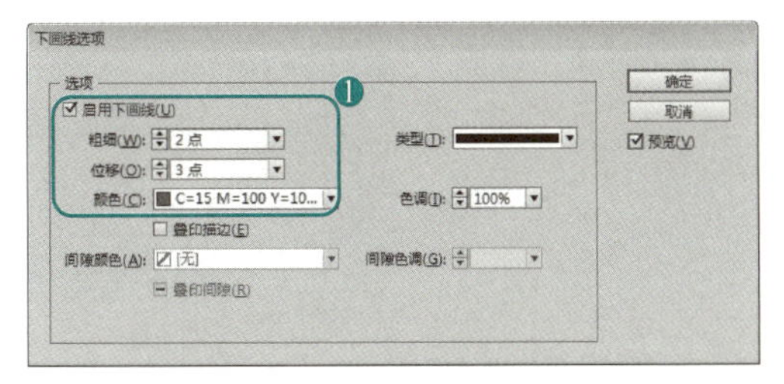

图4-100　“下画线选项”对话框

4）设置完成后单击“确定”按钮，为文字添加下画线后的效果，如图4-101所示。

5）单击工具箱中的“文字工具”按钮，然后拖动光标选择需要添加删除线的文字，如图4-102所示。

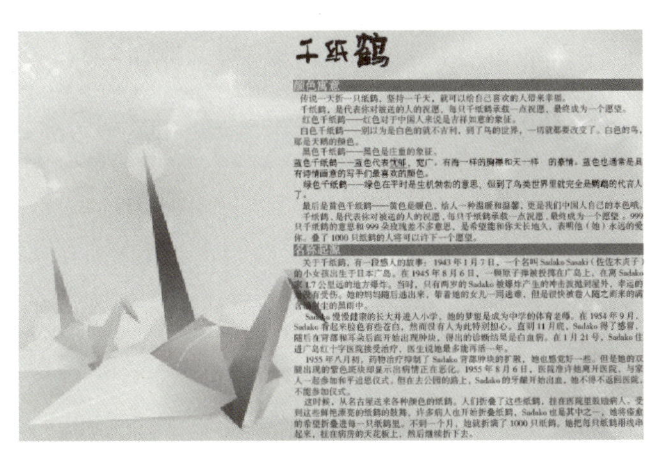

图4-101　为文字添加下画线后的效果

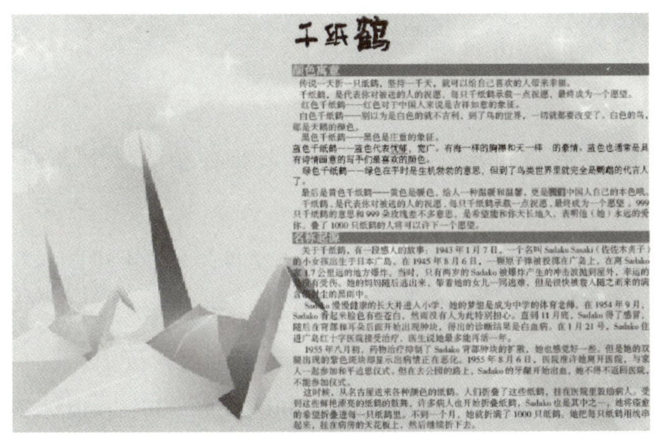

图4-102　选择文字3

6）单击“字符”面板右上角的按钮，在弹出的下拉列表中选择“删除线选项”命令，弹出“删除线选项”对话框，勾选“启用删除线”复选框，然后将“粗细”设置为“3点”，将“位移”设置为“4点”，将“颜色”设置为如图4-103所示的颜色。

7）设置完成后单击“确定”按钮，为文字添加删除线后的效果，如图4-104所示。

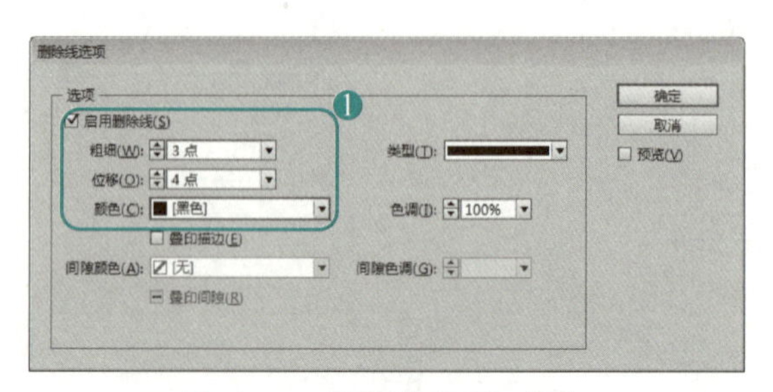

图4-103 “删除线选项”对话框

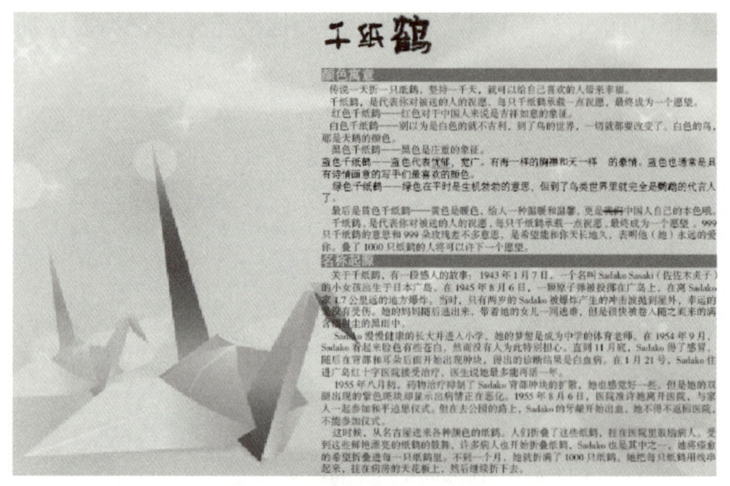

图4-104 为文字添加删除线后的效果

4.2.4 自主练习——音乐宣传单的制作

本例介绍音乐宣传单的制作，在制作中将主要介绍“文字处理”的应用，效果如图4-105所示。

1）首先新建一个文档，在菜单栏中选择“文件”→“新建”→“文档”命令，在弹出的“新建文档”对话框中，将“宽度”设置为“360毫米”，在“边距”选项组中将“上”“下”“内”和“外”都设置为“0毫米”，单击“确定”按钮。

2）置入“素材”→“Cha04”文件夹中的“007.jpg”“001.png”文件，调整图像在文档中的位置。

图 4-105　音乐宣传单

3）使用“钢笔工具”在文档窗口中绘制图形，在调色板中设置颜色为黄色。

4）使用“直接选择工具”选中图形，在菜单栏中选择“对象”→“路径”→“建立复合路径”命令，使用“直接选择工具”将此图形放入文档窗口中。

5）选中“麦克疯”文本框按住〈Ctrl+T〉快捷键，在“控制”面板中将“倾斜”数值设置为“15°”，在工具箱中单击“文本工具”按钮，在文档窗口中按住鼠标左键并拖动创建一个新的文本框架，输入文字，并设置相应的字体、大小及颜色。

第 5 章　书籍封面及画册设计——版式构造

【本章导读】

重点知识

■剪切路径
■文本绕排

InDesign CC 是一款针对艺术排版的软件，在排版中颜色是其中至关重要的一部分，只有定义好颜色，才能得到理想的版面和效果。

本章还介绍了在 InDesign CC 中实现图文绕排和图文排版中的一些基本操作，包括文本绕排方式、剪切路径与复合路径和设置脚注等。

5.1　设计书籍封面

书籍封面可以有效而恰当地反映书籍的内容、特色和著译者的意图。书籍封面不仅要符合读者不同年龄、职业、性别的需要，还要考虑大多数人的审美欣赏习惯，并体现不同的民族风格和时代特征。本例将介绍书籍封面的制作方法，效果如图 5-1 所示。

图 5-1　书籍封面效果

5.1.1　知识要点

掌握图片的置入方法。

掌握文字的不透明度表现手法。

掌握 QR 码的生成。

5.1.2　实现步骤

1）启动 InDesign CC，按〈Ctrl+N〉组合键打开“新建文档”对话框，将“页数”设置为“1”，将“宽度”和“高度”分别设置为“456 毫米”和“303 毫米”，将“边距”选项组中的“上”“下”“左”“右”的值都设置为“0 毫米”，如图 5-2 所示。

2）在工具箱中单击“矩形工具”，在文档窗口中绘制一个矩形，如图 5-3 所示。

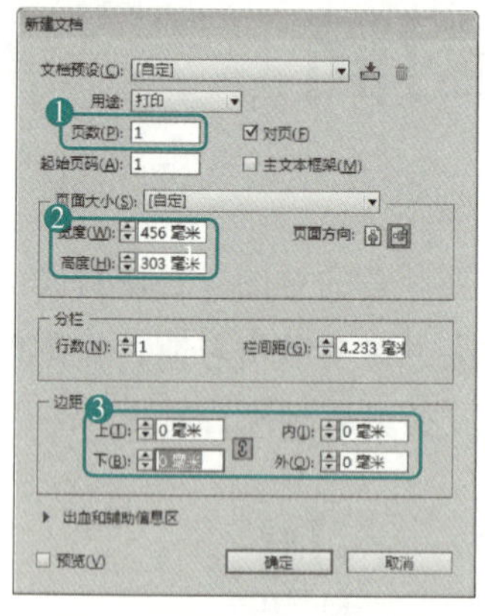

图 5-2 “新建文档”对话框 1

图 5-3 绘制矩形 1

3）选中绘制的矩形，按〈F6〉键打开“颜色”面板，在该面板中将“描边”设置为“无”，将“填色”的 CMYK 值设置为 3、31、87、0，如图 5-4 所示。

4）在工具箱中单击“文字工具”，在文档窗口中绘制一个文本框，输入文字，选中输入的文字，在“字符”面板中将“字体”设置为“汉仪大宋简”，将“字体大小”设置为“60 点”，将“行距”设置为“60 点”，如图 5-5 所示。

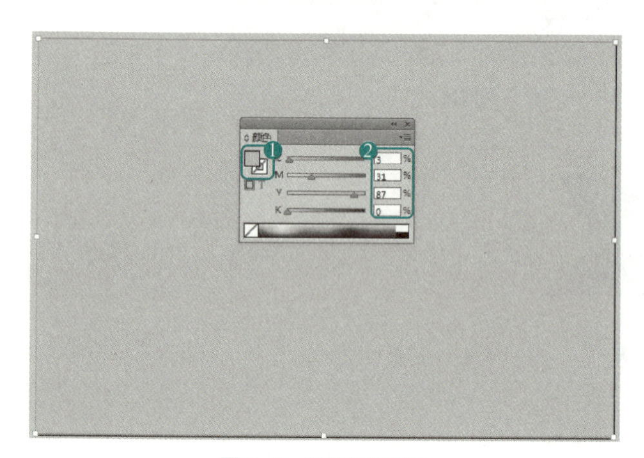

图 5-4 设置图形颜色

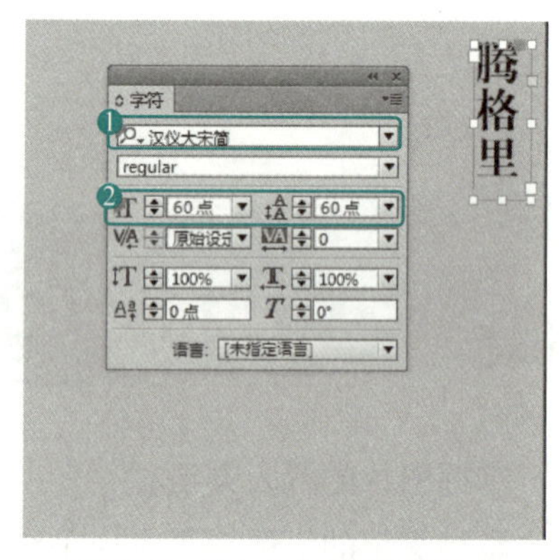

图 5-5 输入文字并进行设置 1

5）继续选中该文字，对其进行复制粘贴，并对粘贴后的文字进行修改，效果如图 5-6 所示。

6）在工具箱中单击“矩形工具”，在文档窗口中绘制一个矩形，并将其“描边”设置为“无”，将“填色”设置为“黑色”，效果如图 5-7 所示。

7）在工具箱中单击“文字工具”，在文档窗口中绘制一个文本框，输入如图 5-8 所示的文字，并在“字符”面板中将“字体”设置为“Adobe 宋体 Std”，将“字体大小”设置为“18 点”，将“字符间距”设置为“10”，如图 5-8 所示。

8）继续选中该文字，对其进行复制粘贴，并对粘贴后的文字进行修改，效果如图 5-9 所示。

图 5-6　复制文字

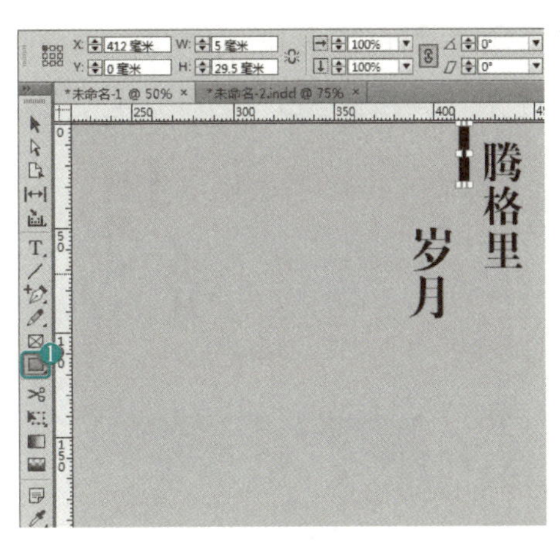

图 5-7　绘制矩形并设置

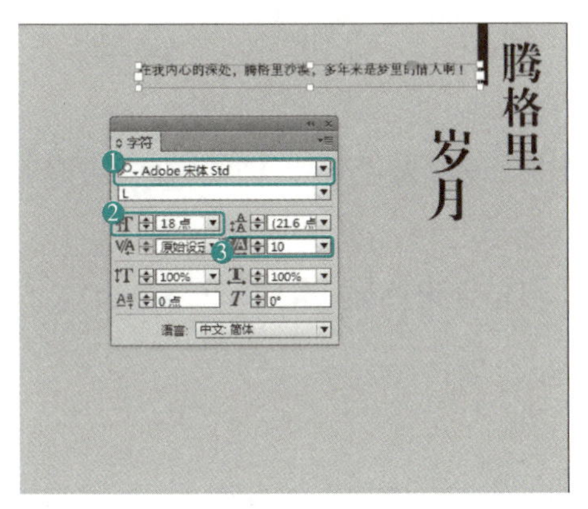

图 5-8　输入文字并进行设置 2

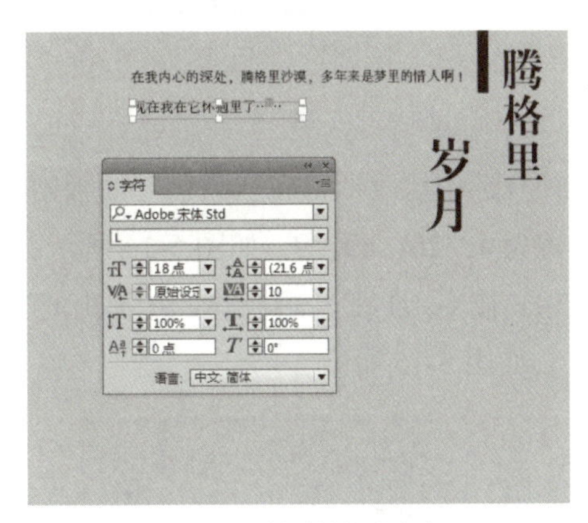

图 5-9　粘贴并修改文字

9）在菜单栏中选择“文件”→“置入”命令，如图 5-10 所示。

10）在弹出的对话框中选择“素材”→“Cha05”→“01.jpg”，如图 5-11 所示。

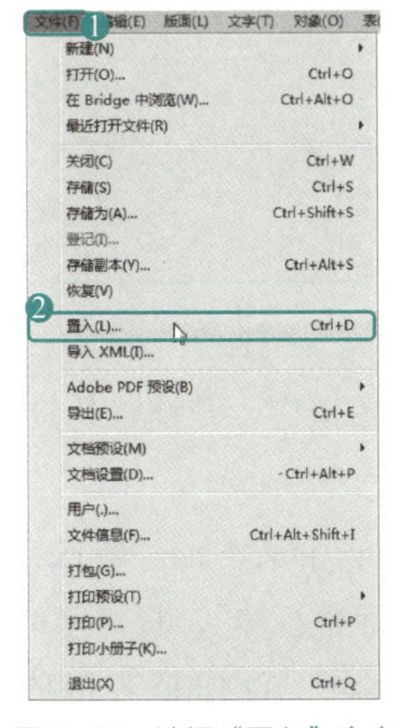

图 5-10　选择“置入”命令

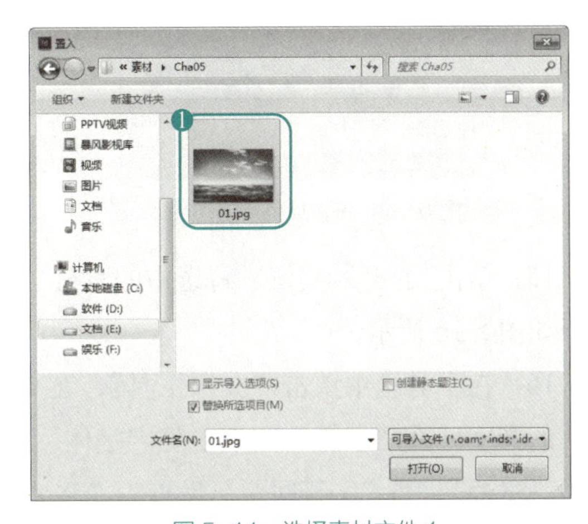

图 5-11　选择素材文件 1

11）单击“打开”按钮，在文档窗口中调整其位置及大小，调整后的效果如图 5-12 所示。

12）在工具箱中单击“矩形工具”，在文档窗口中绘制一个矩形，如图 5-13 所示。

图 5-12　置入素材文件 1

图 5-13　绘制矩形 2

13）选中该矩形，在“颜色”面板中将“描边”设置为“无”，将“填色”的 CMYK 值设置为 4、26、82、0，如图 5-14 所示。

14）按〈Ctrl+D〉组合键，在弹出的“置入”对话框中选择“素材”→“Cha05”→“02.png”，如图 5-15 所示。

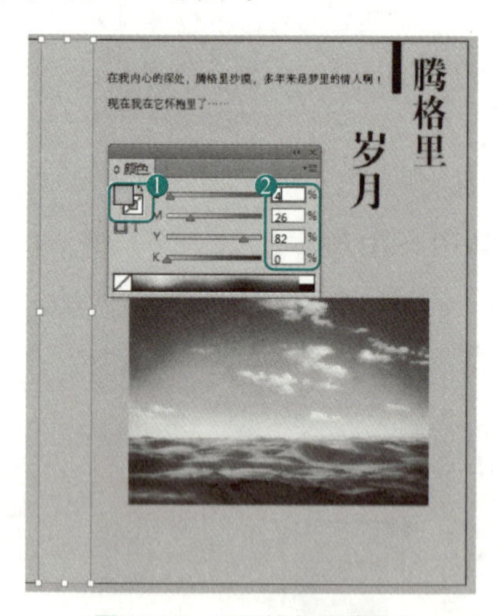

图 5-14　设置填色及描边 1

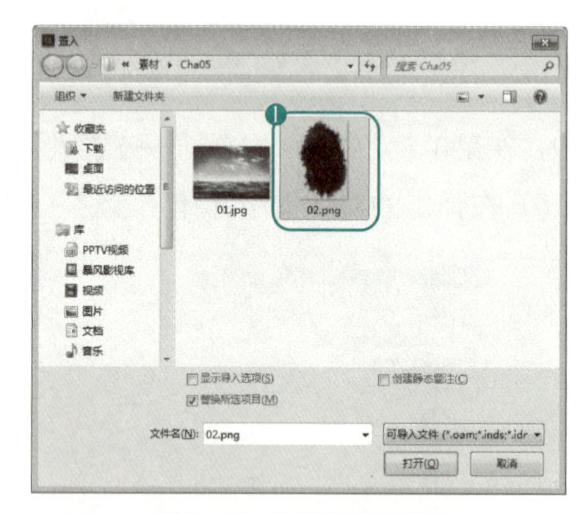

图 5-15　选择素材文件 2

15）单击“打开”按钮，将选中的素材文件置入到文档窗口中，并调整其位置及大小，效果如图 5-16 所示。

16）在工具箱中单击“文字工具”，在文档窗口中绘制一个文本框，输入文字，选中输入的文字，在“字符”面板中将“字体”设置为“苏新诗卵石体”，将“字体大小”设置为“38 点”，将“字符间距”设置为“38 点”，将文本“颜色”的 CMYK 的值设置为 4、26、82、0，如图 5-17 所示。

图 5-16　置入素材后的效果

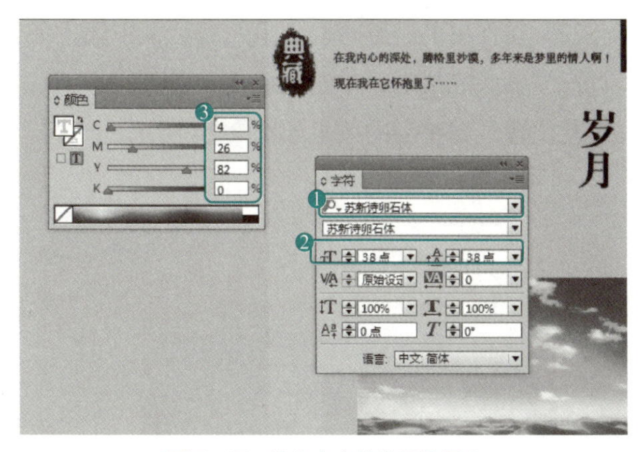
图 5-17　输入文字并进行设置 3

17）使用同样的方法输入其他文字，并对输入的文字进行相应的设置，效果如图 5-18 所示。

18）在文档窗口中选择如图 5-19 所示的两个文字，在“效果”面板中将“混合模式”设置为“正片叠底”，将“不透明度”设置为“20%”，如图 5-19 所示。

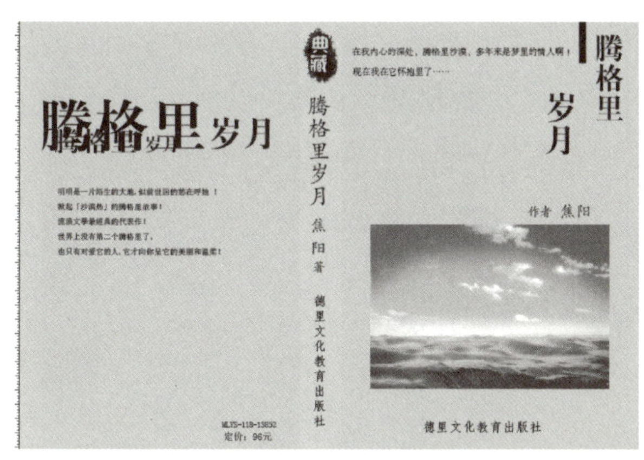
图 5-18　输入其他文字后的效果 1

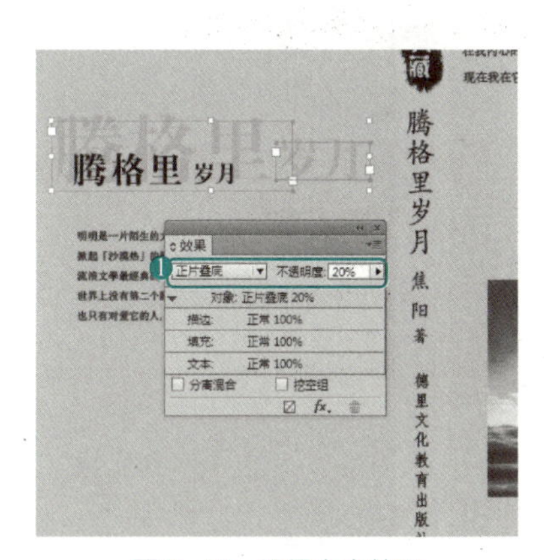
图 5-19　设置文字效果

19）在工具箱中单击“直线工具”，在文档窗口中按住〈Shift〉键绘制一条水平直线，在“描边”面板中将“粗细”设置为“5 点”，在“颜色”面板中将描边“颜色”的 CMYK 的值设置为 49、57、100、4，如图 5-20 所示。

20）使用同样的方法再绘制一条直线，并将其描边“颜色”设置为“黑色”，将描边“粗细”设置为“2 点”，如图 5-21 所示。

21）在菜单栏中选择“对象”→“生成 QR 码”命令，如图 5-22 所示。

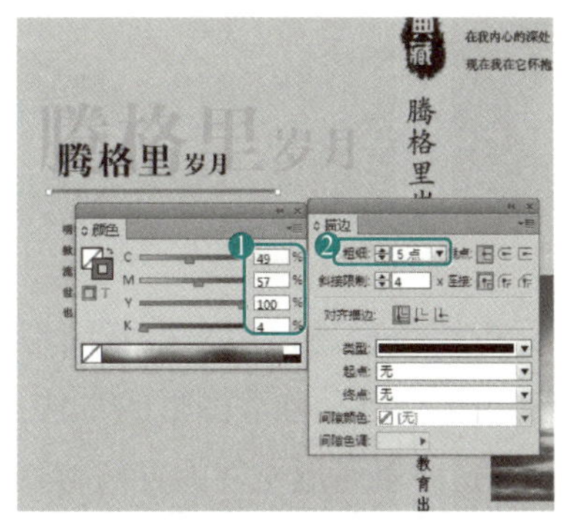
图 5-20　绘制直线并进行设置

22）在弹出的“编辑 QR 码”对话框中输入如图 5-23 所示的内容。

23）输入完成后，单击“确定”按钮，即可完成 QR 码的生成，在文档窗口中调整其大小及位置，调整后的效果如图 5-24 所示。

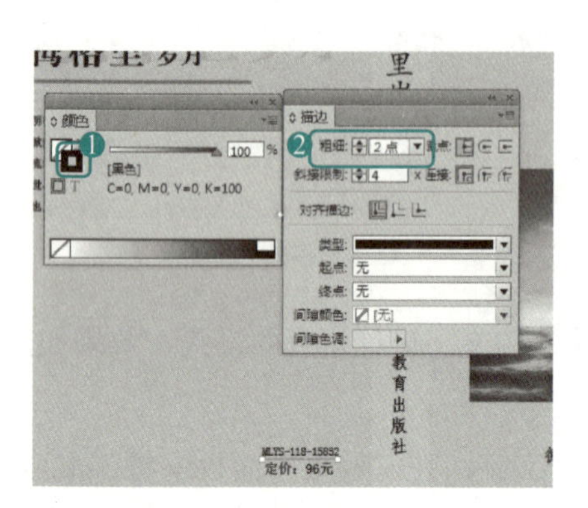

图 5-21　绘制其他直线后的效果

图 5-22　选择“生成 QR 码”命令

图 5-23　输入内容

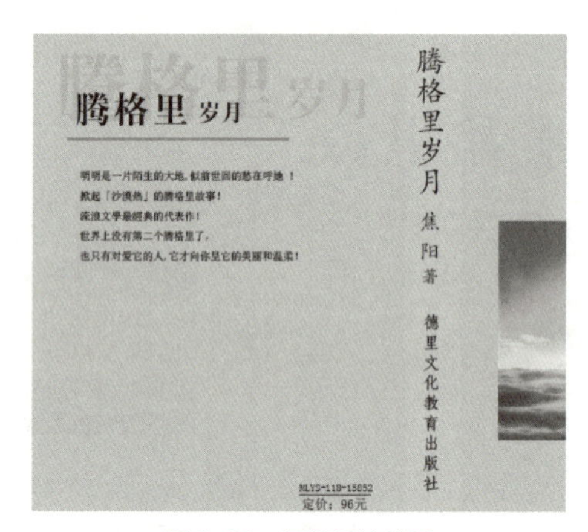

图 5-24　调整后的效果

5.1.3　知识解析

剪切路径通常用来隐藏图形的一部分并显示其他部分。在 InDesign 中提供了以下 3 种使用剪切路径隐藏图形的方法：

1）使用图形文件内置的剪切路径。

2）创建一个不规则形状作为 InDesign 的蒙版，然后将图形载入到该形状中。

3）在菜单栏中选择“对象”→“剪切路径”→“选项”命令或按〈Alt+Shift+Ctrl+K〉

组合键，可以创建剪切路径。

1．用不规则的形状剪切图形

在 InDesign 中提供了不规则形状编辑工具，可以通过使用形状编辑工具绘制形状，再利用形状编辑文本绕排边界。下面介绍两种方法：

使用“钢笔工具”创建不规则形状，如图 5-25 所示。使用“选择工具” 选择新绘制的形状，然后在菜单栏中选择“文件”→“置入”命令，在弹出的“置入”对话框中选择“素材”→“Cha05”→“动漫 .jpg”图片，然后单击“打开”按钮，即可将图片置入到形状中，如图 5-26 所示。

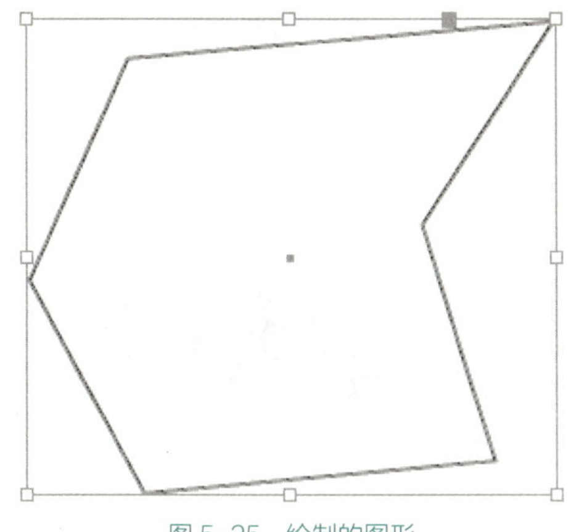
图 5-25　绘制的图形

图 5-26　将图片置入形状中 1

先将图片置入到文档窗口中，然后使用“钢笔工具”在图片上所要显示的部分创建不规则形状，如图 5-27 所示。选择置入的图片，在菜单栏中选择“编辑”→“复制”命令，然后选择刚绘制的不规则形状，在菜单栏中选择“编辑”→“贴入内部”命令，即可将图片粘贴到绘制的不规则形状中，然后将置入的图片按〈Del〉键将其删除，如图 5-28 所示。

图 5-27　创建不规则形状

图 5-28　将图片粘贴到不规则形状中

2．使用“剪切路径”命令

下面来介绍一下使用“剪切路径”命令来设置剪切路径的方法，具体的操作步骤如下：

1）使用工具箱中的“矩形工具”绘制一个矩形，如图 5-29 所示。

2）在菜单栏中选择“文件”→“置入”命令，在弹出的“置入”对话框中选择“素材”→“Cha05”→“动漫 .jpg”，然后单击“打开”按钮，将图片置入到形状中，调整图片大小，如图 5-30 所示。

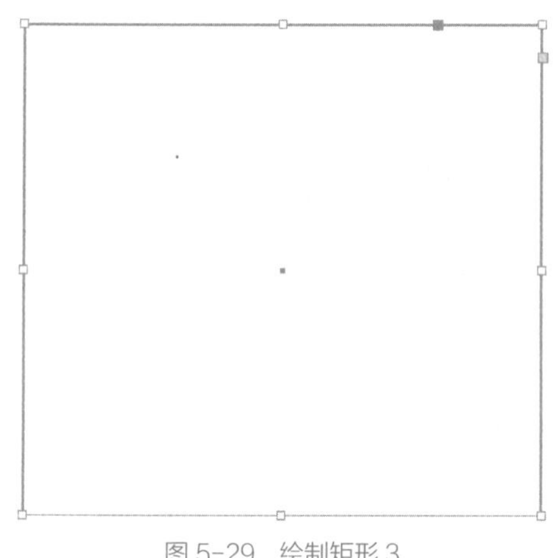

图 5-29　绘制矩形 3

图 5-30　将图片置入形状中 2

3）在菜单栏中选择“对象”→“剪切路径”→“选项”命令，弹出“剪切路径”对话框，如图 5-31 所示。

4）在“类型”下拉列表中有 5 个选项可供选择，分别是“无”“检测边缘”“Alpha 通道”“Photoshop 路径”和“用户修改的路径”选项，在该下拉列表中选择“检测边缘”选项，如图 5-32 所示，即可将相应的选项激活，各选项功能介绍如下：

“阈值”：定义生成的剪切路径最暗的像素值。从 0 开始增大像素值可以使更多的像素变得透明。

“容差”：指定在像素被剪切路径隐藏以前，像素的亮度值与“阈值”的接近程度。增加“容差”值有利于删除由孤立像素所造成的不需要的凹凸部分，这些像素比其他像素暗，但接近“阈值”中的亮度值。通过增大包括孤立的较暗像素在内的“容差”值附近的值范围，通常会创建一个更平滑、更松散的剪切路径。降低“容差”值会通过使值具有更小的变化来收紧剪切路径。

“内陷框”：相对于由“阈值”和“容差”值定义的剪切路径收缩生成的剪切路径。与“阈值”和“容差”不同，“内陷框”值不考虑亮度值，而是均匀地收缩剪切路径的形状。稍微调整“内陷框”值可以帮助隐藏使用“阈值”和“容差”值无法消除的孤立像素。输入负值可使生成的剪切路径比由“阈值”和“容差”值定义的剪切路径大。

“反转”：通过将最暗色调作为剪切路径的开始，来切换可见和隐藏区域。

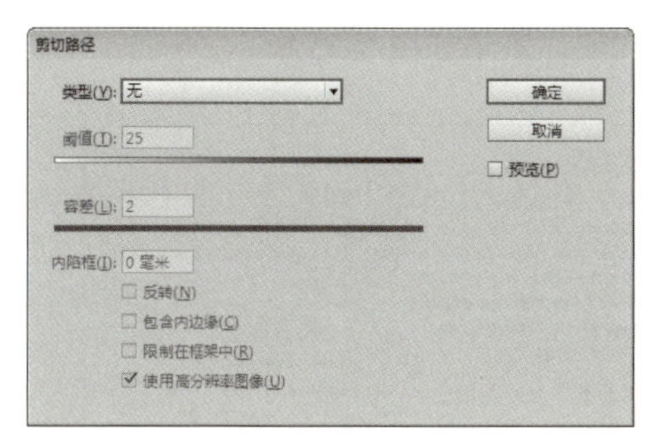

图 5-31 “剪切路径”对话框

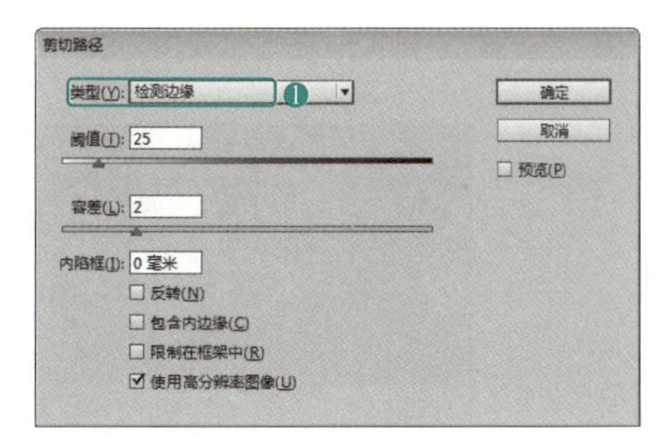

图 5-32 选择“检测边缘”选项

“包含内边缘”：使存在于原始剪切路径内部的区域变得透明。默认情况下，“剪切路径”命令只使外面的区域变为透明，因此，使用“包含内边缘”选项可以正确表现图形中的空洞。当希望其透明区域的亮度级别与必须可见的所有区域均不匹配时，该选项的效果最佳。

“限制在框架中”：创建终止于图形可见边缘的剪切路径。当使用图形的框架裁剪图形时，使用“限制在框架中”选项可以生成更简单的路径。

“使用高分辨率图像”：为了获得最大的精确度，应使用实际文件计算透明区域。取消选择“使用高分辨率图像”复选框，系统将根据屏幕显示分辨率来计算透明度，这样会使速度更快但精确度较低。

5）在“剪切路径”对话框中将“阈值”设置为“150”，将“容差”设置为“7”，然后勾选“限制在框架中”复选框，如图 5-33 所示。

6）设置完成后单击“确定”按钮，完成对剪切路径的设置，效果如图 5-34 所示。

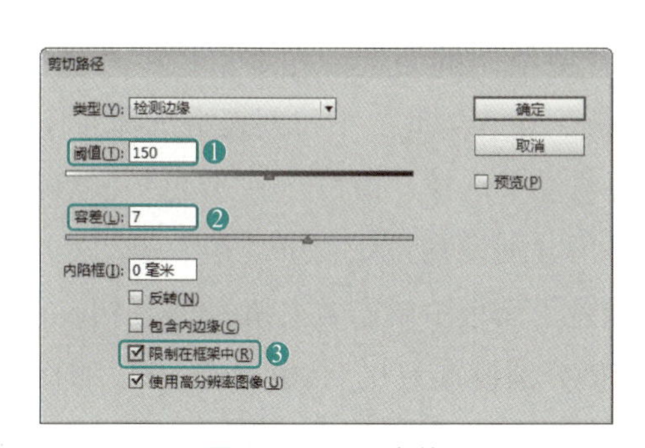

图 5-33 设置参数

图 5-34 设置完成后的效果

5.1.4 自主练习——制作杂志内页

本例来介绍一下杂志内页的制作，首选置入相应的图片并输入大标题，然后使用“钢笔工具”绘制文本框，并在绘制的文本框中输入文字，效果如图 5-35 所示。

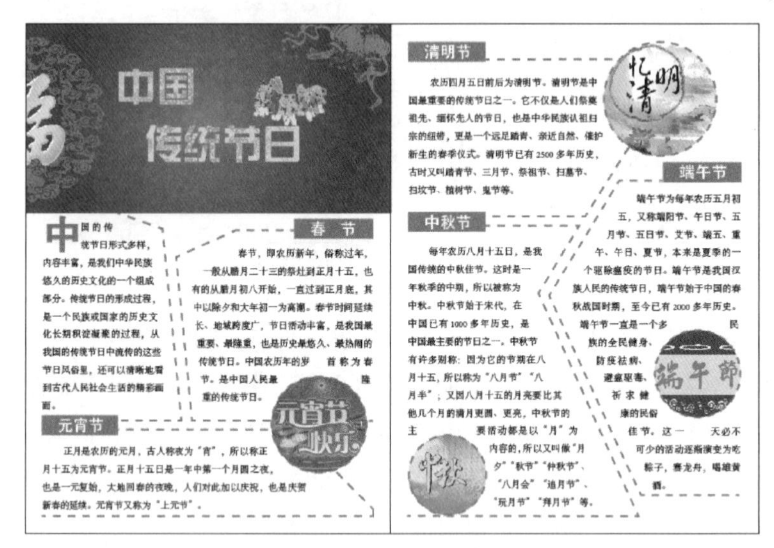

图 5-35　杂志内页效果

1）新建文档，将“页数”设置为“2”，勾选“对页”复选框，将“宽度”和“高度”分别设置为“210 毫米”和“285 毫米”，将“边距”选项组中的“上”“下”“内”“外”的值均设置为“10 毫米”。

2）按〈F12〉键打开“页面”面板，然后单击面板右上角的按钮，在弹出的下拉列表中取消“允许文档页面随机排布”选项与“允许选定的跨页随机排布”选项的选择状态。

3）在“页面”面板中选择第二页，并将其拖动至第一页的右侧。在工具箱中选择“矩形工具”，然后在文档窗口中绘制矩形，选择新绘制的矩形，在菜单栏中选择“窗口”→“颜色”→“渐变”命令，打开“渐变”面板，在“类型”下拉列表中选择“径向”选项。在渐变颜色条上选择第一个色标，再在菜单栏中选择“窗口”→“颜色”→“颜色”命令，打开“颜色”面板，在该面板中将 CMYK 值分别设置为 0、100、100、0。

4）在渐变颜色条上选择第二个色标，在“颜色”面板中单击右上角的按钮，在弹出的下拉列表中选择 CMYK 命令，并将 CMYK 值分别设置为 0、100、100、75，即可为选择的矩形填充渐变颜色，然后在“控制”面板中将“描边”设置为“无”。

5）在工具箱中选择“文字工具”，然后在文档窗口中绘制文本框并输入文字，并选择输入的文字，在“字符”面板中将“字体”设置为“方正综艺简体”，将“字体大小”设置为“65 点”，将文字“颜色”设置为“黄色”。

6）使用同样的方法，输入其他文字，并设置文字的字体和大小，置入“素材”→“Cha05”→“底纹 .psd”文件，并调整其位置。使用同样的方法，置入其他的素材图片，并调整置入图片的大小和位置。

7）在工具箱中选择“钢笔工具”，然后在文档窗口中绘制图形，并选择绘制的图形，在“控制”面板中将“描边”设置为“无”，在工具箱中选择“文字工具”，然后在绘制的图形中输入文字，并选择输入的文字，设置文本格式。

8）将光标置入段落中的任意位置，然后在“段落”面板中将“首字下沉行数”设置为“2”。再次选择文字“中”，在“控制”面板中将“字体”设置为“方正大黑简体”，将“填色”设置为“红色”。

9）然后在“控制”面板中单击“段落格式控制”按钮，将“强制行数”设置为“2行”，在工具箱中选择“钢笔工具”，在文档窗口中绘制图形，并选择绘制的图形，在“控制”面板中将描边“颜色”设置为“红色”，将描边“样式”设置为“虚线”，将描边“粗细”设置为“3点”。

10）在工具箱中选择“矩形工具”，在文档窗口中绘制矩形，并在“控制”面板中将“填色”设置为“红色”，将“描边”设置为“无”。在工具箱中选择“文字工具”，在文档窗口中绘制文本框并输入文字，然后选择输入的文字，在“控制”面板中将“字体”设置为“方正大黑简体”，将“字体大小”设置为“26点”，将文字的“填色”设置为“纸色”。

11）在工具箱中选择“钢笔工具”，然后在文档窗口中绘制图形，并选择绘制的图形，在“控制”面板中将“描边”设置为“无”。然后在绘制的图形中输入文字，并使用前面介绍的方法对文字进行设置。

12）在工具箱中选择“钢笔工具”，在文档窗口中绘制图形，并选择绘制的图形，在“控制”面板中将描边“颜色”设置为“红色”，将描边“样式”设置为“虚线”，将描边“粗细”设置为“3点”。

13）在文档窗口中按住〈Shift〉键的同时选择红色矩形和文字“春节”，然后按〈Ctrl+C〉组合键进行复制。

14）再按〈Ctrl+V〉组合键进行粘贴，并调整复制后的对象的位置，然后使用“文字工具”将“春节”更改为“元宵节”。

15）使用“钢笔工具”绘制图形，将图形的“描边”设置为“无”，并在图形中输入文字，然后对输入的文字进行设置。

16）在工具箱中选择“钢笔工具”，在文档窗口中绘制图形，并选择绘制的图形，在“控制”面板中将描边“颜色”设置为“红色”，将描边“样式”设置为“虚线”，将描边“粗细”设置为“3点”。

17）在工具箱中选择“椭圆工具”，在文档窗口中按住〈Shift〉键绘制正圆，然后在“控制”面板中将描边“颜色”设置为“红色”，将描边“样式”设置为“虚线”，将描边“粗细”设置为“3点”。

18）确定新绘制的正圆处于选择状态，在菜单栏中选择“文件”→“置入”命令，在弹出的“置入”对话框中选择“素材”→“Cha05”→“元宵节 .jpg”文件。

19）单击“打开”按钮，即可将选择的图片置入正圆中，然后双击图片将其选中，并在按住〈Shift〉键的同时拖动图片调整其大小，并调整其位置。

20）然后单击选择绘制的正圆，在菜单栏中选择“窗口”→“文本绕排”命令。打开“文本绕排”面板，在该面板中单击“沿对象形状绕排”按钮，并将“上位移”设置为“4毫米”。然后使用上面介绍的方法，制作右侧页面，按键盘上的〈W〉键查看制作完成后的效果。

5.2 设计房地产宣传画册

宣传画册包含的内涵非常广泛，对比一般的书籍来说，宣传画册设计不但包括封面、封底的设计，还包括环衬、扉页、内文版式等的设计。宣传画册设计讲求一种整体感，对设计者而言，尤其需要具备一种把握力。从宣传画册的开本、字体选择到目录和版式的变化，从图片的排列到色彩的设定，从材质的挑选到印刷工艺的求新，都需要做整体的考虑和规划，然后合理调动一切设计要素，将它们有机地融合在一起，服务于内涵。本节将介绍如何制作房地产宣传画册，其效果如图 5-36 所示。通过本案例的学习，使读者对前面所学的知识进行巩固。

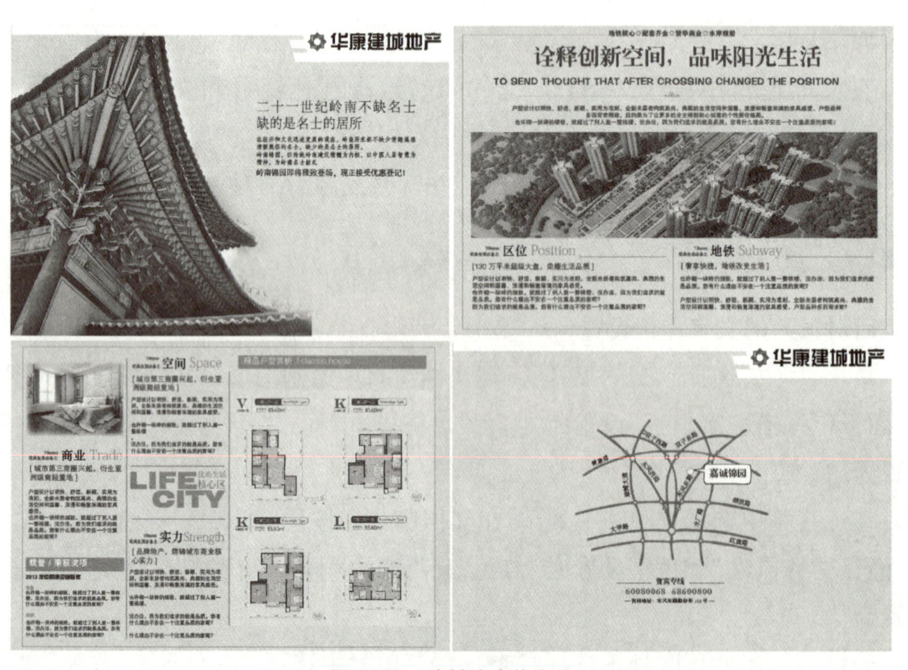

图 5-36 房地产宣传画册

5.2.1　知识要点

掌握图形的绘制以及创建复合路径、“基本羽化”的使用方法并掌握文字的体现效果。

5.2.2　实现步骤

在制作宣传画册之前，首先要制作宣传画册的封面，下面将介绍如何制作宣传画册的封面。

1．制作宣传画册封面

其具体操作步骤如下：

1）启动 InDesign CC，按〈Ctrl+N〉组合键打开“新建文档”对话框，将“页数”设置为“4”，将“宽度”和“高度”分别设置为“300 毫米”和“207 毫米”，将“边距”选项组中的“上”“下”“左”“右”都设置为“0 毫米”，如图 5-37 所示。

2）设置完成后，单击“确定”按钮，即可创建页面，效果如图 5-38 所示。

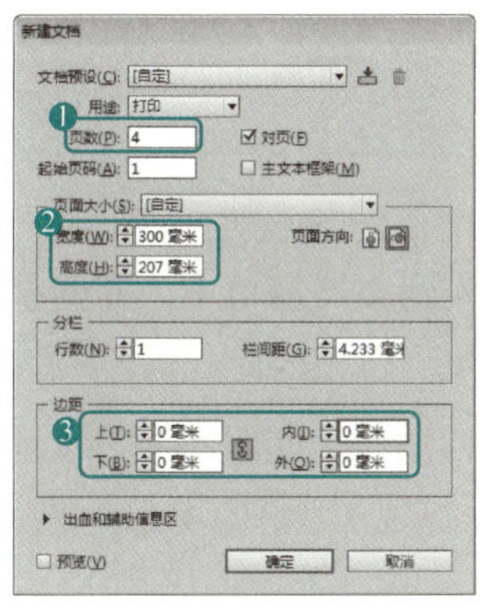

图 5-37　“新建文档”对话框 2

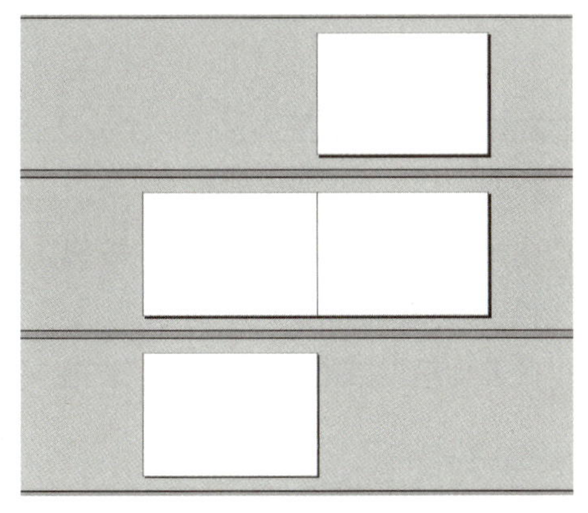

图 5-38　创建页面后的效果

3）创建一个新的文档后，按〈F12〉键打开“页面”面板，单击“页面”面板右上角的按钮，在弹出的下拉列表中选择“允许文档页面随机排布”命令，如图 5-39 所示。

4）在“页面”面板中选择第 2 页，将第 2 页拖拽至第 1 页的左侧，如图 5-40 所示。

5）释放鼠标后，即可调整该页面的位置，使用同样的方法调整第 4 页的位置，调整后的效果如图 5-41 所示。

6）将“页面”面板关闭，按〈Ctrl+D〉组合键，在弹出的“置入”对话框中选择“素材”→“Cha05”→“房地产背景 .jpg”，如图 5-42 所示。

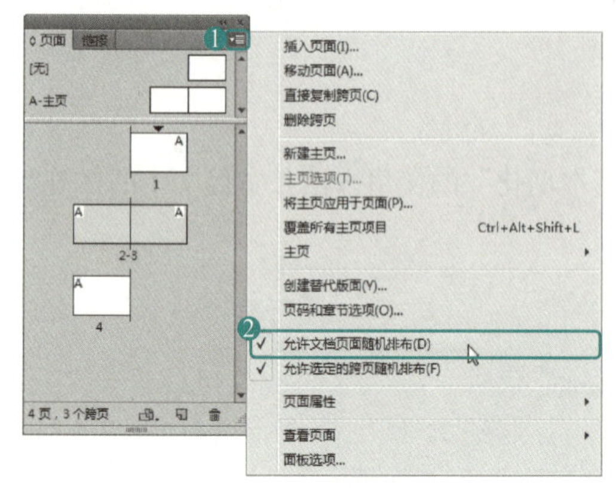

图 5-39　选择“允许文档页面随机排布”命令

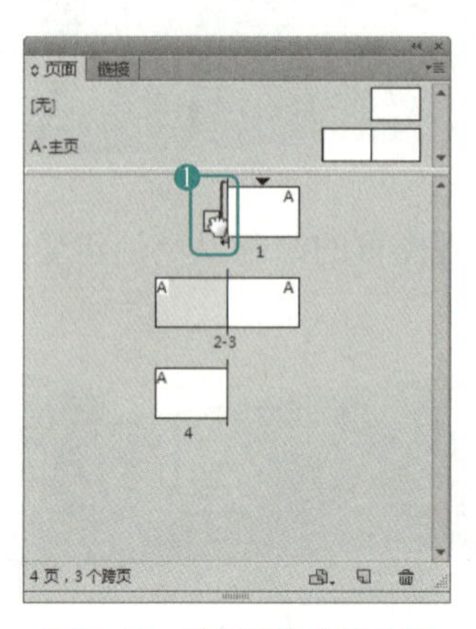

图 5-40　选择并拖动第 2 页

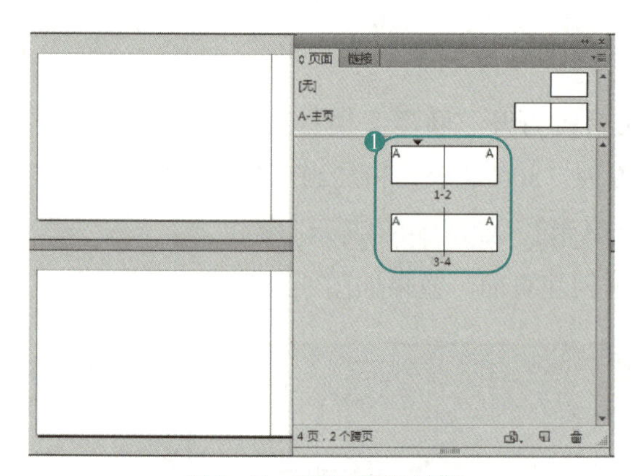

图 5-41　调整页面的位置

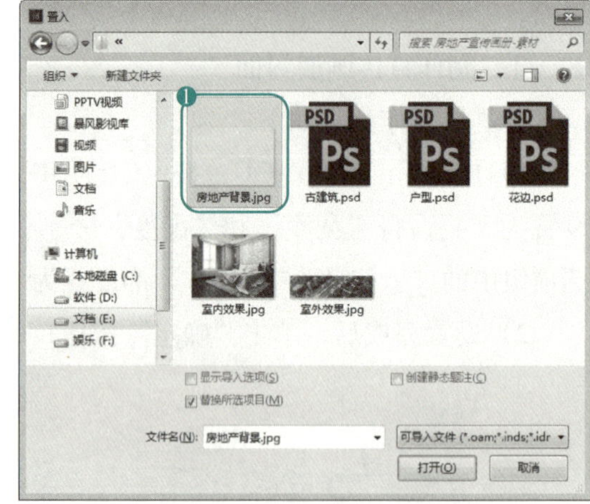

图 5-42　选择素材文件 3

7）选择完成后，单击“打开”按钮，将该素材置入到文档窗口中，并调整其大小及位置，调整后的效果如图 5-43 所示。

8）在工具箱中单击“钢笔工具”，在文档的窗口中绘制一个如图 5-44 所示的图形。

图 5-43　置入素材文件 2

图 5-44　绘制图形 1

9）在“控制”面板中将“填色”设置为“纸色”，将“描边”设置为“无”，效果如图 5-45 所示。

10）在工具箱中单击“文字工具”，在文档窗口中绘制一个文本框，并输入文字，选中输入的文字，在“字符”面板中将字体设置为“汉仪综艺体简”，将“字体大小”设置为“36 点”，如图 5-46 所示。

图 5-45 设置填色及描边 2

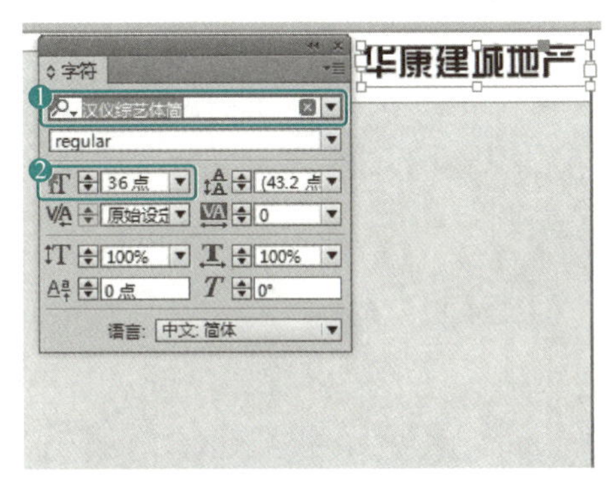

图 5-46 输入文字 1

11）在工具箱中单击“矩形工具”，在文档的窗口中绘制一个如图 5-47 所示的图形。

12）按〈F6〉键打开“颜色”面板，将“描边”设置为“无”，将“填色”的 CMYK 值设置为 0、92、86、31，如图 5-48 所示。

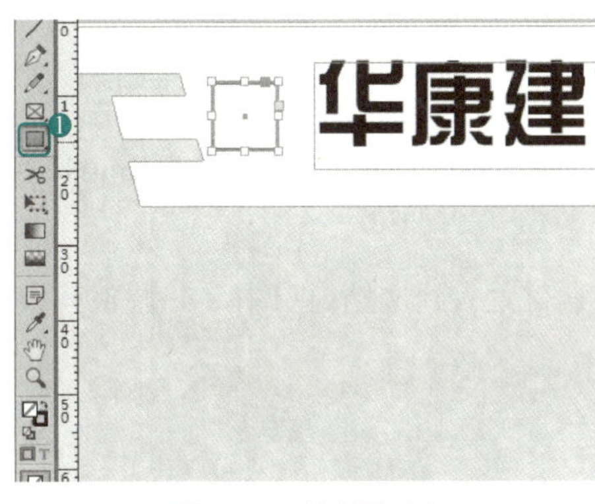

图 5-47 绘制图形 2

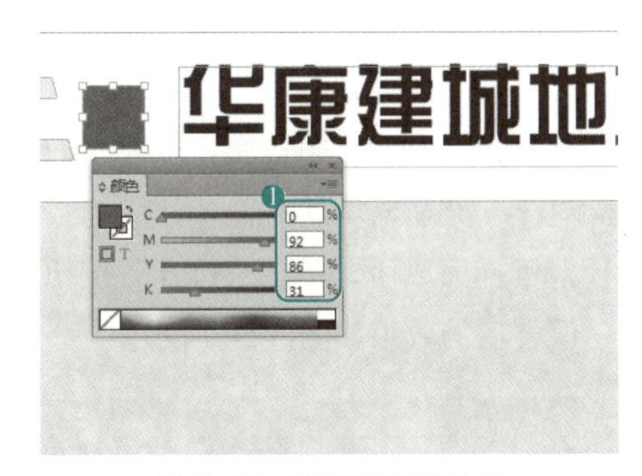

图 5-48 设置填色及描边 3

13）使用“矩形工具”在文档窗口中再次绘制一个矩形，并旋转其角度，效果如图 5-49 所示。

14）在工具箱中单击“钢笔工具”，使用同样的方法绘制其他图形，并对其进行相应的设置，绘制后的效果，如图 5-50 所示。

15）在文档窗口中选择之前绘制的两个矩形，在菜单中选择“对象”→“路径查找器”→“添加”命令，如图 5-51 所示。

16）使用同样的方法将矩形上方的其他五个图形进行路径添加，并选择添加后的两个图形，按〈Ctrl+8〉组合键，建立复合路径，效果如图 5-52 所示。

图 5-49　绘制图形 3

图 5-50　“钢笔工具”绘制图形

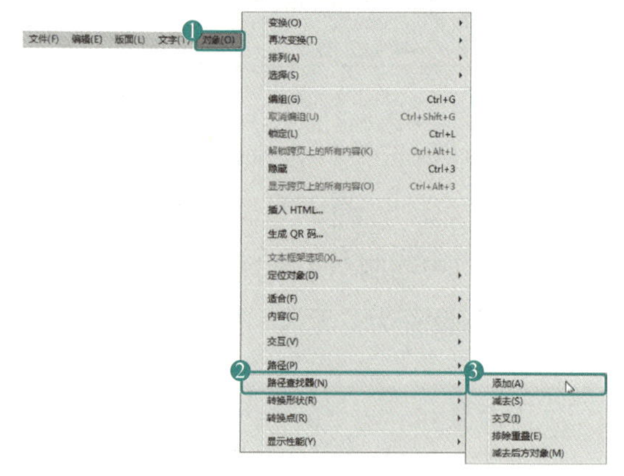

图 5-51　选择“添加”命令

图 5-52　建立复合路径

17）按〈Ctrl+D〉组合键，在弹出的“置入”对话框中选择“素材”→“Cha05”→“古建筑 .psd”，如图 5-53 所示。

18）选择完成后，单击“打开”按钮，将该素材置入到文档窗口中，并调整其大小及位置，调整后的效果如图 5-54 所示。

图 5-53　选择素材文件 4

图 5-54　置入素材文件 3

19）在工具箱中单击“文字工具”，在文档窗口中绘制一个文本框，并输入文字，选中输入的文字，在“字符”面板中将“字体”设置为“Adobe 宋体 Std”，将“字体大小”设置为“26 点”，如图 5-55 所示。

20）使用同样的方法输入其他文字，输入后的效果如图 5-56 所示。

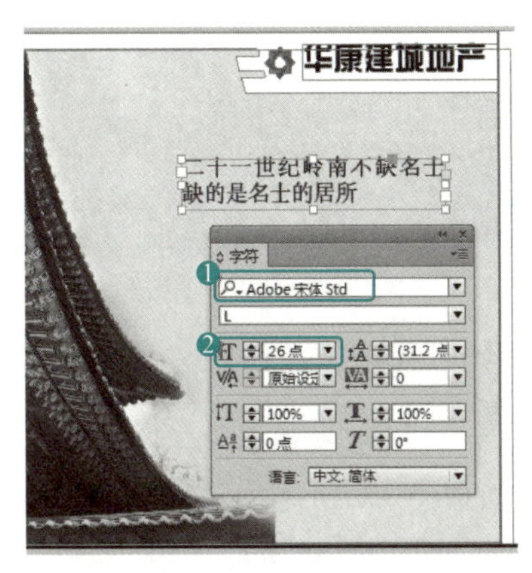

图 5-55　输入文字 2

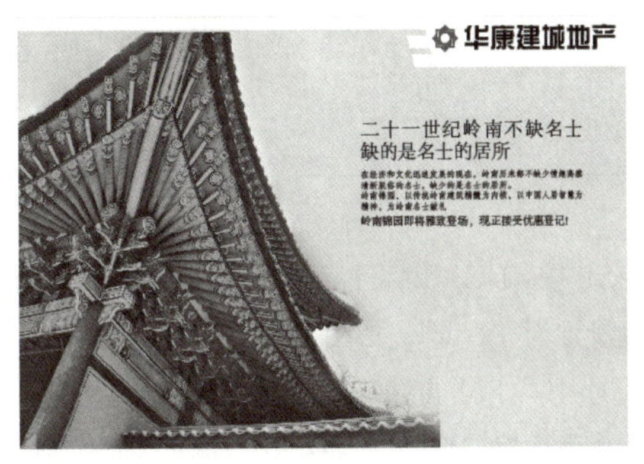

图 5-56　输入其他文字后的效果 2

2．制作宣传画册内页 1

制作完封面后，接下来要制作宣传画册内页 1，其具体操作步骤如下：

1）继续上面的操作，在文档窗口中选择“房地产背景”，单击鼠标右键，在弹出的快捷菜单中选择“复制”命令，按〈Ctrl+V〉组合键进行粘贴，将其调整到第 2 页页面上，调整后的效果，如图 5-57 所示。

2）在工具箱中单击“矩形工具”，在文档窗口中绘制一个矩形，绘制后的效果如图 5-58 所示。

图 5-57　复制素材文件 1

图 5-58　绘制矩形 4

3）确认矩形处于选中状态，在工具箱中单击“添加锚点工具”，在如图 5-59 所示的位置添加两个锚点。

4）在工具箱中选择“直接选择工具”，在空白位置单击，再将光标移至矩形上，当光标变为 ↖ 时，在所添加锚点的中间位置单击，如图 5-60 所示。

图 5-59　添加锚点

图 5-60　在矩形上单击

5）按〈Del〉键将该线段删除，按〈F10〉打开“描边”面板，在该面板中将描边“粗细”设置为“1 点”，如图 5-61 所示。

6）按〈F6〉键打开“颜色”面板，单击“颜色”面板右上角的▾≡按钮，在弹出的下拉列表中选择 CMYK，将描边“颜色”的 CMYK 值设置为 0、23、48、47，如图 5-62 所示。

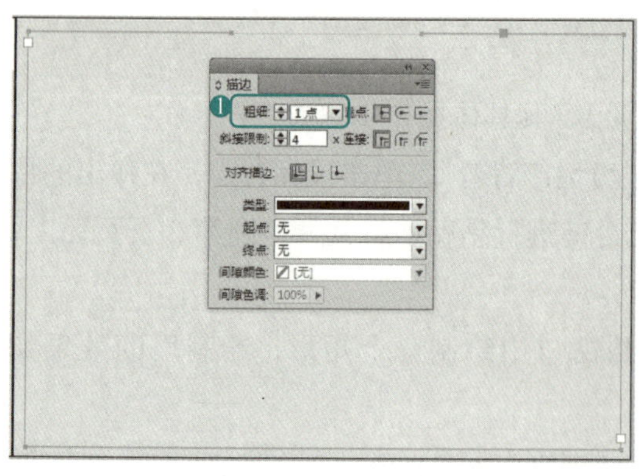

图 5-61　设置描边粗细 1

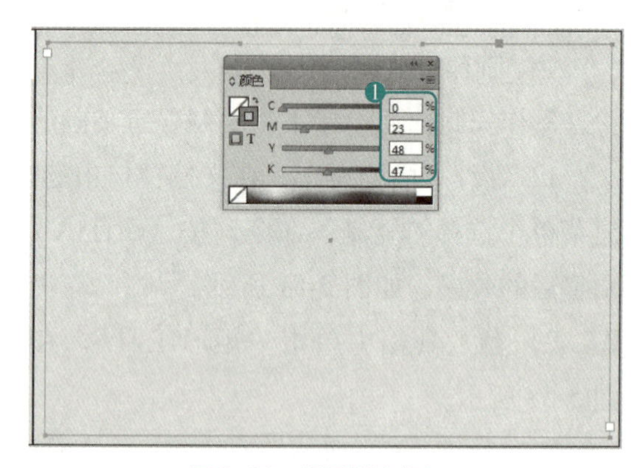

图 5-62　设置描边颜色 1

7）在工具箱中单击“文字工具”，在文档窗口中绘制一个文本框，并输入文字，选中输入的文字，在“控制”面板中将“字体”设置为“方正大黑简体”，将“字体大小”设置为“13 点”，如图 5-63 所示。

8）选中输入的文字，按〈F6〉键打开“颜色”面板，单击“颜色”面板右上角的▾≡按钮，在弹出的下拉列表中选择 CMYK，将“填色”的 CMYK 值设置为 0、2、0、91，如图 5-64 所示。

9）在文档窗口中绘制一个文本框，并输入文字，选中输入的文字，按〈F6〉键打开“颜色”面板，单击“颜色”面板右上角的▾≡按钮，在弹出的下拉列表中选择 CMYK，将“填色”的 CMYK 值设置为 0、22、13、87，如图 5-65 所示。

10）使用“文字工具”在文档窗口中绘制一个文本框，并输入文字，在“字符”面板中将“字体”设置为“方正华隶简体”，将“字体大小”设置为“23 点”，将字体“颜色”的 CMYK 值设置为 0、2、0、91，如图 5-66 所示。

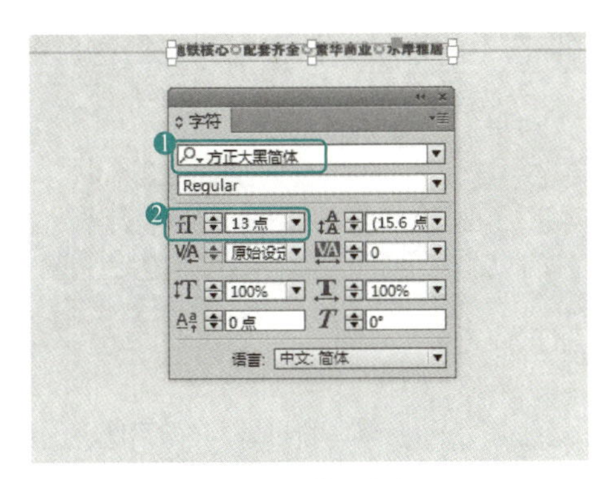

图 5-63 输入文字 3

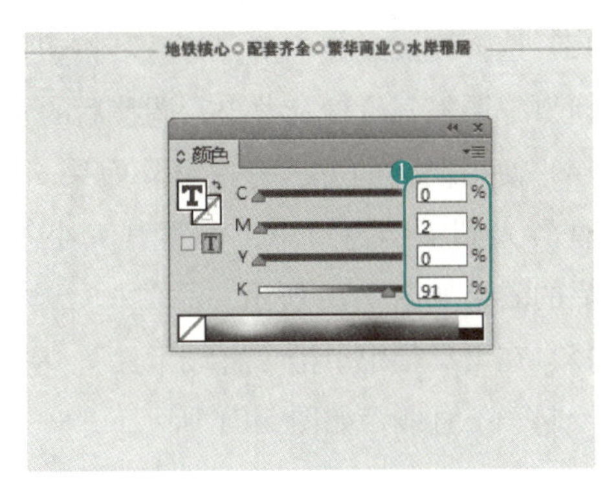

图 5-64 设置文字填色

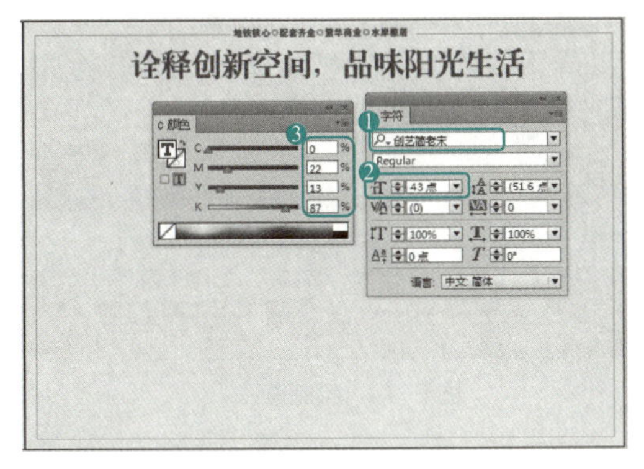

图 5-65 输入文字 4

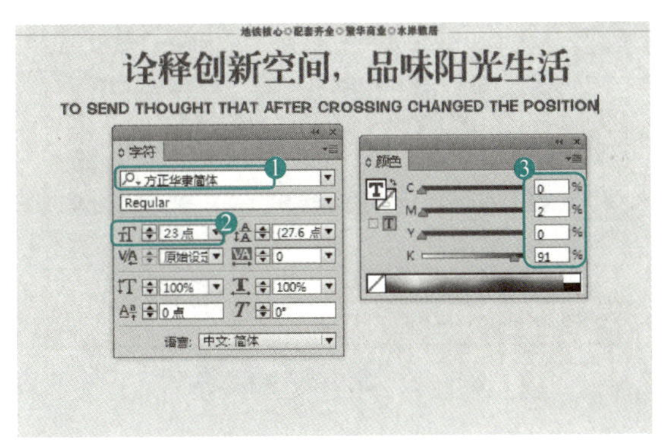

图 5-66 再次输入文字

11）使用同样的方法输入其他文字，并进行相应的设置，效果如图 5-67 所示。

12）按〈Ctrl+D〉组合键，在弹出的“置入”对话框中选择“素材”→“Cha05”→“花边 .psd”，如图 5-68 所示。

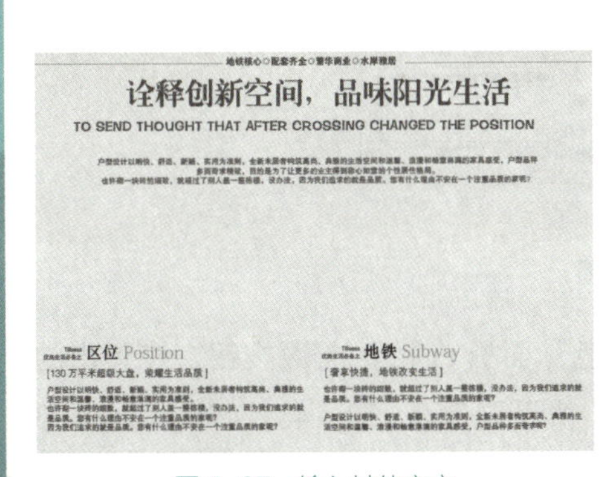

图 5-67 输入其他文字

图 5-68 选择素材文件 5

13）选择完成后，单击“打开”按钮，即可将选中的素材文件置入到文档窗口中，在文档窗口中调整其位置及大小，调整后的效果如图 5-69 所示。

14）使用同样的方法将“室外效果 .jpg”素材文件置入到文档窗口中，调整其大小及位置，调整后的效果如图 5-70 所示。

15）在工具箱中单击“直线工具”，在文档窗口中绘制一条直线，如图 5-71 所示。

图 5-69　置入素材文件 4

图 5-70　置入其他素材文件

图 5-71　绘制直线 1

16）按〈F10〉打开“描边”面板，在该面板中将描边“粗细”设置为“1 点”，如图 5-72 所示。

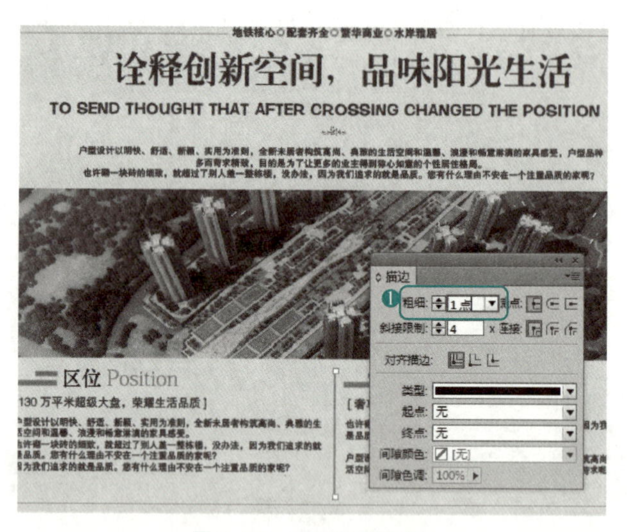

图 5-72　设置描边粗细 2

17）按〈F6〉键打开“颜色”面板，单击“颜色”面板右上角的按钮，在弹出的下拉列表中选择 CMYK，将描边“颜色”的 CMYK 值设置为 0、23、48、47，如图 5-73 所示。

18）使用同样的方法绘制其他图形，绘制后的效果如图 5-74 所示。

图 5-73　设置描边颜色 2

图 5-74　绘制其他图形后的效果

3. 制作宣传画册内页 2

下面将介绍如何制作宣传画册内页 2，其具体操作步骤如下：

1）继续上面的操作，在文档窗口中选择“房地产背景”，单击鼠标右键，在弹出的快捷菜单中选择“复制”命令，按〈Ctrl+V〉组合键进行粘贴，将其调整到第 3 页页面上，调整后的效果如图 5-75 所示。

2）在工具箱中单击“矩形工具”，在文档窗口中绘制一个矩形，绘制后的效果如图 5-76 所示。

图 5-75　复制素材文件 2

图 5-76　绘制矩形 5

3）按〈F10〉键打开“描边”面板，在该面板中将描边“粗细”设置为“1 点”，按〈F6〉键打开“颜色”面板，单击“颜色”面板右上角的按钮，在弹出的下拉列表中选择 CMYK，将描边“颜色”的 CMYK 值设置为 0、23、48、47，设置颜色后的效果如图 5-77 所示。

4）在工具箱中单击“矩形工具”，在文档窗口中绘制一个矩形，如图 5-78 所示。

5）确认该图形处于选中状态，按〈F6〉键打开“颜色”面板，在该面板中将“填色”的 CMYK 值设置为 0、24、49、47，将“描边”设置为“无”，如图 5-79 所示。

6）在工具箱中单击“文字工具”，在文档窗口中绘制一个文本框，并输入文字，选中输入的文字，在“控制”面板中将“字体”设置为“方正中等线简体”，将“字体大小”设置为“16点”，如图5-80所示。

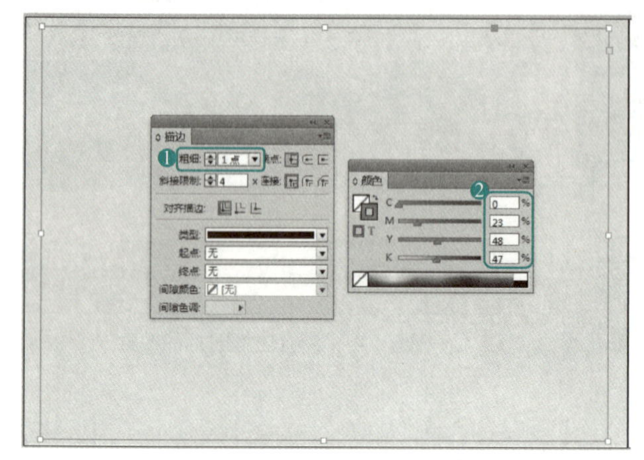

图5-77　设置描边颜色3

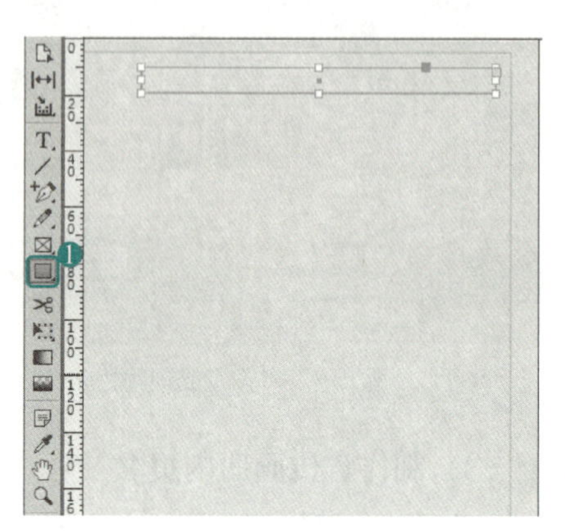
图5-78　绘制矩形6

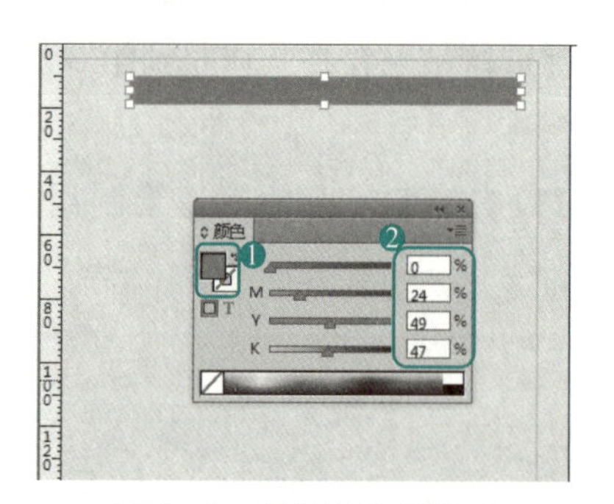

图5-79　设置填色及描边4

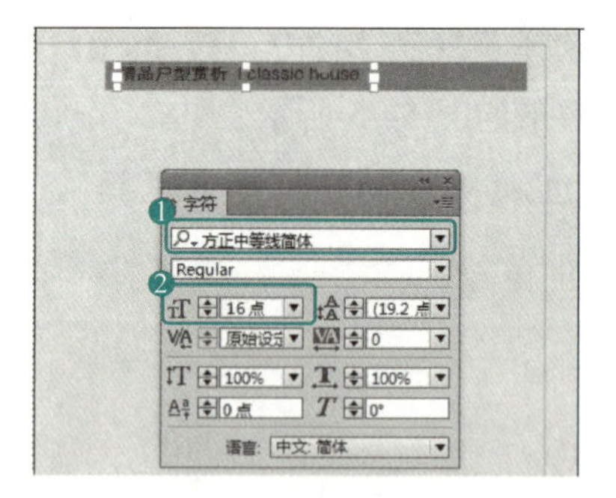

图5-80　输入文字5

7）选中输入的文字，在“控制”面板中将“填色”设置为“纸色”，设置后的效果如图5-81所示。

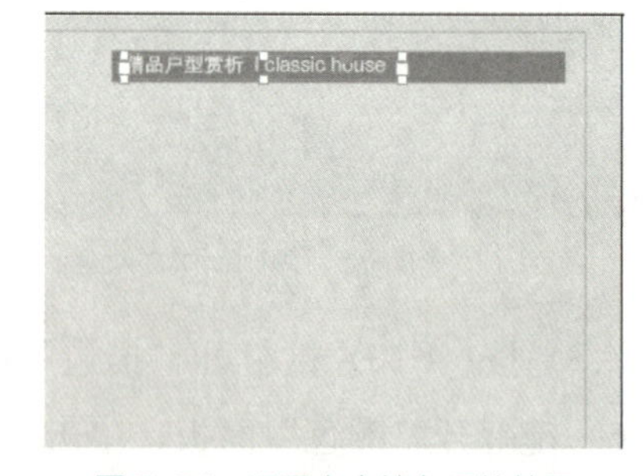

图5-81　设置文字填色后的效果

8）按住〈Shift〉键选中输入的文字和所绘制的矩形，按〈Ctrl+C〉组合键进行复制，按〈Ctrl+V〉组合键进行粘贴，在文档窗口中调整其位置及大小，选中所复制的文字，在“控制”面板中将“字体”设置为“方正黑体简体”，设置后的效果如图5-82所示。

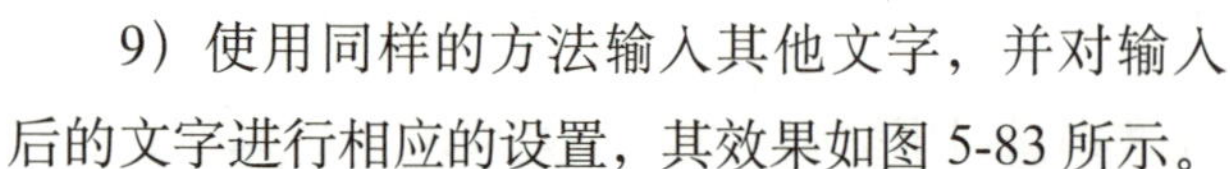
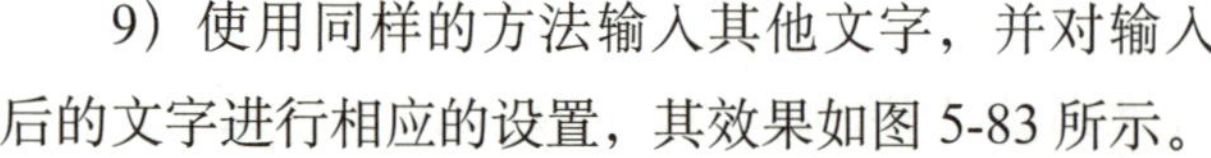

9）使用同样的方法输入其他文字，并对输入后的文字进行相应的设置，其效果如图5-83所示。

10）按〈Ctrl+D〉组合键，在弹出的“置入”对话框中选择“素材”→“Cha05”→“室内效果.jpg”，如图5-84所示。

11）选择完成后，单击“打开”按钮，即可将选中的素材文件置入到文档窗口中，在文档窗口中调整其位置及大小，调整后的效果如图 5-85 所示。

图 5-82　复制矩形和文字

图 5-83　输入文字后的效果

图 5-84　选择素材文件 6

图 5-85　置入素材文件 5

12）确认该图像处于选中状态，按〈Shift+Ctrl+F10〉组合键，打开“效果”面板，在该面板中单击“向选定的目标添加对象效果”按钮，在弹出的下拉列表中选择“基本羽化”命令，如图 5-86 所示。

13）在弹出的“效果”对话框中将“基本羽化”中的“羽化宽度”设置为“5 毫米”，效果如图 5-87 所示。

14）设置完成后，单击“确定”按钮，即可对选中的素材文件进行羽化，其效果如图 5-88 所示。

15）按〈Ctrl+D〉组合键，在弹出的“置入”对话框中选择“素材”→“Cha05”→“户型 .psd”，如图 5-89 所示。

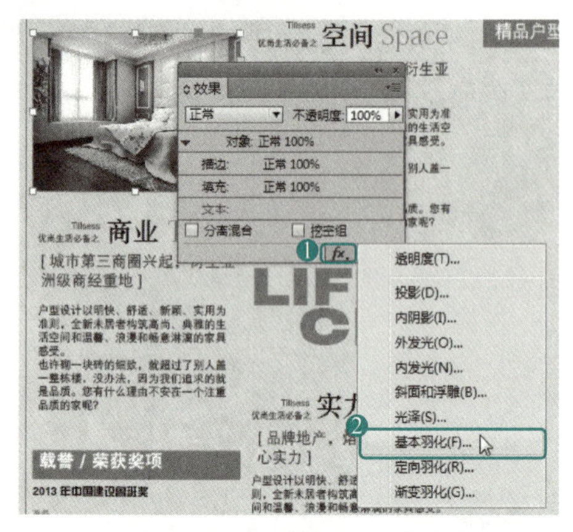

图 5-86　选择“基本羽化”命令

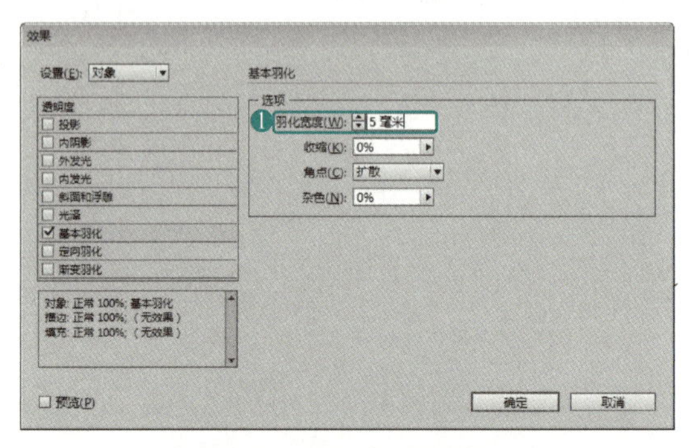

图 5-87　设置羽化宽度

图 5-88　设置羽化后的效果

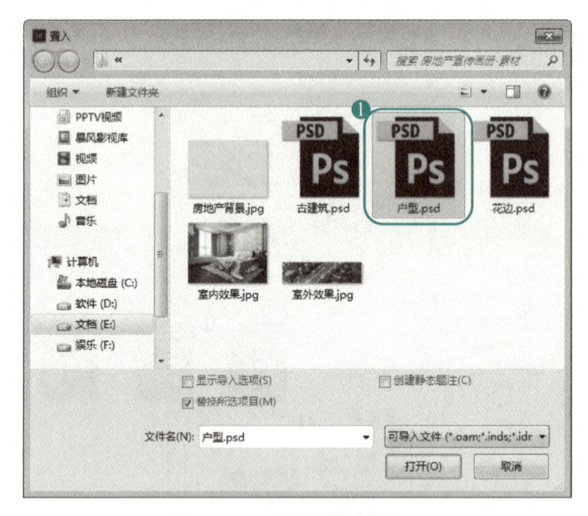

图 5-89　选择素材文件 7

16）选择完成后，单击“打开”按钮，即可将选中的素材文件置入到文档窗口中，在文档窗口中调整其位置及大小，调整后的效果如图 5-90 所示。

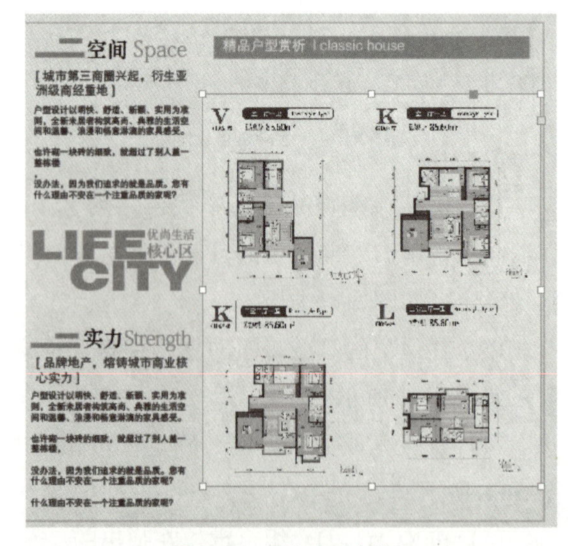

图 5-90　置入素材文件 6

17）在工具箱中单击“直线工具”，在文档窗口中绘制如图 5-91 所示的直线。

18）选中所绘制的直线，按〈F10〉键打开“描边”面板，在该面板中将“粗细”设置为“2 点”，按〈F6〉键打开“颜色”面板，单击“颜色”面板右上角的按钮，在弹出的下拉列表中选择 CMYK，将描边的 CMYK 值设置为 0、23、48、47，如图 5-92 所示。

图 5-91　绘制直线 2

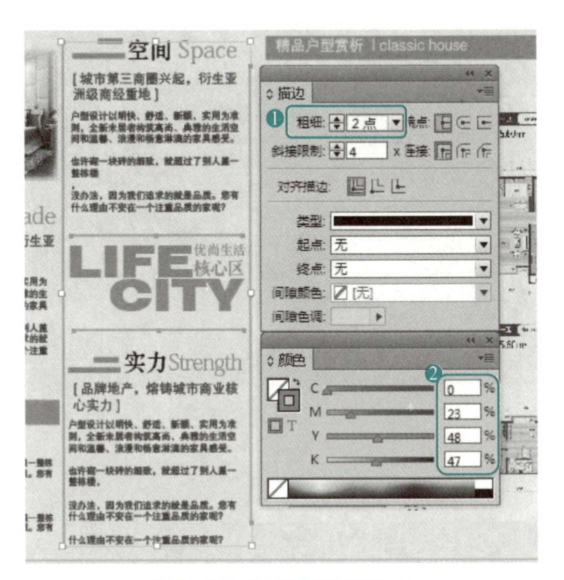

图 5-92　设置填色及描边 5

19）执行完成后，即可完成对该内页的设置，效果如图 5-93 所示。

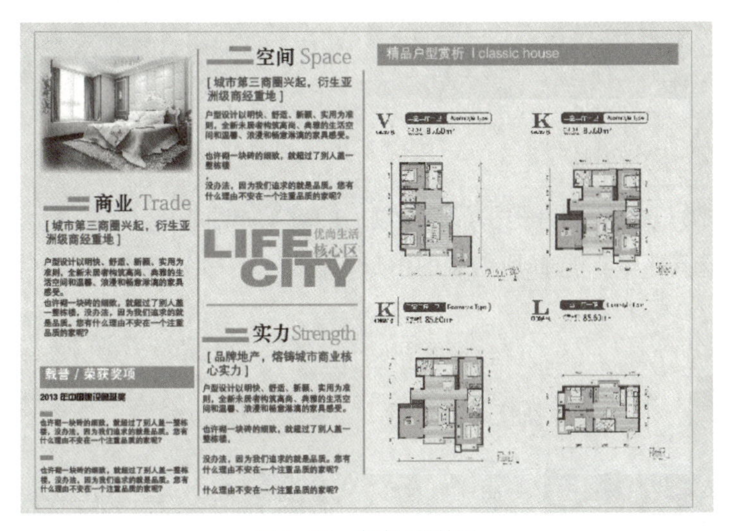

图 5-93　完成后的效果

4．制作宣传画册封底

下面将介绍如何制作宣传画册封底，其具体操作步骤如下：

1）继续上面的操作，在文档窗口中按住〈Shift〉键选择如图 5-94 所示的对象。

2）按〈Ctrl+C〉组合键进行复制，再按〈Ctrl+V〉组合键进行粘贴，将其调整到第 4 页页面上，效果如图 5-95 所示。

3）在工具箱中单击“钢笔工具”，在文档窗口中绘制如图 5-96 所示的路径。

4）按〈F6〉键打开“颜色”面板，在该面板中将“填色”的 CMYK 值设置为 1、1、0、69，将“描边”设置为“无”，如图 5-97 所示。

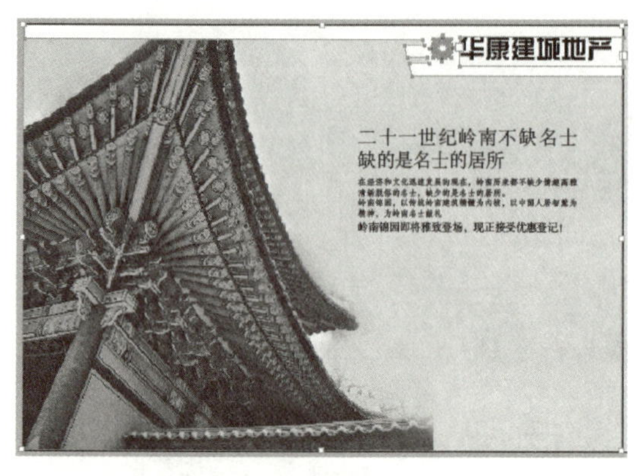

图 5-94　选择素材文件 8

图 5-95　复制素材文件 3

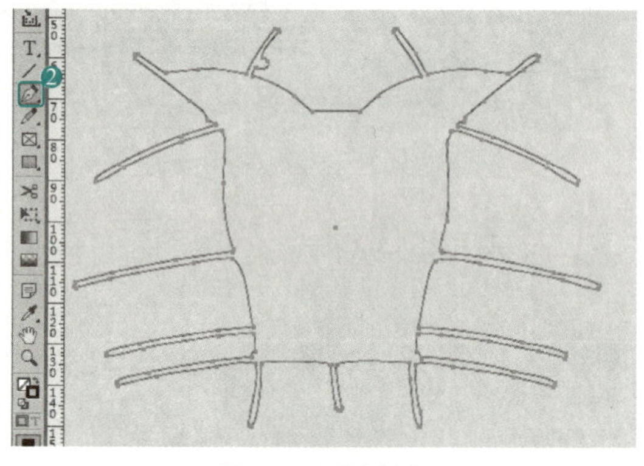

图 5-96　绘制路径

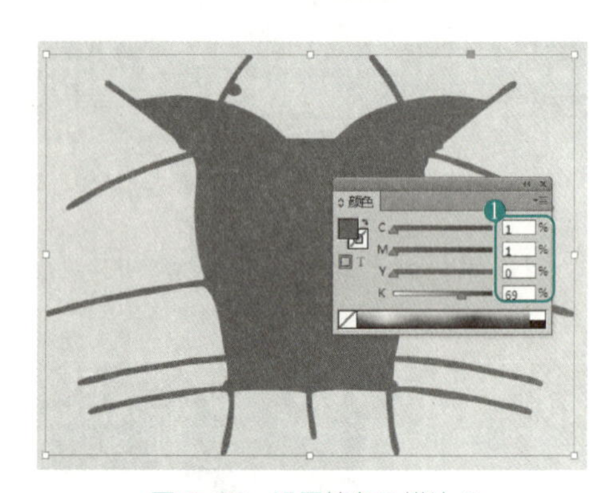

图 5-97　设置填色及描边 6

5）使用同样的方法绘制其他图形，绘制后的效果如图 5-98 所示。

6）使用“选择工具”选择所绘制的图形，按〈Ctrl+8〉组合键建立复合路径，效果如图 5-99 所示。

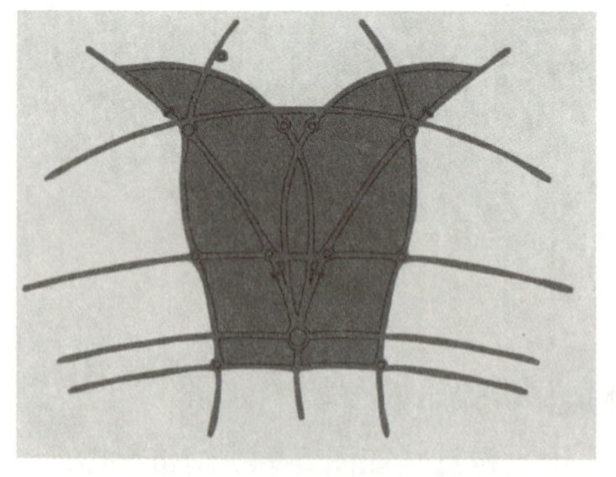

图 5-98　绘制其他图形

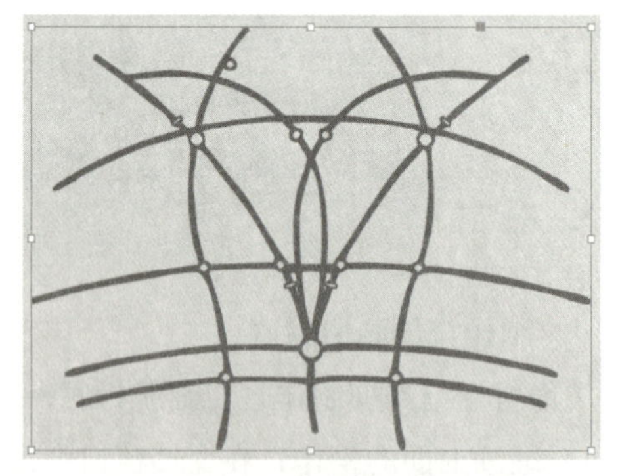

图 5-99　建立复合路径后的效果

7）在工具箱中单击“钢笔工具”，在文档窗口中绘制如图 5-100 所示的图形。

8）在“控制”面板中将“填色”设置为“纸色”，按〈F10〉键打开“描边”面板，在该面板中将描边“粗细”设置为“1.3 点”，如图 5-101 所示。

9）在工具箱中单击“椭圆工具”，在文档窗口中按住〈Shift〉键绘制一个正圆，如

图 5-102 所示。

10）按〈F6〉键打开“颜色”面板，将“填色”设置为“白色”，单击“描边”，单击“颜色”面板右上角的按钮，在弹出的下拉列表中选择 CMYK，将描边的 CMYK 值设置为 42、0、89、8，按〈F10〉键打开“描边”面板，将“粗细”设置为“2 点”，如图 5-103 所示。

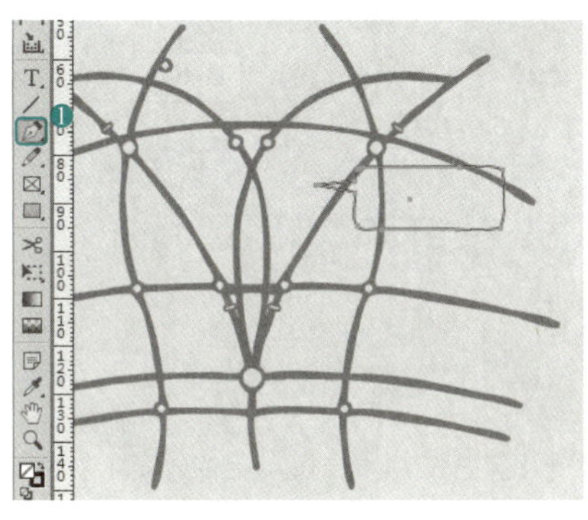

图 5-100　绘制图形 4

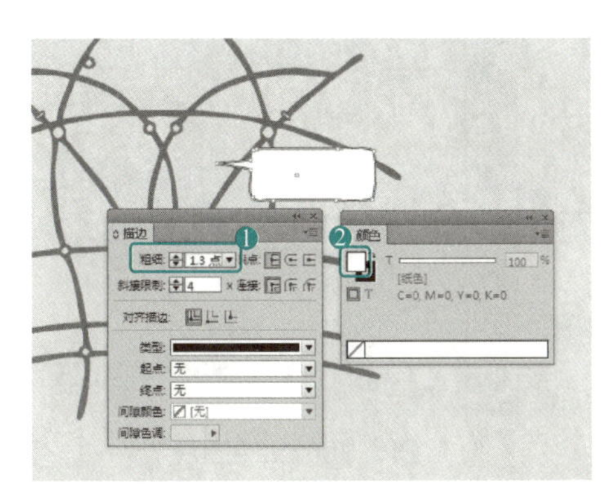

图 5-101　设置描边粗细 3

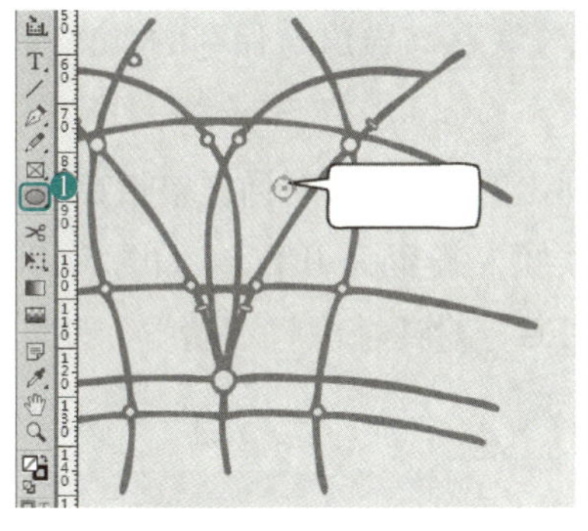

图 5-102　绘制正圆

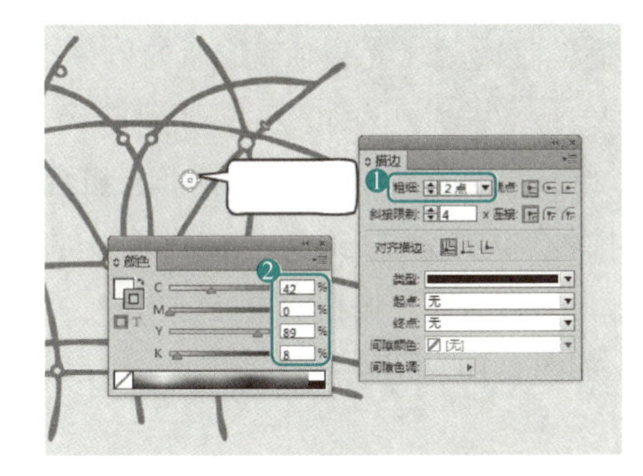

图 5-103　设置填色及描边 7

11）在工具箱中单击“文字工具”，在文档窗口中绘制一个文本框，输入文字，选中输入的文字，在“控制”面板中将“字体”设置为“创艺简老宋”，将“字体大小”设置为“18 点”，如图 5-104 所示。

12）使用同样的方法输入其他文字，并对其进行相应的设置，其效果如图 5-105 所示。

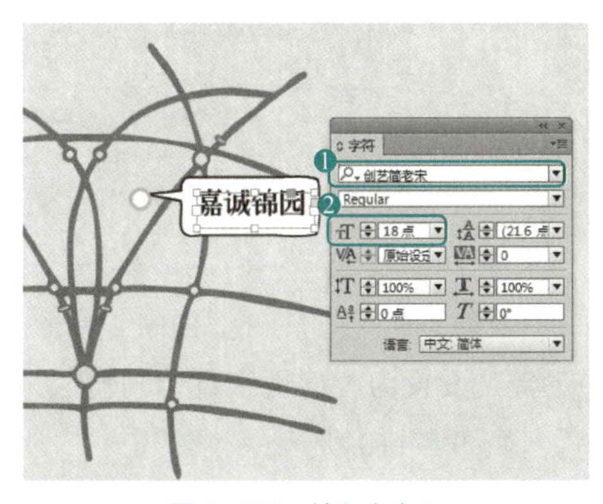

图 5-104　输入文字 6

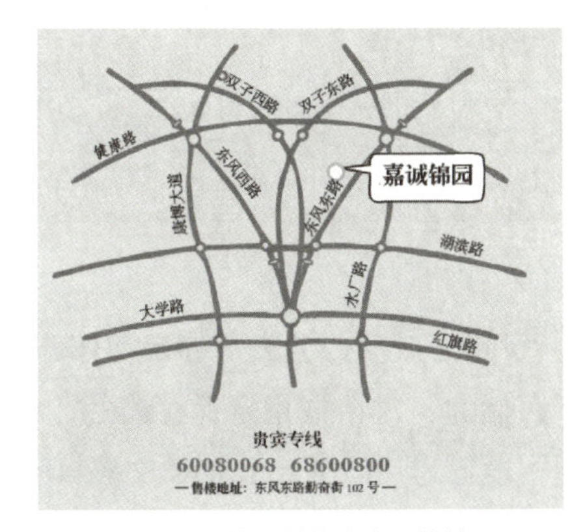

图 5-105　输入其他文字后的效果 3

13）在工具箱中单击“直线工具”，在文档窗口中绘制一条直线，如图 5-106 所示。

14）确认直线处于选中状态，按〈Ctrl+C〉组合键进行复制，再按〈Ctrl+V〉组合键进行粘贴，并在文档窗口中调整其位置，调整后的效果如图 5-107 所示。

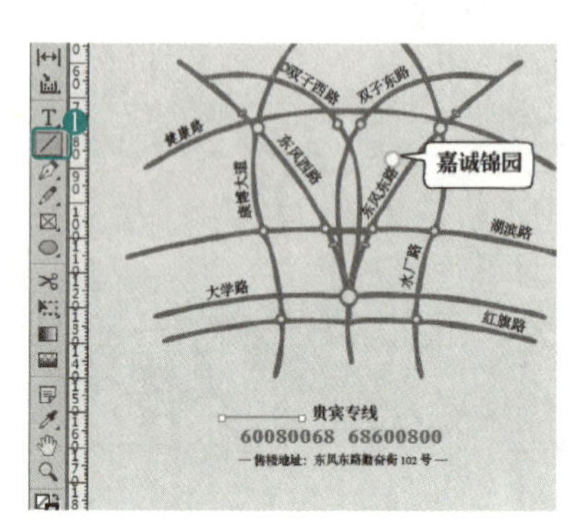

图 5-106 绘制直线 3

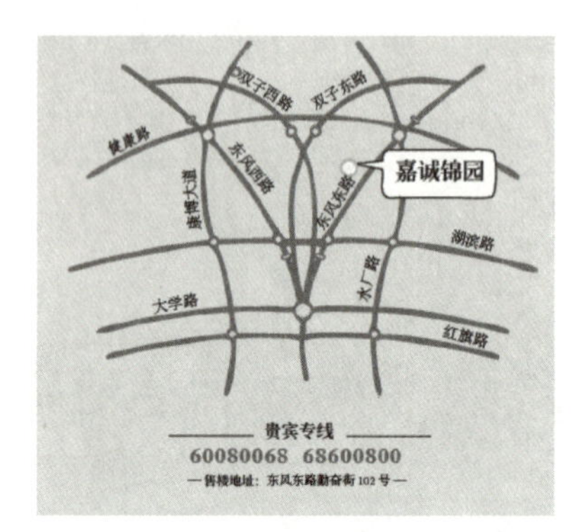

图 5-107 复制直线后的效果

5．导出与保存

当制作完成后，就要对完成后的效果进行导出与保存，导出与保存的具体操作步骤如下：

1）继续上面的操作，按〈Ctrl+E〉组合键，在弹出的“导出”对话框中指定保存路径，将“文件名”设置为“房地产宣传画册”，将“保存类型”设置为 JPEG，如图 5-108 所示。

2）单击“保存”按钮，再在弹出的“导出 JPEG”对话框中将“品质”设置为“最大值”，如图 5-109 所示。

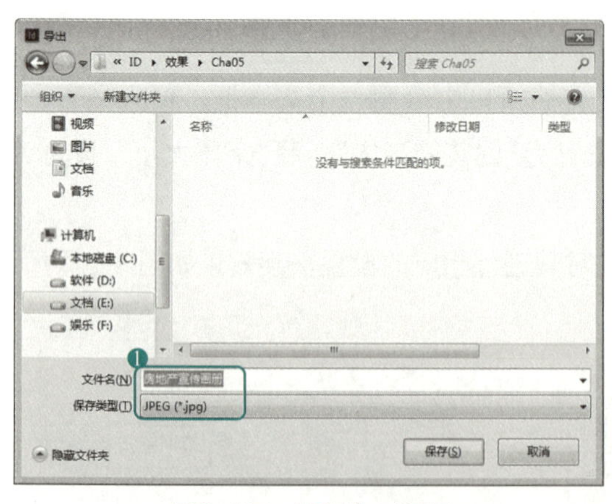

图 5-108 “导出”对话框

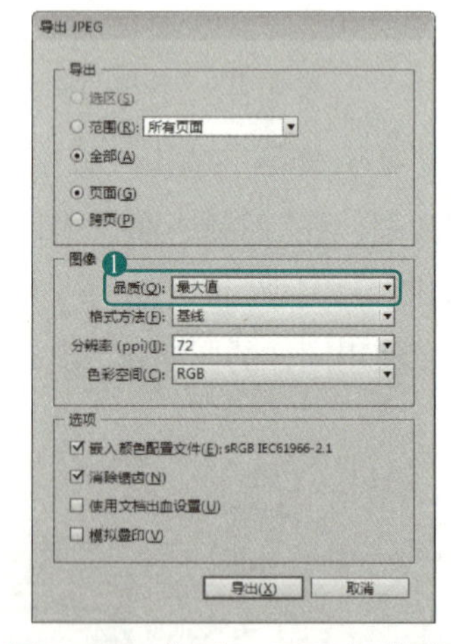

图 5-109 “导出 JPEG”对话框

3）设置完成后，单击“导出”按钮，在菜单栏中选择“文件”→“存储”命令，在弹出的“存储为”对话框指定保存路径，将“文件名”设置为“房地产宣传画册”，将“保存类型”设置为“InDesign CC 文档（*.indd)”，如图 5-110 所示。

4）设置完成后，单击“保存”按钮，即可对完成后的场景进行保存。

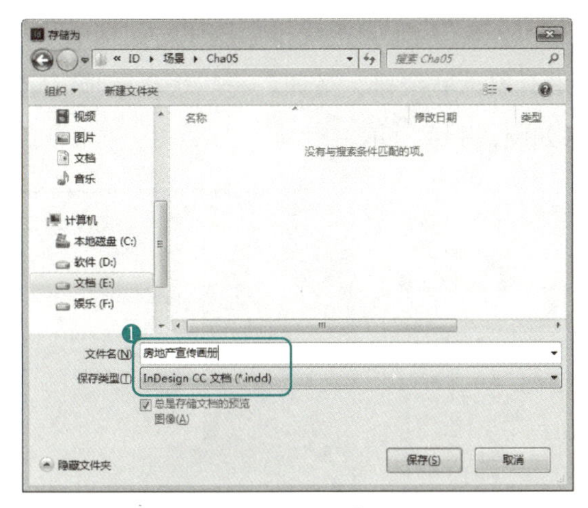

图 5-110　“存储为”对话框

5.2.3　知识解析

使用文本绕排效果可以使设计的杂志或报刊更加生动美观，在 InDesign CC 中提供了多种文本绕排的形式，例如，沿定界框绕排、沿对象形状绕排、上下型绕排或下型绕排。

在菜单栏中选择“文件”→“打开”命令，在弹出的“打开文件”对话框中打开“素材”→“Cha05”→“绿色环保 .indd”文档，然后使用“选择工具”选择需要应用文本绕排的图形对象，如图 5-111 所示。在菜单栏中选择“窗口”→“文本绕排”命令，打开“文本绕排”面板，如图 5-112 所示。

图 5-111　选择对象

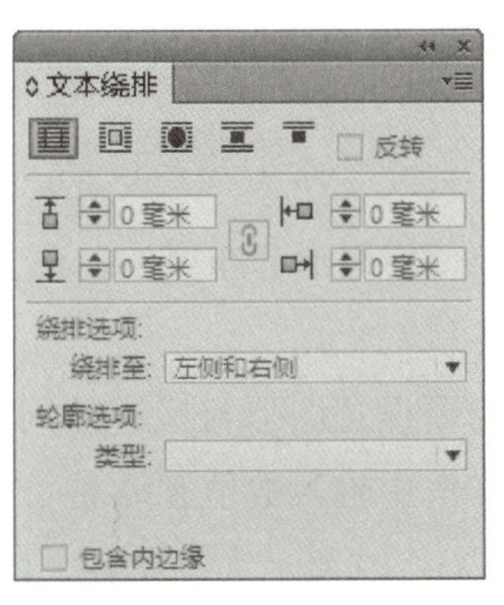

图 5-112　“文本绕排”面板

在“文本绕排”面板中单击“沿定界框绕排”按钮，文档效果如图 5-113 所示。在“文本绕排”面板中单击“沿对象形状绕排”按钮，将“绕排选项”选项组中的“绕排至”设置为“右侧”，文档效果如图 5-114 所示。

图 5-113 “沿定界框绕排”的效果

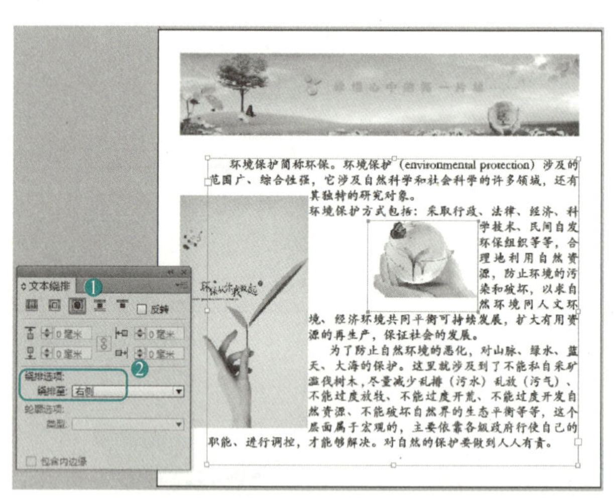

图 5-114 “沿对象形状绕排”的效果

在“文本绕排”面板中单击“上下型绕排”按钮，文档效果如图 5-115 所示。在“文本绕排”面板中单击“下型绕排”按钮，文档效果如图 5-116 所示。

图 5-115 “上下型绕排”效果

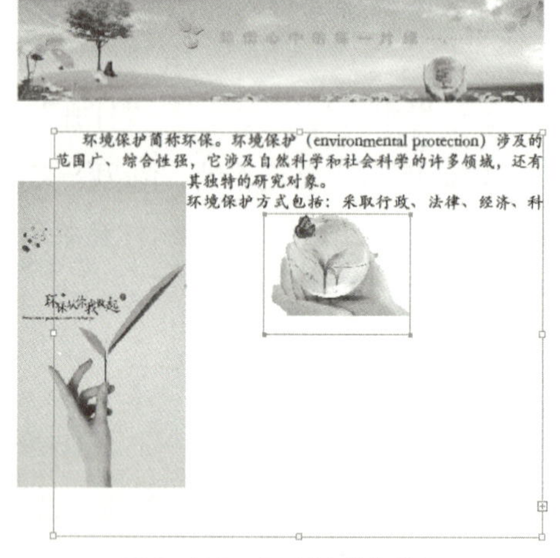

图 5-116 “下型绕排”效果

如果要使用图形分布文本，可在“文本绕排”面板中勾选“反转”复选框即可，绕排效果如图 5-117 所示。

如果需要设置图形与文本的间距，可以通过在“上位移”“下位移”“左位移”和“右位移”文本框中输入数值来调整。如图 5-118 所示为设置各个位移数值为“0 毫米”时的效果。如图 5-119 所示为设置各个位移数值为“3 毫米”时的效果。

在“绕排选项”下的“绕排至”下拉列表中，可以指定绕排是应用于书脊的特定一侧、朝向书脊还是背向书脊。其中包括“右侧”“左侧”“左侧和右侧”“朝向书脊侧”“背向书脊侧”和“最大区域”选项，如图 5-120 所示。“左侧和右侧”为默认选项。

图 5-117　勾选“反转”复选框的效果

图 5-118　设置位移值为“0 毫米”时的效果

图 5-119　设置位移值为“3 毫米”时的效果

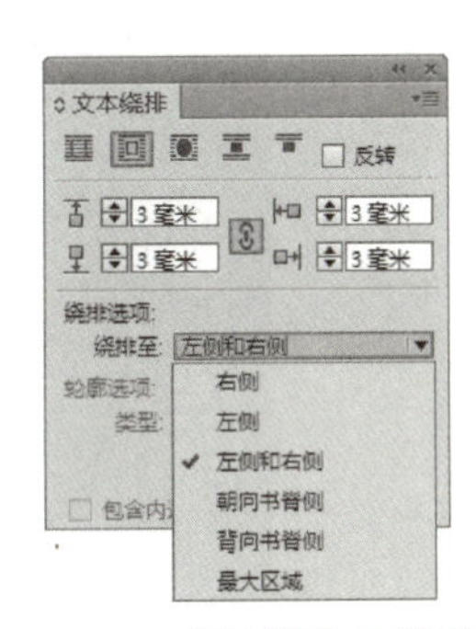

图 5-120　“绕排至”下拉列表

当选择“沿对象形状绕排”时，“轮廓选项”选项被激活，在面板中可以对绕排轮廓进行设置，这种绕排形式通常是针对导入的图像。

在“类型”下拉列表中可以设置图形或文本的绕排方式，其中包括“定界框”“检测边缘”“Alpha 通道”“Photoshop 路径”“图形框架”“与剪切路径相同”和“用户修改的路径”选项，如图 5-121 所示。

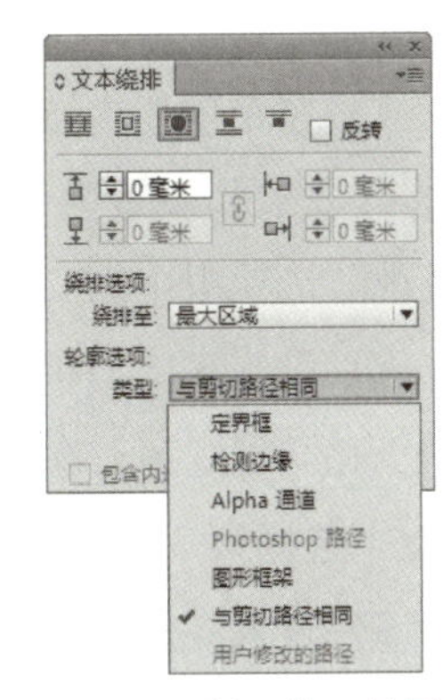

图 5-121　“类型”下拉列表

“定界框”：将文本绕排至由图像的高度和宽度构成的矩形。

“检测边缘”：使用自动边缘检测生成边界。

“Alpha 通道”：用随图像存储的 Alpha 通道生成边界。如果此选项不可用，则说明没有随该图像存储任何 Alpha 通道。

“Photoshop 路径”：用随图像存储的路径生成边界。选择“Photoshop 路径”选项，然后从“路径”菜单中选择一个路径，如果“Photoshop 路径”选项不可用，则说明没有随该图像存储任何已命名的路径。

“图形框架”：使用框架的边界绕排。

“与剪切路径相同”：用导入图像的剪切路径生成边界。

“用户修改的路径”：用修改的路径生成边界。

通过勾选“包含内边缘”复选框，可以将文本绕排在图形中内部的任何空白区域。

5.2.4 自主练习——咖啡画册封面

本例将介绍咖啡画册封面的制作，该例的制作比较简单，主要是置入图片，然后输入文字，并为输入的文字设置颜色，效果如图 5-122 所示。

图 5-122 咖啡画册封面

1）在菜单栏中选择“文件”→“新建”→“文档”命令，在弹出的“新建文档”对话框中将“页数”设置为“2”，将“宽度”和“高度”设置为“210 毫米”和“285 毫米”。将“边距”选项组中的“上”“下”“内”和“外”的值都设置为“0 毫米”。

2）设置完成后单击“确定”按钮，按〈F12〉键打开“页面”面板，在该面板中单击右上角的按钮，在弹出的下拉列表中选择“允许文档页面随机排布”命令。在“页面”面板中选择第 2 页，并将其拖拽到第 1 页的右侧，然后松开鼠标即可。

3）置入“素材”→“Cha05”→“咖啡练习”→“背景 .jpg”，在工具箱中单击按钮，在图像的左边文档窗口中，按住鼠标左键拖动出一个文本框，置入“素材”→“Cha05”→

“咖啡练习”→“标题 .png”。

4）在菜单栏中选择“文件”→“置入”命令，在弹出的“置入”对话框中选择“素材”→“Cha05”→“咖啡练习”→“爱 .png”，并使用“选择工具”按钮，按〈Ctrl+Shift〉组合键调整文件的大小和位置。

5）在菜单栏中选择“文件”→“置入”命令，在弹出的“置入”对话框中选择“素材”→“Cha05”→“咖啡练习”→“杯子 .png”，确定新置入的图片处于选择状态，在“控制”面板中单击fx.按钮，在弹出的下拉列表中选择“渐变羽化”命令，在弹出的“效果”对话框中，将“不透明度”设置为“50%”，“位置”设置为“32%”，“类型”设置为“径向”。

6）在菜单栏中选择“文件”→“置入”命令，在弹出的“置入”对话框中选择“素材”→“Cha05”→“咖啡练习”文件夹中的“背景 .jpg”“013.png”“014.png”，使用“选择工具”按钮，按〈Ctrl+Shift〉组合键的同时拖动图片调整其大小，并调整其位置。

7）在工具箱中单击T按钮，单击并拖动出一个文本框，输入文字，选中输入的文字，在“控制”面板中，将“字体”和“字体大小”分别设置为“华文楷体”和“50点”，将“颜色”填充为“黄色”。

8）在工具箱中单击T按钮，按住鼠标左键在文档窗口中拖动出一个文本框，输入地址，将“字体”和“字体大小”分别设置为“华文楷体”和“18点”，将“颜色”填充为“白色”。

9）在工具箱中单击T按钮，按住鼠标左键在文档窗口中拖动出一个文本框，输入电话号码，将“字体”和“字体大小”分别设置为“华文楷体”和“18点”，将“颜色”填充为“白色”。

10）在工具箱中单击T按钮，按住鼠标左键在文档窗口中拖动出一个文本框，输入网址，将“字体”和“字体大小”分别设置为“华文楷体”和“18点”，将“颜色”填充为“白色”。

11）在工具箱中单击“选择工具”按钮，按住〈Shift〉键的同时用鼠标选中“地址”“电话号码”“网址”，然后在菜单栏中选择“对象”→“编组”命令，将其变为一组。

12）使用“选择工具”按钮，将文本框中的文件全部选中，然后在菜单栏中选择“对象”→“编组”命令，将其变为一组。

13）在菜单栏中选择“文件”→“导出”命令，打开“导出”对话框，在该对话框中，为导出文件指定导出路径并命名，将“保存类型”设置为JPEG。

14）单击“保存”按钮，在弹出的“导出 JPEG”对话框中，选中“全部”“跨页”单选按钮，单击“导出”按钮，对完成后的场景进行保存。

第 6 章 菜单设计——图片的编辑

【本章导读】

重点知识

- ■图片的置入
- ■管理图片链接

菜单最初指餐馆提供的列有各种菜肴的清单。现引申指电子计算机程序进行中出现在显示屏上的选项列表，也指各种服务项目的清单等，含义更为广泛。广义的菜单是指餐厅中一切与该餐饮企业产品、价格及服务有关的信息资料，它不仅包括各种文字图片资料、声像资料以及模型与实物资料，甚至还包括顾客点菜后服务员所写的点菜单。狭义的菜单则指的是餐饮企业为便于顾客点菜订餐而准备的介绍该企业产品、服务与价格等内容的各种印刷品。本章将通过制作果饮吧菜单和餐馆折页菜谱来讲解菜单的制作。

6.1 设计果饮吧菜单

本节来介绍一下果饮吧菜单的制作方法，效果如图 6-1 所示。

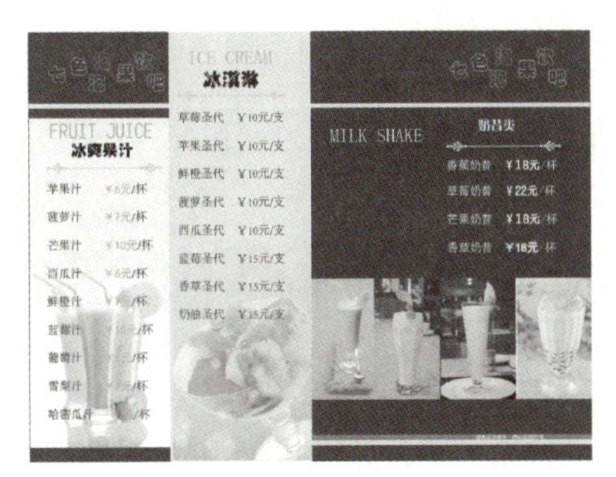

图 6-1 果饮吧菜单效果

6.1.1 知识要点

本例主要是使用“矩形工具”来绘制背景，然后置入图片丰富页面，并为置入的图片添加“渐变羽化”效果，最后使用“文字工具”输入内容。

6.1.2 实现步骤

1．制作右侧页面

下面先来介绍一下菜单右侧页面的制作方法，具体的操作步骤如下：

1）在菜单栏中选择“文件”→“新建”→“文档”命令，弹出“新建文档”对话框，在该对话框中将“页数”设置为“2”，勾选“对页”复选框，将“宽度”和“高度”设置为“190 毫米”和“285 毫米”，将“边距”选项组中的“上”“下”“内”“外”的值都设置为“10 毫米”，如图 6-2 所示。

2）按〈F12〉键打开“页面”面板，然后单击面板右上角的按钮，在弹出的下拉列表中取消“允许文档页面随机排布”选项与“允许选定的跨页随机排布”选项的选择状态，如图 6-3 所示。

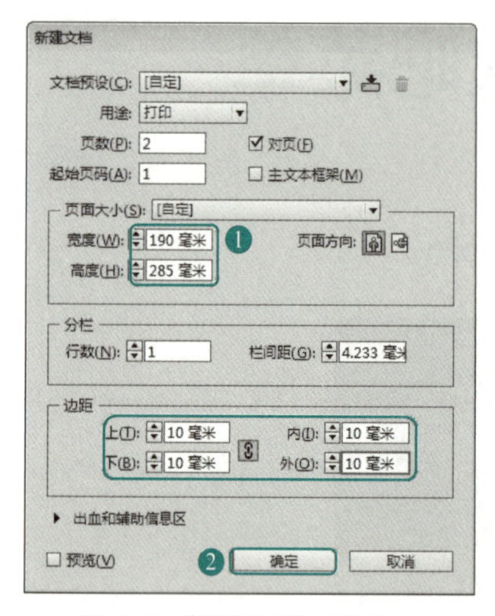

图 6-2 “新建文档”对话框 1

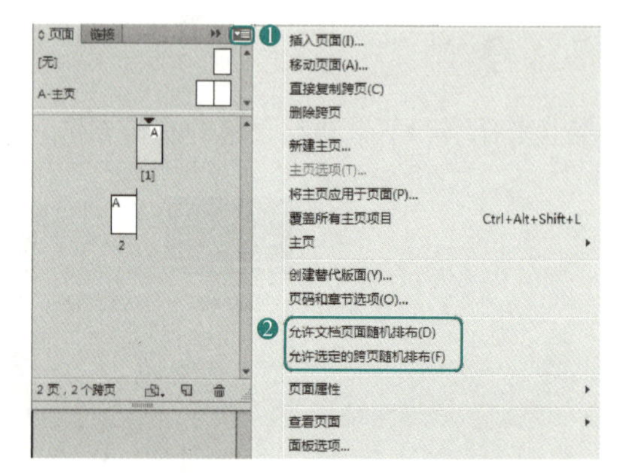

图 6-3 取消选项选择状态

3）在“页面”面板中选择第二页，并将其拖动至第一页的右侧，如图 6-4 所示。

4）松开鼠标左键，即可将页面排列成如图 6-5 所示的样式。

5）在工具箱中选择“矩形工具”，在文档窗口中绘制矩形，然后在“控制”面板中将“描边”设置为“无”，如图 6-6 所示。

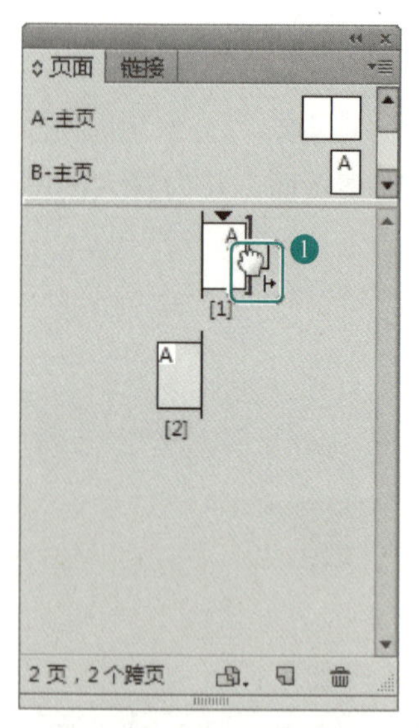

图 6-4 拖动页面

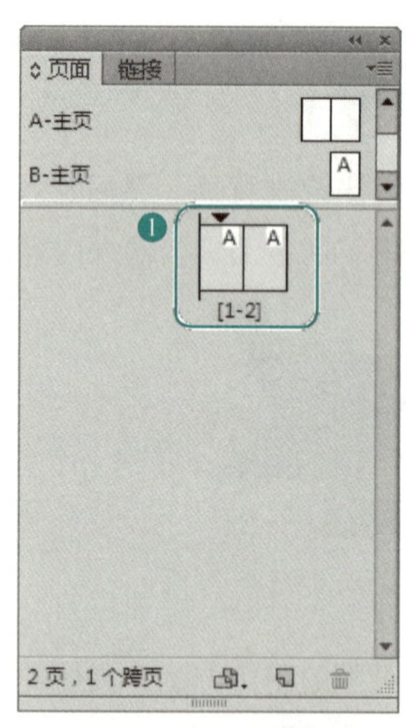

图 6-5 排列页面

图 6-6 绘制矩形 1

6）确定新绘制的矩形处于选择状态，在工具箱中双击“填色”图标，弹出“拾色器”对话框，在该对话框中将 CMYK 值设置为 81、80、82、66，如图 6-7 所示。

7）单击“确定”按钮，即可为绘制的矩形填充颜色，如图 6-8 所示。

8）再次使用“矩形工具”在文档窗口中绘制矩形，并在“控制”面板中将“描边”设置为“无”，如图 6-9 所示。

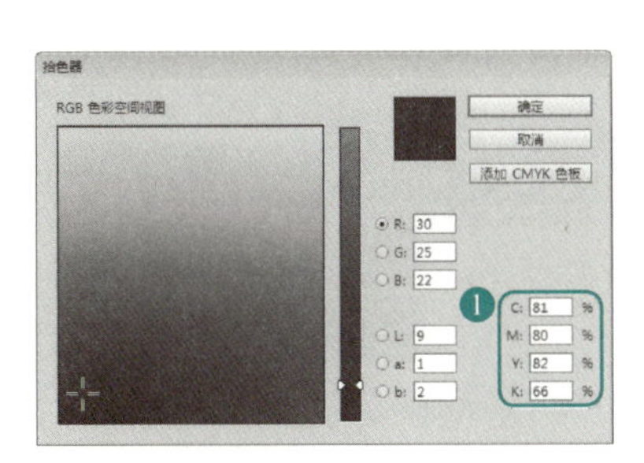

图 6-7　设置颜色 1

图 6-8　填充颜色 1

图 6-9　绘制矩形 2

9）确定新绘制的矩形处于选择状态，在工具箱中双击“填色”图标，弹出“拾色器（前景色）”对话框，在该对话框中将 CMYK 值设置为 4、8、42、0，如图 6-10 所示，单击“确定”按钮，将色彩指定给视图中的矩形框，如图 6-11 所示。

10）在工具箱中选择“文字工具”，在文档窗口中绘制文本框并输入文字，然后选择输入的文字，在“控制”面板中将“字体”设置为“方正彩云简体”，将“字体大小”设置为“36 点”，根据个人喜好设置字符“填色”，如图 6-12 所示。

11）使用同样的方法输入其他文字，并为文字设置不同的大小，然后调整文字的位置，效果如图 6-13 所示。

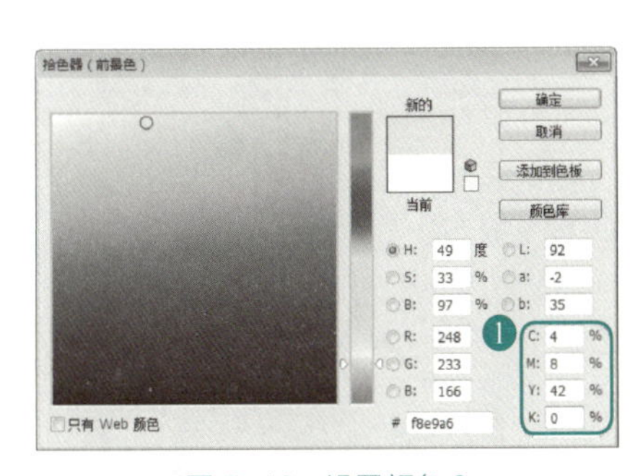

图 6-10　设置颜色 2

图 6-11　填充颜色 2

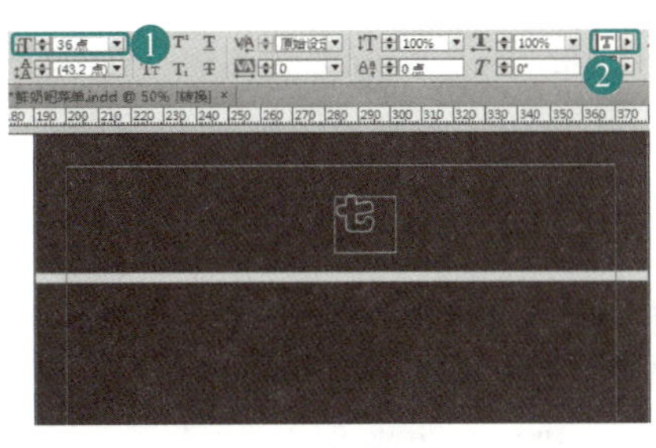

图 6-12　输入并设置文字 1

图 6-13　输入其他文字 1

12）在工具箱中选择“文字工具”，在文档窗口中绘制文本框并输入文字，然后选择输入的文字，在“控制”面板中将“字体”设置为“宋体”，将“字体大小”设置为“36点”，“填色”设置为“纸色”，如图6-14所示。

13）再次使用“文字工具”在文档窗口中绘制文本框并输入文字，然后选择输入的文字，在“控制”面板中将“字体”设置为“方正粗倩简体”，将“字体大小”设置为“24点”，将“填色”设置为“黄色”，如图6-15所示。

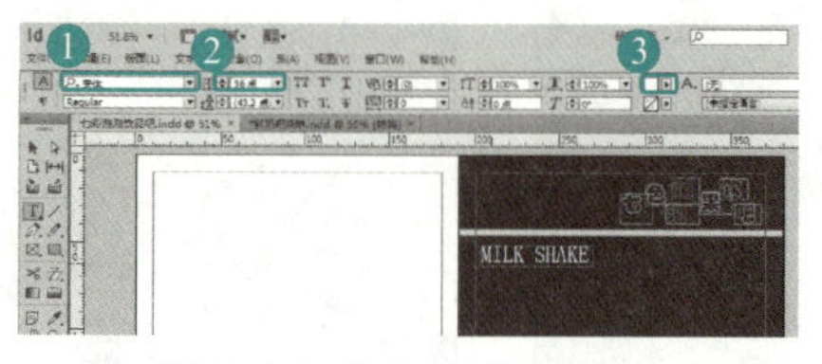

图6-14　输入并设置文字2

图6-15　输入并设置文字3

14）在菜单栏中选择“文件”→“置入”命令，弹出“置入”对话框，在该对话框中选择“素材”→“Cha06”→“huabian.psd”文件，如图6-16所示。

15）单击“打开”按钮，在文档窗口中单击置入图片，然后在按住〈Ctrl+Shift〉组合键的同时拖动图片调整其大小，并调整其位置，如图6-17所示。

图6-16　选择图片1

图6-17　调整图片大小和位置1

16）在工具箱中选择“文字工具”，在文档窗口中绘制文本框并输入文字，然后选择输入的文字，在“控制”面板中将“字体”设置为“黑体”，将“字体大小”设置为“14点”，将“填色”设置为“纸色”，如图6-18所示。

17）继续在文本框中输入文字“18元”，并选择输入的文字，在“控制”面板中将“字体”设置为“方正仿宋简体”。然后在“控制”面板中将“填色”和“描边”都设置为“黄色”，效果如图6-19所示。

18）继续在文本框中输入文字“/杯”，在“控制”面板中将“字体”设置为“黑体”，然后将文字的“填色”设置为“纸色”，将“描边”设置为“无”，

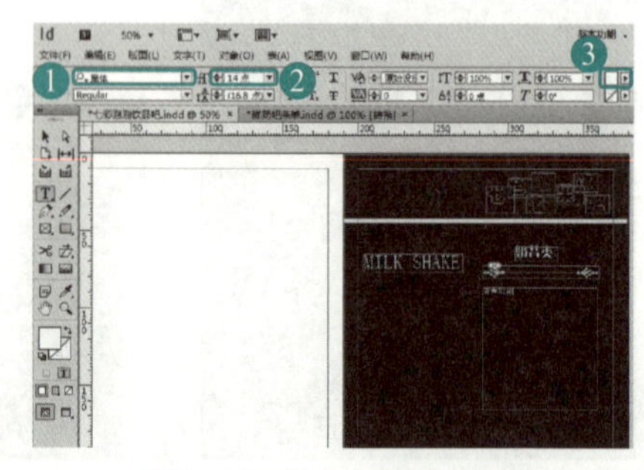

图6-18　输入并设置文字4

效果如图 6-20 所示。

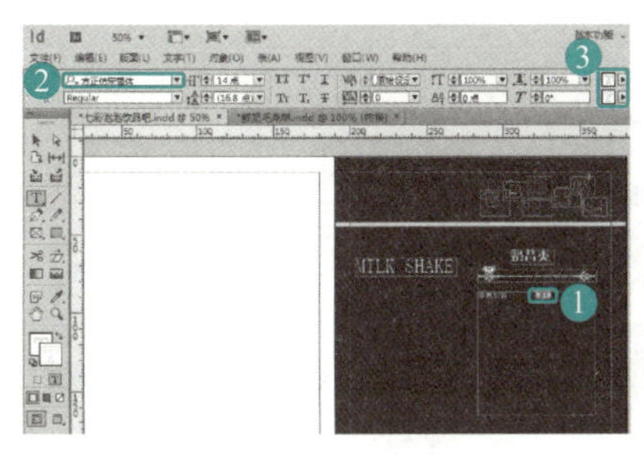

图 6-19　设置文字颜色 1

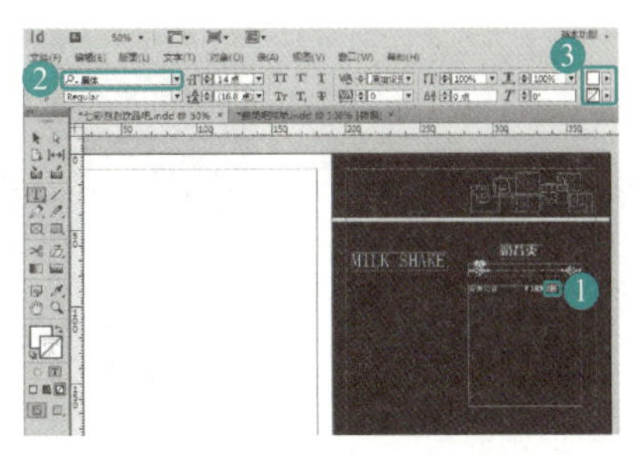

图 6-20　设置文字颜色 2

19）使用前面介绍的方法输入其他文字，效果如图 6-21 所示。

20）在菜单栏中选择“文件”→“置入”命令，弹出“置入”对话框，在该对话框中选择“素材”→“Cha06”→“奶昔 01.jpg”文件，如图 6-22 所示。

21）单击“打开”按钮，在文档窗口中单击置入图片，然后拖动图片调整其大小，并调整其位置，如图 6-23 所示。

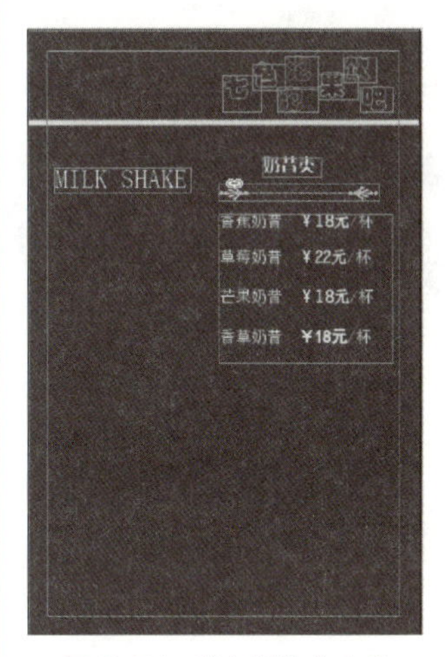

图 6-21　输入其他文字 2

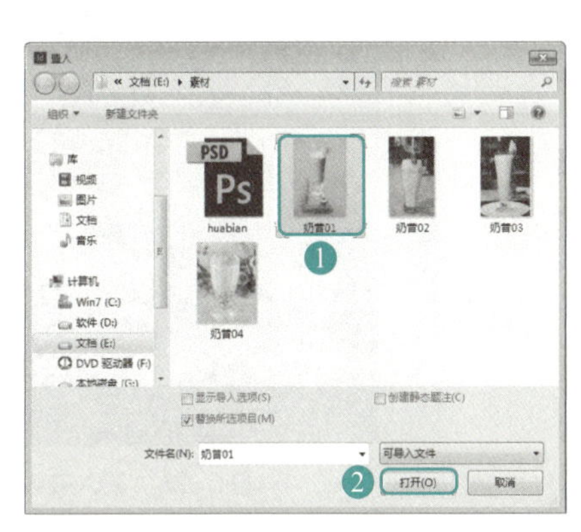

图 6-22　选择图片 2

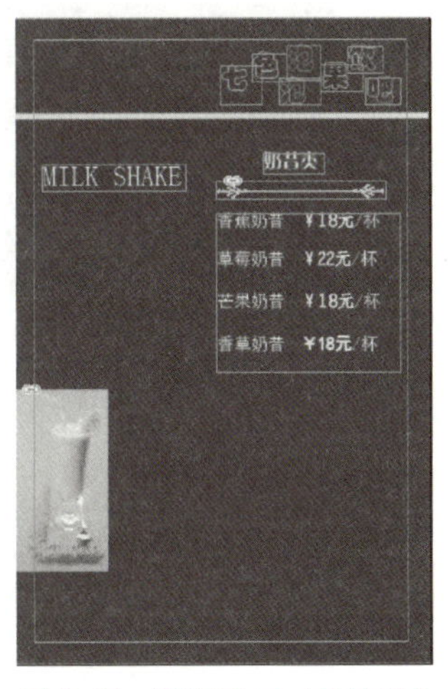

图 6-23　调整图片大小和位置 2

22）使用同样的方法置入其他素材图片，并调整素材图片的大小和位置，如图 6-24 所示。

23）在工具箱中选择“矩形工具”，在文档窗口中绘制矩形，然后在“控制”面板中将“描边”设置为“无”，如图 6-25 所示。

24）确定新绘制的矩形处于选择状态，在工具箱中双击“填色”图标，弹出“拾色器”对话框，在该对话框中将 CMYK 值设置为 54、69、100、18，如图 6-26 所示。

25）单击“确定”按钮，即可为绘制的矩形填充颜色，如图 6-27 所示。

26）在工具箱中选择“文字工具”，在文档窗口中绘制文本框并输入文字，然后选择输入的文字，在“控制”面板中将“字体”设置为“黑体”，将“字体大小”设置为“10 点”，将“填色”设置为“纸色”，如图 6-28 所示。

图 6-24 置入其他素材图片

图 6-25 绘制矩形 3

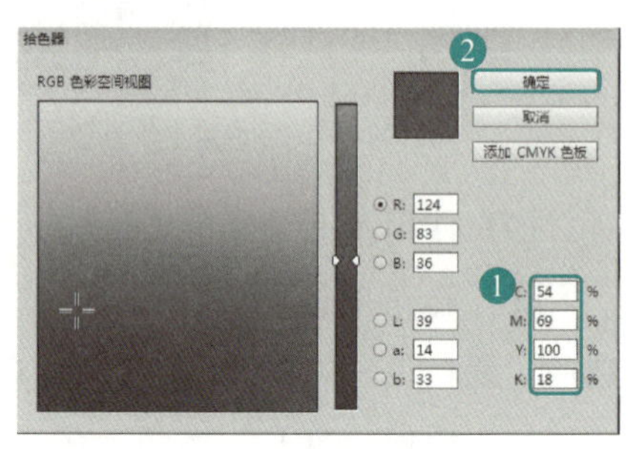

图 6-26 设置颜色 3

图 6-27 填充颜色 3

图 6-28 输入并设置文字 5

27）在工具箱中选择“矩形工具”，在文档窗口中绘制矩形，然后在“控制”面板中将“描边”设置为“无”，如图 6-29 所示。

28）确定新绘制的矩形处于选择状态，在工具箱中双击“填色”图标，弹出“拾色器”对话框，在该对话框中将 CMYK 值设置为 12、10、12、0，如图 6-30 所示。

29）单击“确定”按钮，即可为绘制的矩形填充颜色，如图 6-31 所示。

2. 制作左侧页面

制作完右侧页面后，下面再来介绍一下左侧页面的制作方法，具体的操作步骤如下：

1）在工具箱中选择“矩形工具”，在文档窗口中绘制矩形，然后在“控制”面板中将“描边”设置为“无”，如图 6-32 所示。

2）确定新绘制的矩形处于选择状态，在工具箱中双击“填色”图标，弹出“拾色器”对话框，在该对话框中将 CMYK 值设置为 78、81、86、68，如图 6-33 所示。

图 6-29 绘制矩形 4

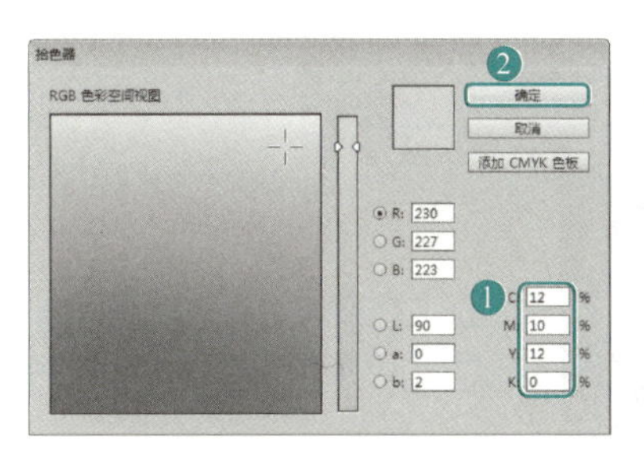

图 6-30 设置颜色 4

图 6-31 填充颜色 4

3）单击“确定”按钮，即可为绘制的矩形填充颜色，如图 6-34 所示。

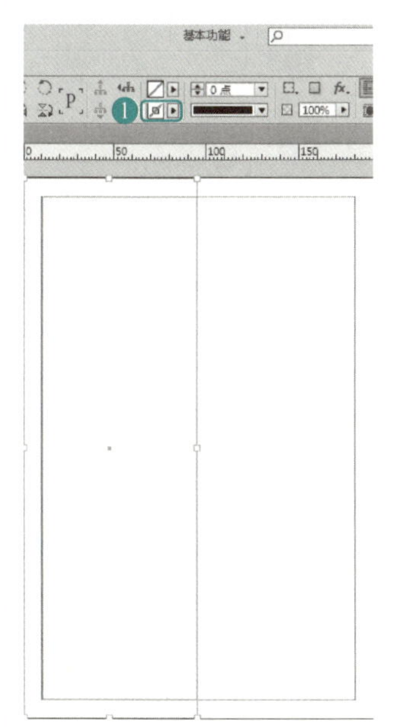

图 6-32 绘制矩形 5

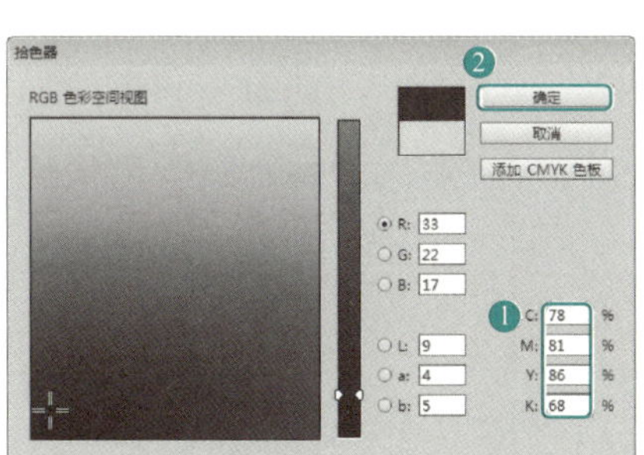

图 6-33 设置颜色 5

图 6-34 填充颜色 5

4）再次使用“矩形工具”在文档窗口中绘制矩形，并在“控制”面板中将“描边”设置为“无”，如图 6-35 所示。

5）确定新绘制的矩形处于选择状态，在工具箱中双击“填色”图标，弹出“拾色器”对话框，在该对话框中将 CMYK 值设置为 2、4、15、0，如图 6-36 所示。

6）单击“确定”按钮，即可为绘制的矩形填充颜色，如图 6-37 所示。

图 6-35 绘制矩形 6

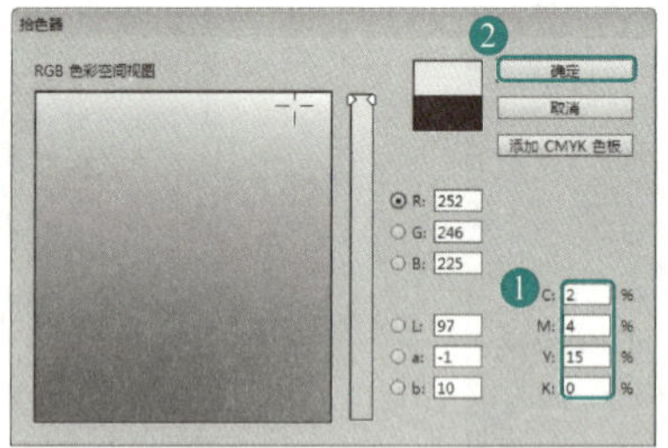
图 6-36 设置颜色 6

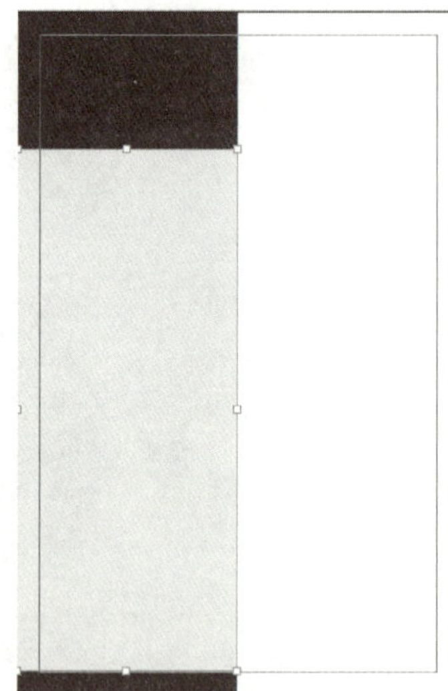
图 6-37 填充颜色 6

7）在菜单栏中选择“文件”→“置入”命令，弹出“置入”对话框，在该对话框中选择“素材”→“Cha06”→“果汁 .jpg”文件，如图 6-38 所示。

图 6-38 选择图片 3

8）单击“打开”按钮，在文档窗口中单击置入图片，然后拖动图片调整其大小，并调整其位置，如图 6-39 所示。

9）确定置入的图片处于选择状态，在菜单栏中选择“对象”→“效果”→“渐变羽化”命令，如图 6-40 所示。

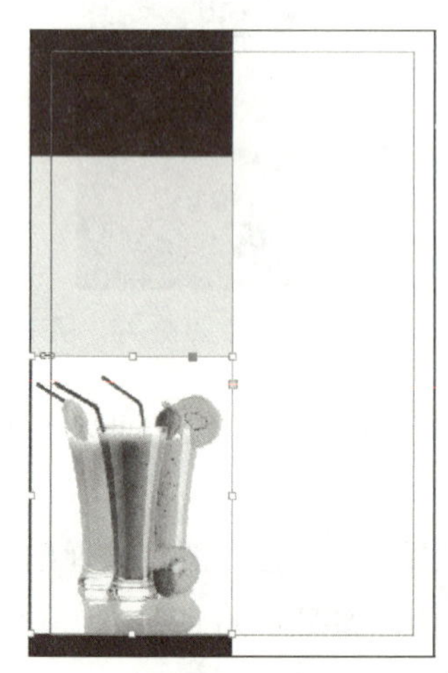
图 6-39 调整图片大小和位置 3

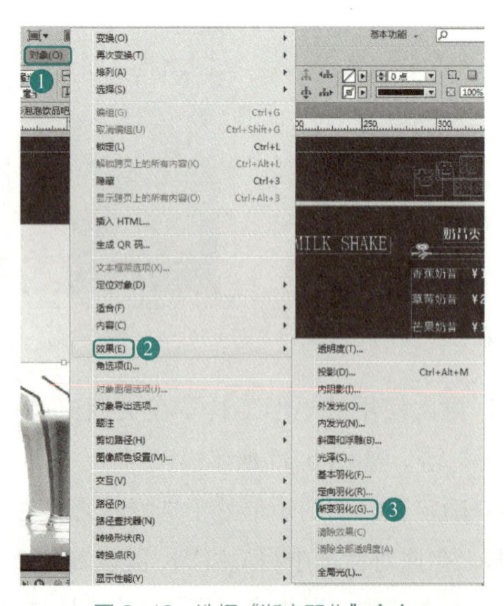
图 6-40 选择“渐变羽化”命令

10）弹出“效果”对话框，选择渐变条上的中点标记，然后在“位置”文本框中输入“65%”，并将“角度”设置为“90°”，如图6-41所示。

11）单击“确定”按钮，即可为选择的图片添加“渐变羽化”效果，如图6-42所示。

12）使用上一小节中介绍的方法，在文档中输入文字并设置文字的颜色，置入“huabian.psd”图片，效果如图6-43所示。

13）在工具箱中选择“矩形工具”，在文档窗口中绘制矩形，然后在“控制”面板中将“描边”设置为“无”，如图6-44所示。

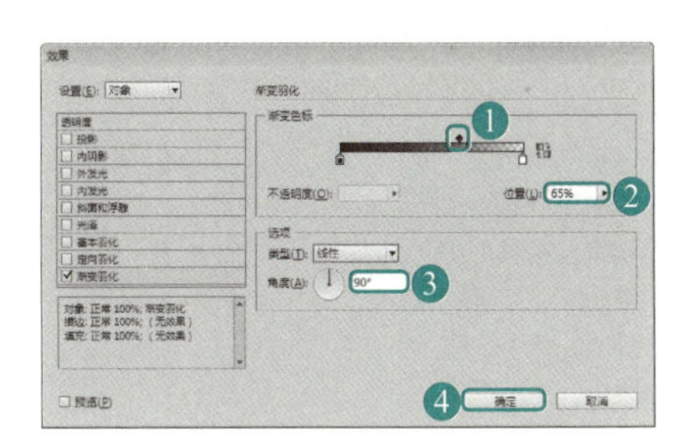

图6-41 设置参数

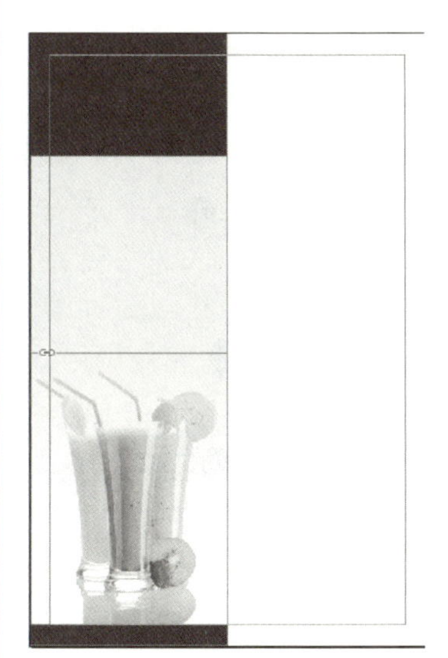

图6-42 “渐变羽化”效果1

图6-43 输入文字并置入图片1

图6-44 绘制矩形7

14）确定新绘制的矩形处于选择状态，在工具箱中双击“填色”图标，弹出“拾色器”对话框，在该对话框中将CMYK值设置为6、8、44、0，如图6-45所示。

15）单击“确定”按钮，即可为绘制的矩形填充颜色，如图6-46所示。

16）单击“打开”按钮，在文档窗口中单击置入图片，然后拖动图片调整其大小，并调整其位置，如图6-48所示。

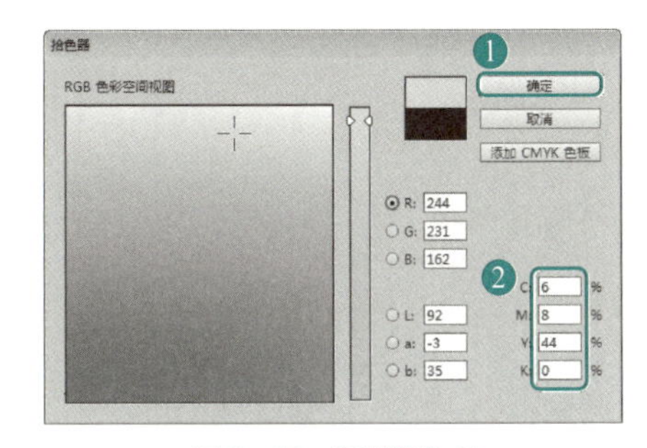

图6-45 设置颜色7

17）在菜单栏中选择“文件”→“置入”命令，弹出“置入”对话框，在该对话框中选择“素材”→“Cha06”→“冰淇淋.jpg”文件，如图6-47所示。

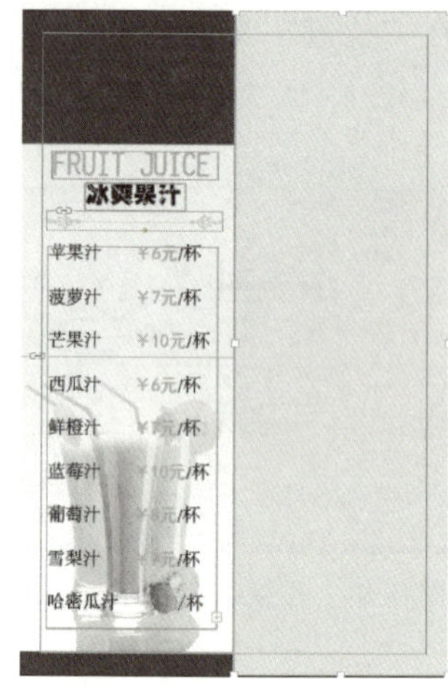

图6-46 填充颜色7

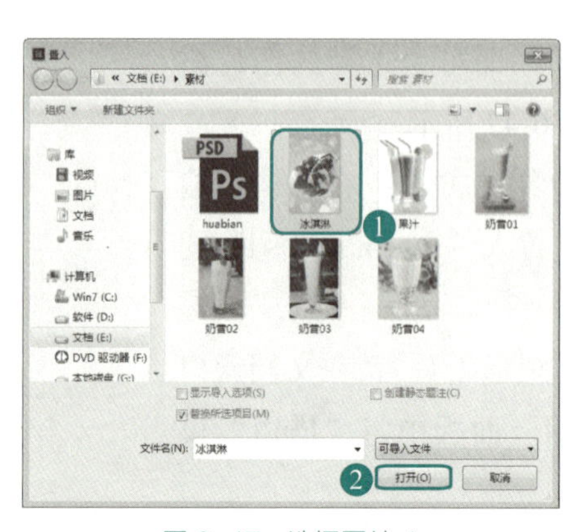

图6-47 选择图片4

图6-48 调整图片大小和位置4

18）使用“选择工具”在菜单栏中选择“对象”→“效果”→“渐变羽化”命令，弹出“效果”对话框，将“角度”设置为“90°”，如图6-49所示。

19）单击“确定”按钮，即可为选择的图形添加“渐变羽化”效果，如图6-50所示。

20）使用上面介绍的方法输入文字并置入图片，效果如图6-51所示。

21）在工具箱中选择“矩形工具”，在文档窗口中绘制矩形，然后在“控制”面板中将“描边”设置为“无”，如图6-52所示。

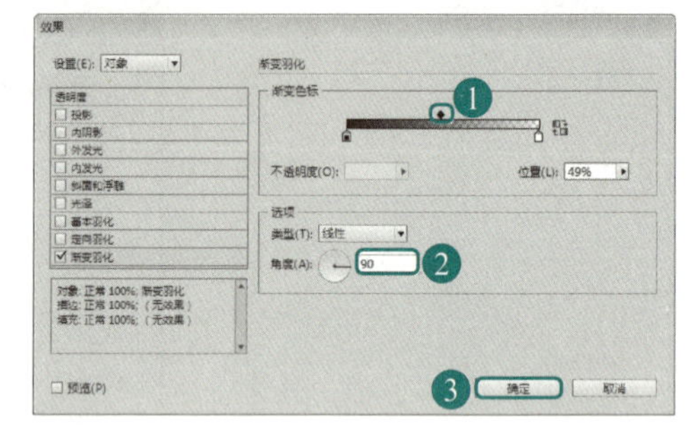

图6-49 设置角度

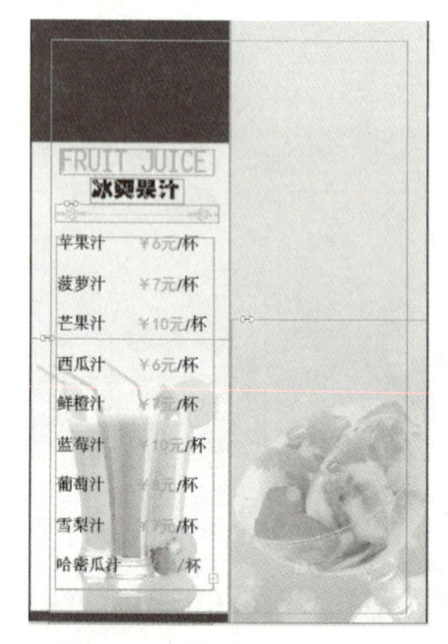

图6-50 “渐变羽化”效果2

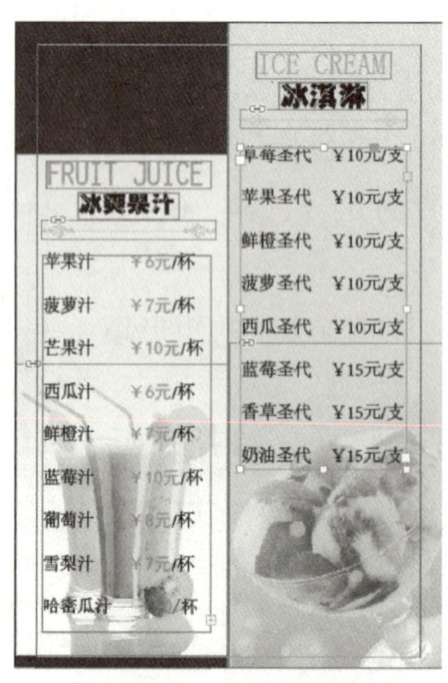

图6-51 输入文字并置入图片2

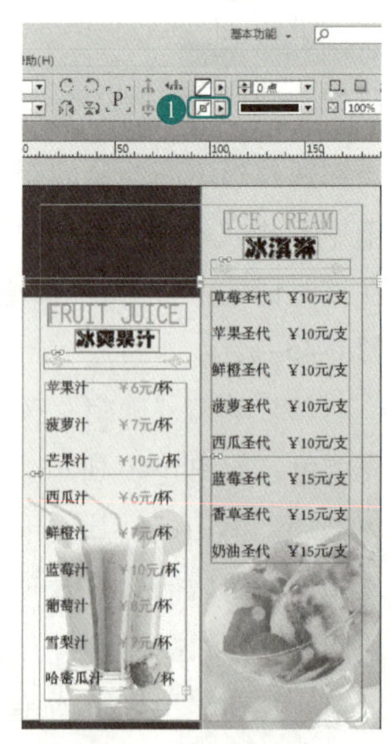

图6-52 绘制矩形8

22）确定新绘制的矩形处于选择状态，在工具箱中双击“填色”图标，弹出“拾色器”对话框，在该对话框中将 CMYK 值设置为 32、39、100、0，如图 6-53 所示。

23）单击“确定”按钮，即可为绘制的矩形填充颜色，如图 6-54 所示。

24）在右侧页面中按住〈Shift〉键选择如图 6-55 所示的文字对象，并按〈Ctrl+C〉组合键进行复制。

25）然后按〈Ctrl+V〉组合键进行粘贴，并调整复制后的对象的位置，效果如图 6-56 所示。

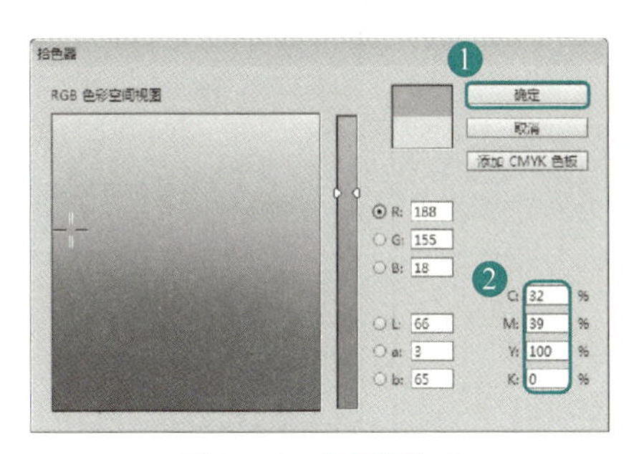

图 6-53　设置颜色 8

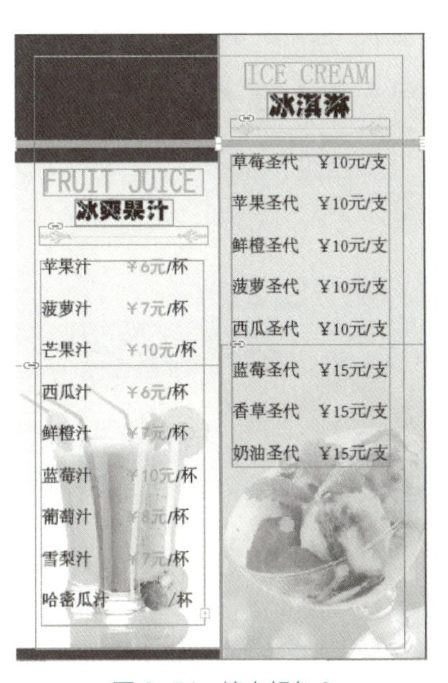

图 6-54　填充颜色 8

图 6-55　选择并复制对象

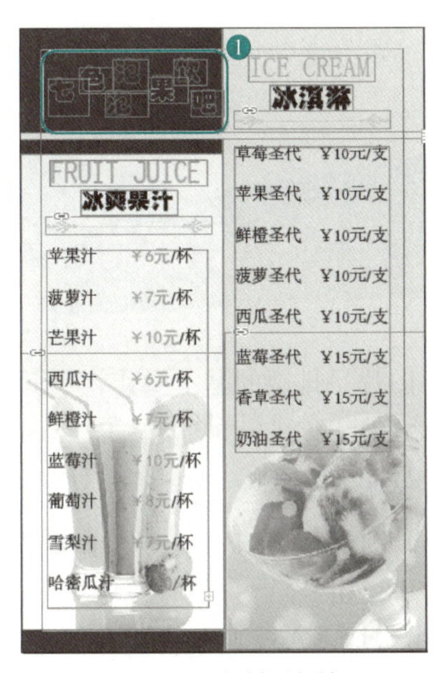

图 6-56　移动复制对象

3．导出与保存

至此，果饮吧菜单就制作完成了，下面再来介绍导出文档和保存文档的方法，具体的操作步骤如下：

1）在菜单栏中选择“文件”→“导出”命令，如图 6-57 所示。

2）弹出“导出”对话框，在该对话框中指定导出路径，为其命名并将“保存类型”设置为 JPEG 格式，如图 6-58 所示。

3）单击“保存”按钮，弹出“导出 JPEG”对话框，在该对话框中选中“跨页”单选按钮，如图 6-59 所示。

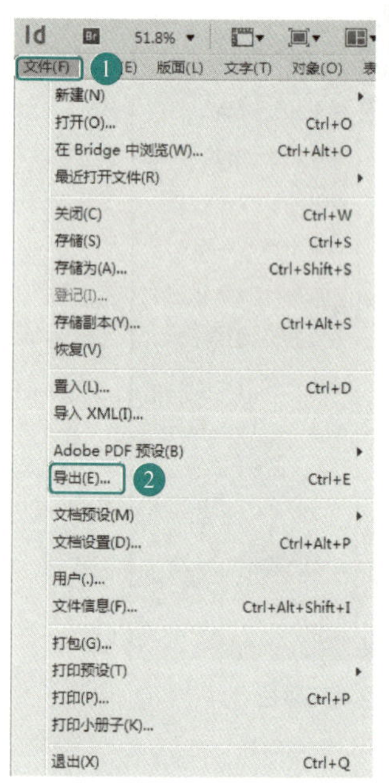

图 6-57　选择“导出”命令

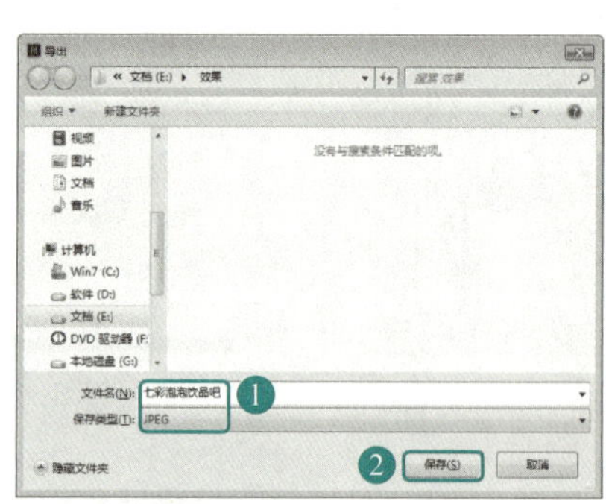

图 6-58　“导出”对话框

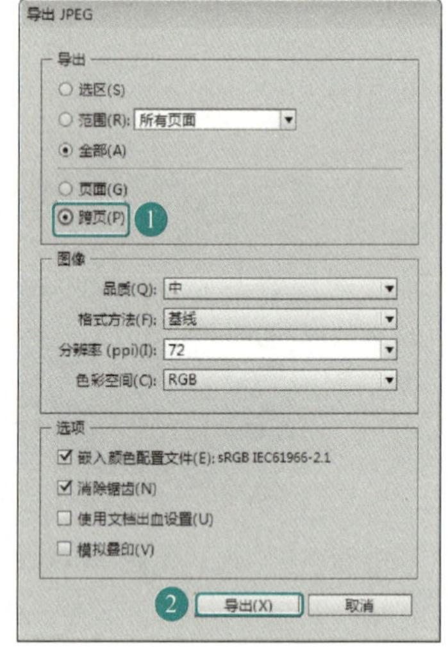

图 6-59　“导出 JPEG”对话框

6.1.3　知识解析

置入图片是排版的基本操作，下面主要介绍 InDesign CC 置入图片的 3 个方法：拖拽图片、复制粘贴图片、置入图片。

1．拖拽图片

在 InDesign CC 中可以将一张或者多张图片一起拖至其中，操作简捷方便，拖拽图片的操作步骤如下：

1）用鼠标选中多张图片，然后按住鼠标左键不放拖拽至 InDesign CC 的空白页面中，如图 6-60 所示。

2）松开鼠标，选中的图片被拖拽到 InDesign CC 中，即完成拖拽图片的操作，如图 6-61 所示。

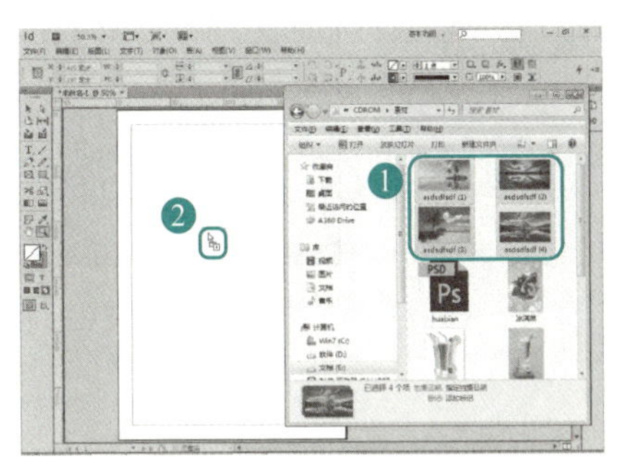

图 6-60 选中多张图片

图 6-61 将图片拖拽至页面

提示

▸库主要用于组织最常用的图形、文本和页面，可以将常用到的图片或者页面放到库的调板中，方便在其他页面中使用。库的操作步骤如下。

1）选择“文件”→“新建”→“库”命令，弹出“新建库”对话框。本例为新建的库起名为“图片库”，单击“保存”按钮，如图 6-62 所示。

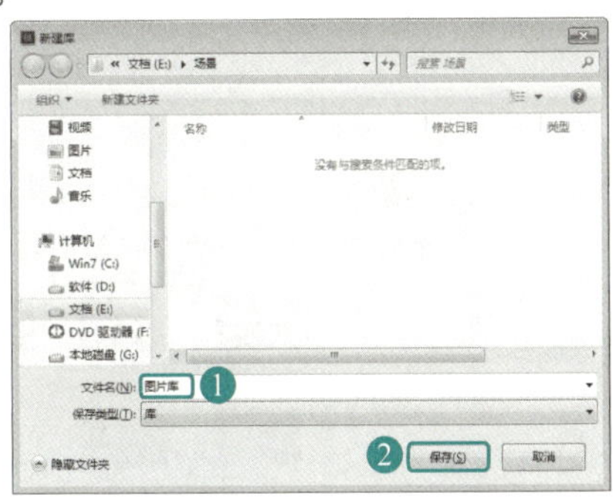

图 6-62 “新建库”对话框

2）在 InDesign CC 的页面中出现“图片库”调板，“库”调板中的选项，如图 6-63 所示。

：“库项目信息”按钮

：“显示库子集”按钮

：“新建库项目”按钮

：“删除库项目”按钮

3）将页面中的图片拖拽至“图片库”调板中。用“选择工具”选择一张图片，然后按住鼠标左键不放拖拽至“图片库”调板中，如图 6-64 所示。

4）将拖拽至“图片库”调板的图片用于其他文档中。打开另一个文档，选择“图片库”调板中的图片，按住鼠标左键不放拖拽至页面中，如图 6-65 所示。

5）调整图片的位置和大小，用“库”调板拖拽图片的操作步骤就完成了。还可以将页面中用到的版式拖拽至“库”调板中存放，然后用于其他文档中，使得排版工作更快捷。

图 6-63 添加“图片库”面板

图 6-64　将图片拖至“图片库”面板

图 6-65　选择图片并拖拽至页面

2. 复制粘贴图片

复制粘贴图片主要是从 Illustrator 中复制简单的矢量图形，然后粘贴到 InDesign CC 中。

3. 置入图片

在 InDesign CC 中置入图片是比较重要的操作，置入的图片都带链接，可以方便地回到原来的图像处理软件中继续编辑，且能减小文档大小，置入图片的操作步骤如下。

1）选择“文件”→“置入”命令，弹出“置入”对话框，选择“素材”→“Cha06”→“03.jpg”文件，如图 6-66 所示。

2）单击“打开”按钮，然后选择要放置的位置按住鼠标左键不放，拖动图片至大小合适的位置，松开鼠标左键，图片就会被放置在页面中，完成图片置入到 InDesign CC 的操作，如图 6-67 所示。

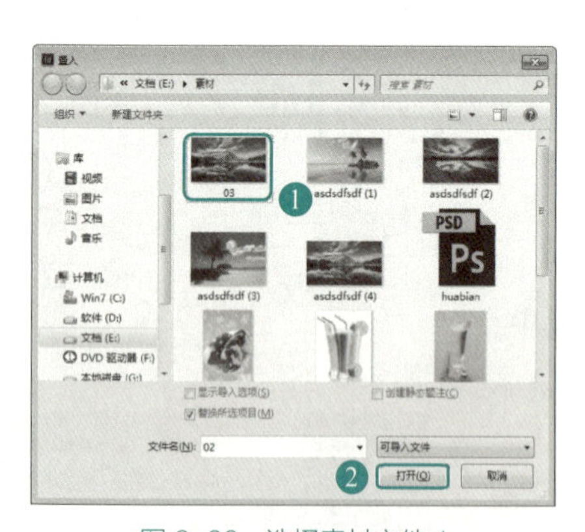

图 6-66　选择素材文件 1

图 6-67　置入图片完成

置入图片时，在“置入”对话框的下方有 4 个复选框：显示导入选项、应用网格格式、创建静态题注、替换所选项目。

“应用网格格式”复选框只对文字产生作用；“替换所选项目”复选框是将文档中预先选择的对象替换为后面所置入的对象；“创建静态题注”复选框是创建显示在页面中的描述性的文本。“显示导入选项”复选框是接下来讲解的主要内容。在置入图片时勾选“显示导入选项”复选框，将根据图片的格式改变对话框中选项的内容，下面以 4 种格式为例讲解如何根据不同格式选择“图像导入选项”对话框中的设置。

（1）TIFF 格式

置入的图片为 TIFF 格式时，操作步骤如下。

1）打开“置入 TIFF 格式图片”场景，选择“文字”→“置入”命令，弹出“置入”对话框，选择“素材”→“Cha06”→“04.tif”文件，如图 6-68 所示。

2）单击“打开”按钮后，弹出“图像导入选项”对话框。在“图像导入选项”对话框中勾选“显示预览”复选框，可看到图片的预览视图。然后勾选“应用 Photoshop 剪切路径”复选框，如图 6-69 所示。

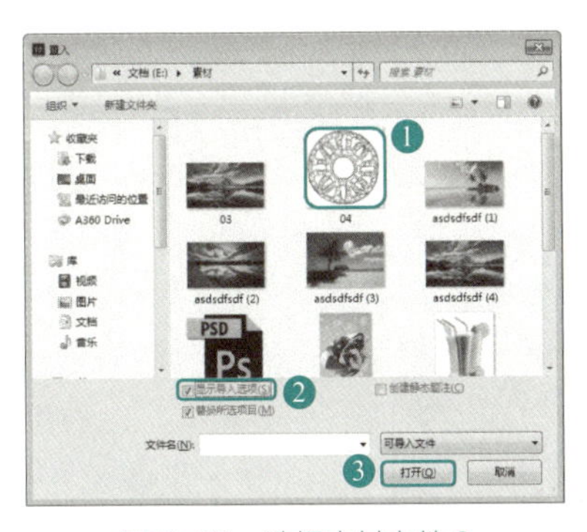

图 6-68　选择素材文件 2

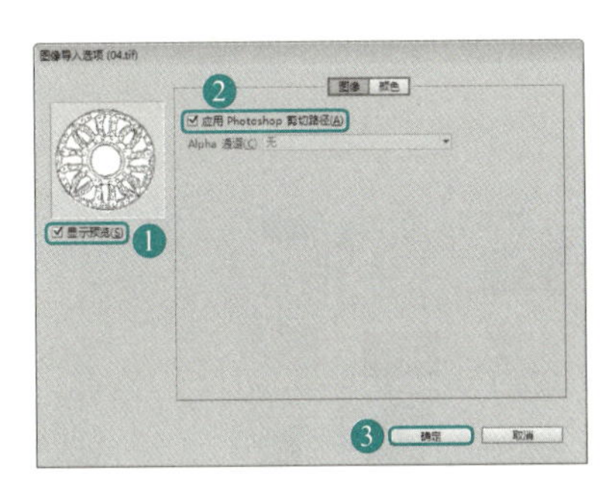

图 6-69　“图像导入选项”对话框 1

3）单击“确定”按钮，单击空白页面处，将图片置入到 InDesign CC 的页面中，如图 6-70 所示。

4）选择“窗口”→“文字绕排”命令，在弹出的“文字绕排”对话框中，单击“沿定界框绕排”按钮，可以制作文本绕排的效果，如图 6-71 所示。

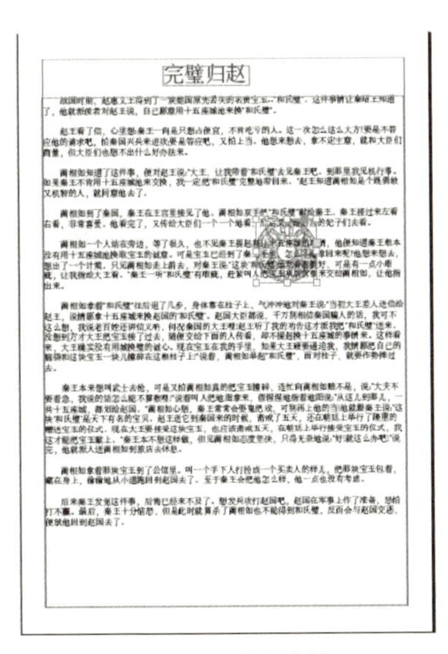

图 6-70　置入素材

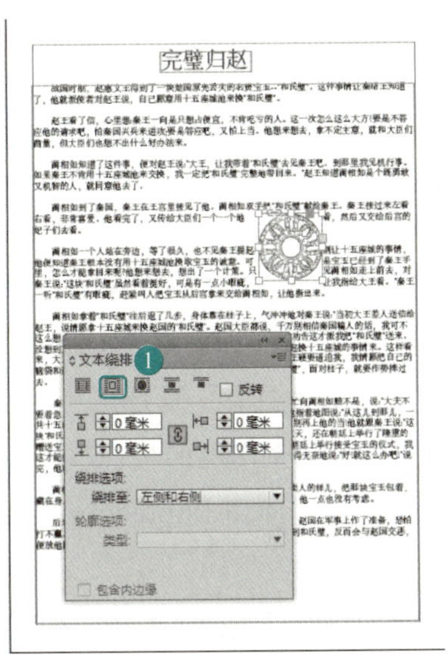

图 6-71　制作文字绕排效果

（2）EPS

当置入的图片为EPS格式时，操作步骤如下。

1）打开素材“置入EPS格式图片”场景，选择“文件”→“置入”命令，弹出“置入”对话框，选择“素材”→“Cha06”→“05.tif”文件，并勾选“显示导入选项”复选框，如图6-72所示。

2）单击“打开”按钮后，弹出“EPS 导入选项”对话框。在“EPS 导入选项”对话框中勾选“应用Photoshop剪切路径”复选框，实现只保留路径部分而路径外的部分被遮住的效果，如图6-73所示。

3）单击“确定”按钮，单击页面空白处，将图片置入到InDesign CC页面中，并调整图片的大小和位置，如图6-74所示。

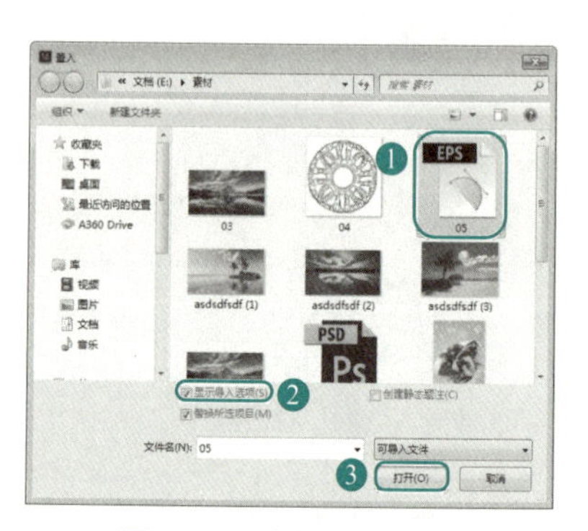

图6-72　选择素材文件3

图6-73　“EPS 导入选项”对话框

图6-74　调整图片大小和位置

（3）PSD

PSD格式可以存储Photoshop中所有的图层、通道和参考线等信息。置入PSD格式的图片是为了以后方便对图片的修改，置入PSD格式图片的操作步骤如下。

1）打开素材“节约用水”场景，然后选择“文件”→“置入”命令，弹出“置入”对话框，选择“素材”→“Cha06”→“节约用水.psd”文件，并勾选“显示导入选项”复选框，如图6-75所示。

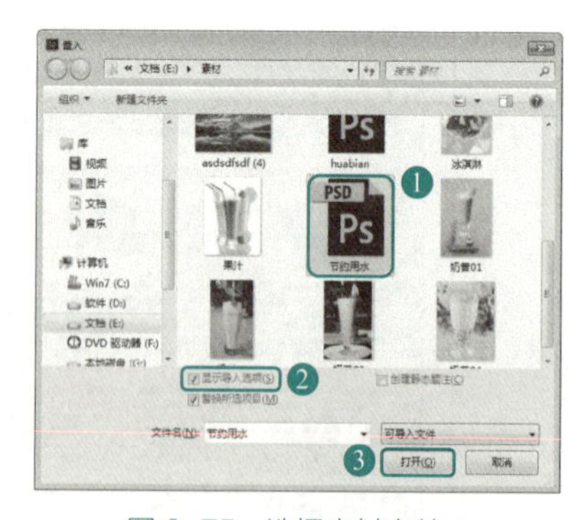

图6-75　选择素材文件4

2）单击“打开”按钮后，弹出“图像导入选项”对话框。在“图像导入选项”对话框中单击“图层”选项卡，在“显示图层”复选区中可以通过单击图层的眼睛图标来调整图层的可视性，“更新链接的时间”选项设置为“使用Photoshop的图层可视性”，如图6-76所示。

3）单击“确定”按钮，单击页面空白处，可看到置入的图片没有显示“白色背景”图层，调整图片的位置和大小，将图片置入到InDesign CC，效果如图6-77所示。

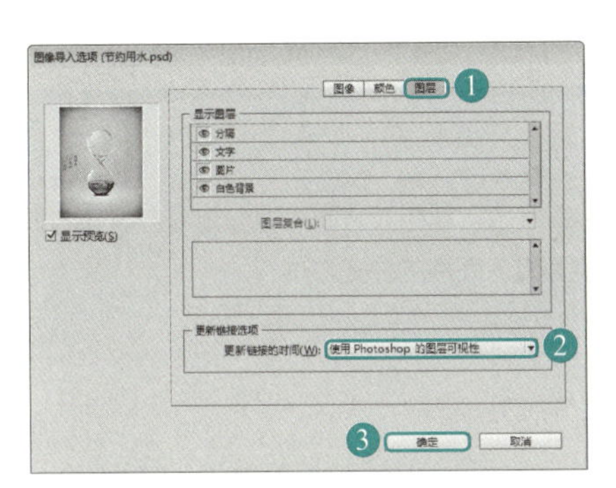

图 6-76　“图像导入选项”对话框 2

图 6-77　最终效果 1

(4) PDF

当置入的图片为 PDF 格式时，操作步骤如下。

1）选择“文字”→“置入”命令，弹出“置入”对话框，打开“素材”→“Cha06”→“08.pdf”文件，并勾选“显示导入选项”复选框，如图 6-78 所示。

2）单击“打开”按钮后，弹出“置入　PDF”对话框。在“置入　PDF”对话框的“页面”选项区中，选中“范围”单选按钮，可在“范围”的文本框中输入置入的页面范围。然后在“选项”选项区的“裁切到”下拉列表框中选择“定界框（所有图层）”，勾选“透明背景”复选框，如图 6-79 所示。

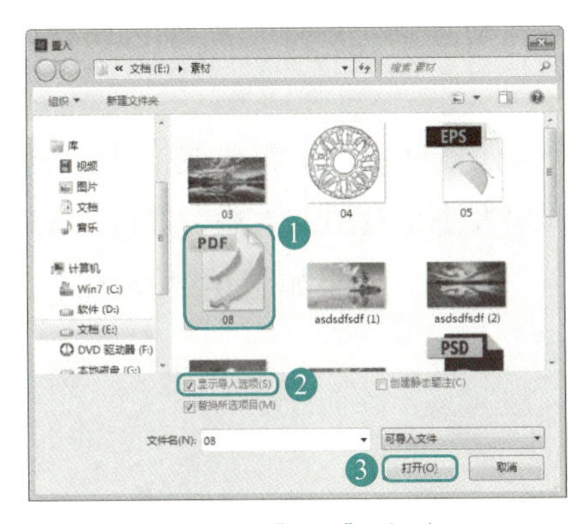

图 6-78　“置入”对话框

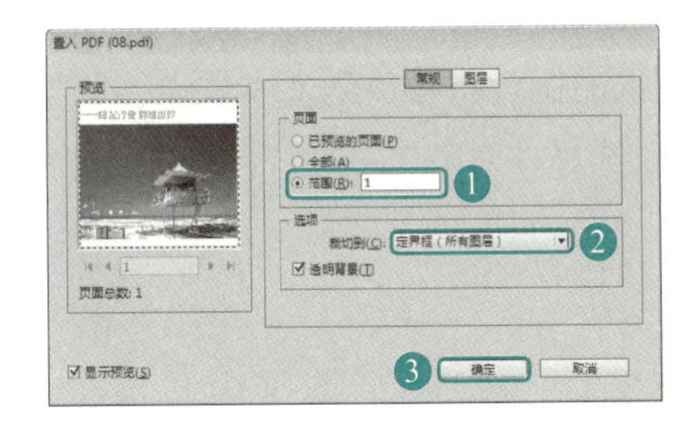

图 6-79　“置入　PDF”对话框

提示

▸“页面”选项区的“范围”文本框中可输入指定页面导入的范围，但设计师需要注意的是导入不连续的页面要用英文逗号隔开。“裁切到”下拉列表框中的选项可指定页面中要置入的范围。“透明背景”复选框可指定置入的 PDF 页面是否带白色背景。

3）单击“确定”按钮，单击页面空白处，然后调整图片的位置和大小，即完成图片置入到 InDesign CC 的操作，如图 6-80 所示。

▶在置入图片时，有些图片过大撑出了页面，如图 6-81 所示，就必须将图片调整到适合版面的大小，并保持图片没有变形，这样会影响工作效率。下面就来介绍调整置入图片的快捷方法。

图 6-80　最终效果 2

图 6-81　图片过大

调整置入图片的快捷方法，操作步骤如下。

1）选择“文件”→“置入”命令，弹出“置入”对话框，选择“素材”→“Cha06”→“09.jpg”文件，如图 6-82 所示。

2）单击“打开”按钮，在页面内文字起点处按住鼠标左键沿对角线拖拽，松开鼠标后，置入的图片将排放到文本框中，调整图片的框架大小至合适的大小，如图 6-83 所示。

3）选择“对象”→“适合”→“使内容适合框架”命令，效果如图 6-84 所示。

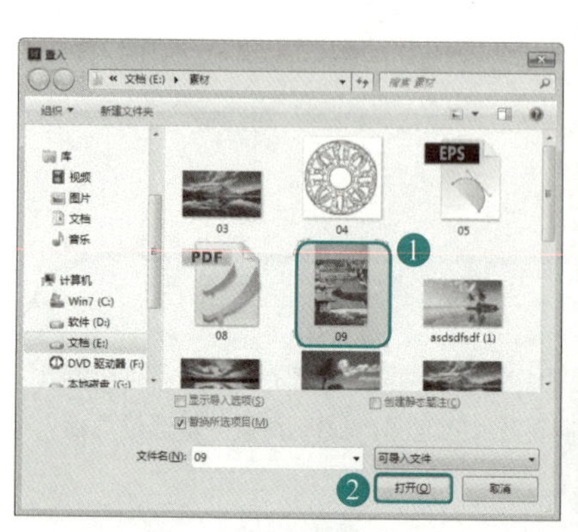

图 6-82　选择素材文件 5

图 6-83　调整图片框架

图 6-84　最终效果 3

6.2 设计酒店折页菜谱

6.2.1 知识要点

本节将介绍如何制作酒店菜谱，主要通过使用“矩形工具”制作酒店折页菜谱，然后置入图片丰富页面，使用“文字工具”输入内容，效果图如图 6-85 所示。

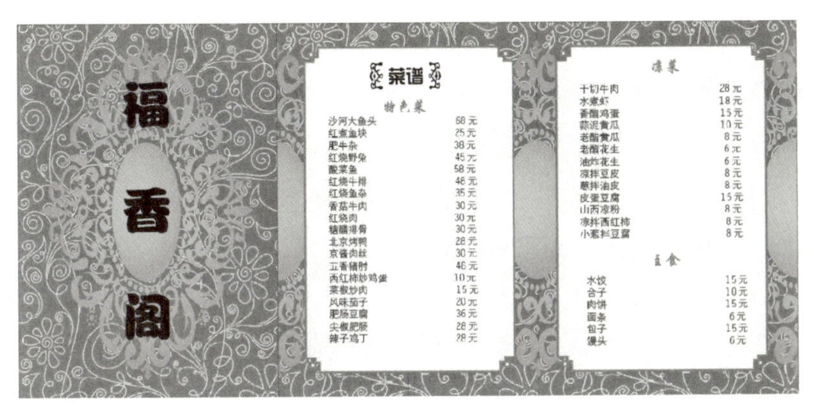

图 6-85 酒店菜谱

6.2.2 实现步骤

本例将介绍折页菜谱的制作，该例的制作比较简单，先是向主页中置入图片，从而将置入的图片应用到每一个页面中，然后在页面中置入图片、绘制图形和输入文字等，具体的操作步骤如下：

1）在菜单栏中选择“文件”→“新建”→“文档”命令，在弹出的“新建文档”对话框中将“页数”设置为“3”，将“宽度”和“高度”设置为“150 毫米”和“210 毫米”，将“边距”选项组中的“上”“下”“内”和“外”的值都设置为“0 毫米”，如图 6-86 所示。

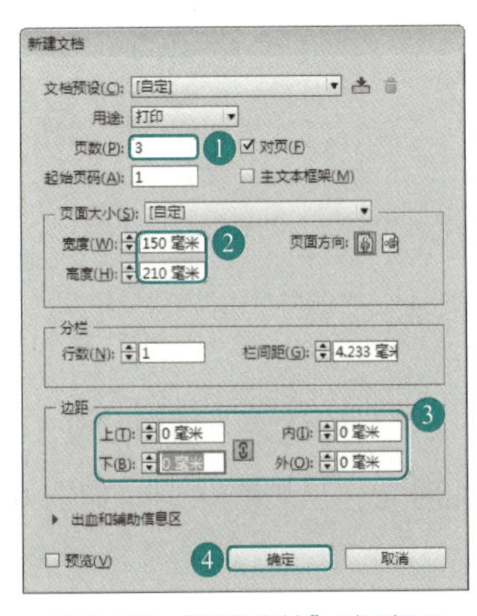

图 6-86 “新建文档”对话框 2

2）单击“确定”按钮，按〈F12〉键打开“页面”面板，在该面板中单击右上角的 按钮，在弹出的下拉列表中取消选择“允许文档页面随机排布”命令，如图 6-87 所示。

3）在“页面”面板中同时选择第 2 页和第 3 页，然后将其拖拽到第 1 页的右侧，如图 6-88 所示，松开鼠标即可。

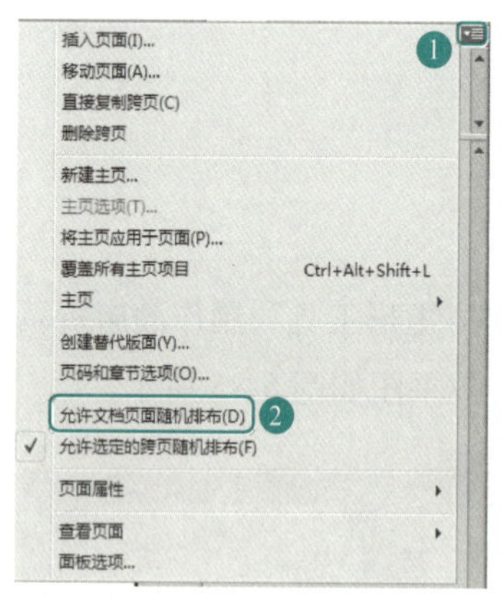

图 6-87　选择“允许文档页面随机排布”命令

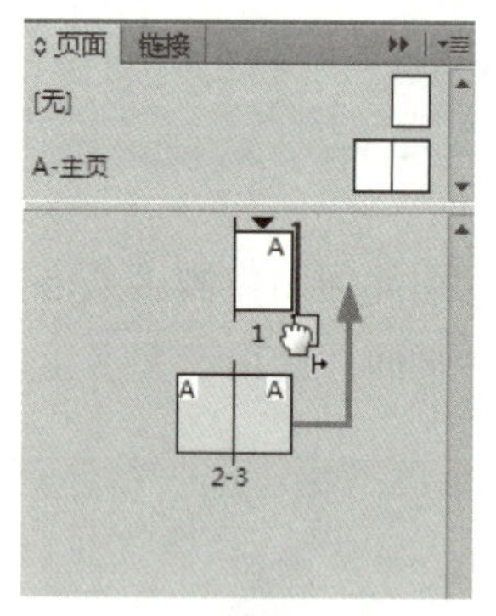

图 6-88　移动页面

4）在菜单栏中选择“文件”→“置入”命令，在弹出的“置入”对话框中选择“素材”→“Cha06”→“010.jpg”，如图 6-89 所示。

5）单击“打开”按钮，在文档窗口中单击置入图片，然后调整图片的大小和位置，调整完成后，在图片上单击鼠标右键，在弹出的快捷菜单中选择“适合”→“使内容适合框架”命令，如图 6-90 所示。

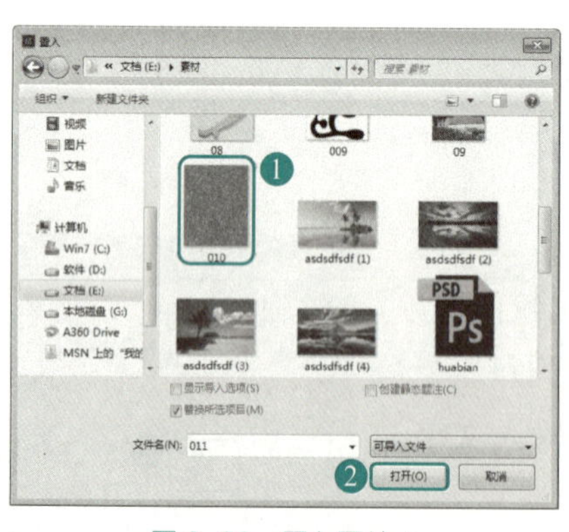

图 6-89　置入图片 1

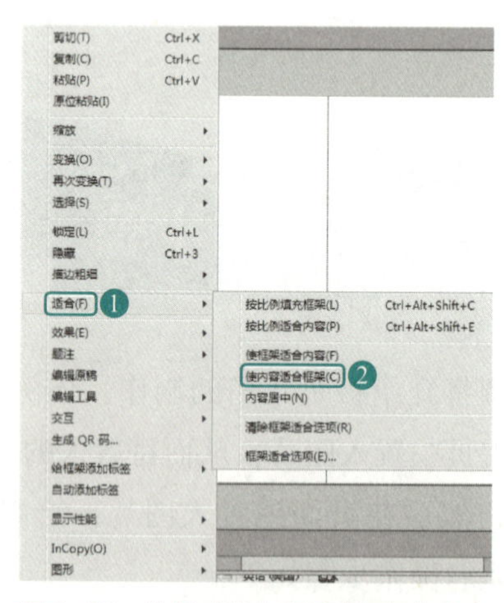

图 6-90　选择“使内容适合框架”命令

6）确认置入的图片处于选中状态，使用“选择工具”，在置入的图片上按住〈Alt〉键，此时光标呈现 状态，如图 6-91 所示。

7）单击并向右拖动至合适的位置，松开鼠标即可复制置入的图片，如图 6-92 所示。

8）使用相同的方法对置入的图片进行复制，复制完成后的效果，如图 6-93 所示。

图 6-91 按〈Alt〉键时光标的样式

图 6-92 复制置入的图片

图 6-93 复制图片后的效果

9）使用“直排文字工具”在文档窗口中绘制文本框并输入文字，然后选择输入的文字，按〈Ctrl+T〉组合键打开“字符”面板，在“字符”面板中将“字体”设置为“方正胖娃简体”，将“字体大小”设置为“80 点”，如图 6-94 所示。

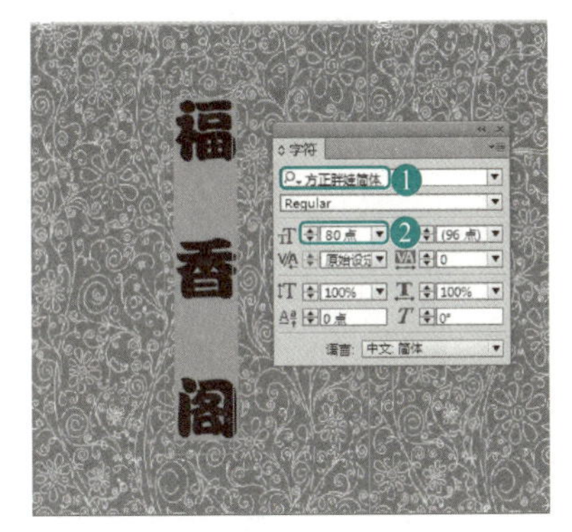

图 6-94 输入并设置文字 6

10）在菜单栏中选择“文件”→“置入”命令，在弹出的“置入”对话框中选择“素材”→“Cha06”→“004.png”文件，如图 6-95 所示。

11）单击“打开”按钮，在文档中单击即可将图片置入，然后调整图片的大小与位置，并在置入的图片上单击鼠标右键，在弹出的快捷菜单中选择“适合”→“使内容适合框架”命令，效果如图 6-96 所示。

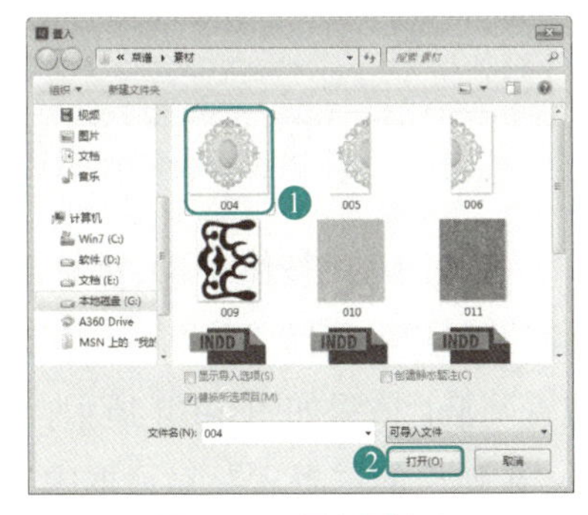

图 6-95 置入图片 2

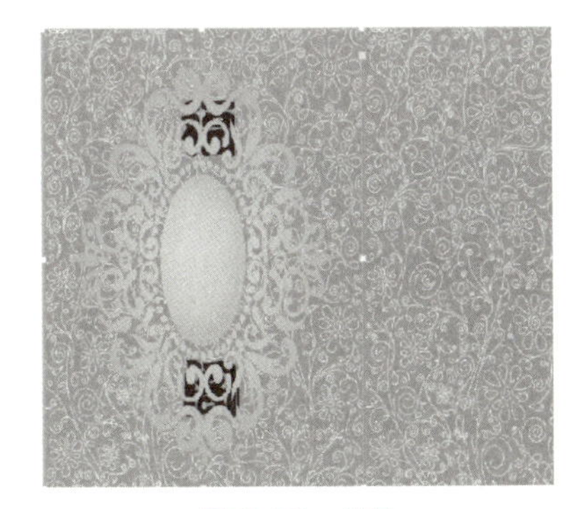

图 6-96 效果

12）单击鼠标右键，在弹出的快捷菜单中选择“排列”→“后移一层”命令，效果如图 6-97 所示。

13）使用“文字工具”在文档窗口中绘制文本框并输入文字，然后选择输入的文字，在“字符”面板中将“字体”设置为“汉仪综艺体简”，将“字体大小”设置为“30 点”，如图 6-98 所示。

14）在菜单栏中选择“文件”→“置入”命令，在弹出的“置入”对话框中选择“素材”→“Cha06”→“009.png”，如图 6-99 所示。

15）单击“打开”按钮，在文档窗口中单击，置入图片，然后调整其大小并调整其位置，调整完成后在该图片上单击鼠标右键，在弹出的快捷菜单中选择“适合”→“使内容适合框架”命令，效果如图 6-100 所示。

图 6-97　后移图片

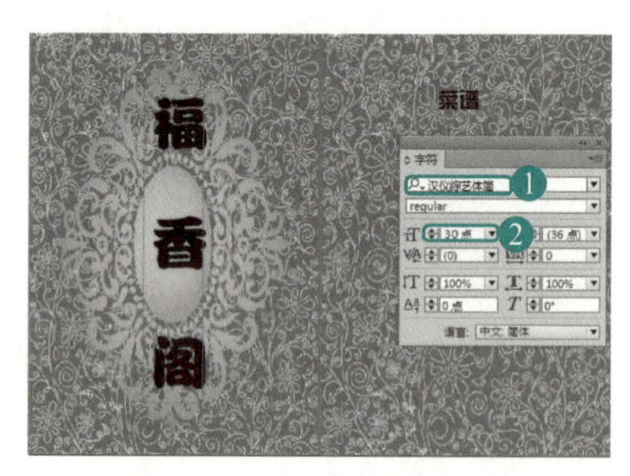

图 6-98　输入并设置文字 7

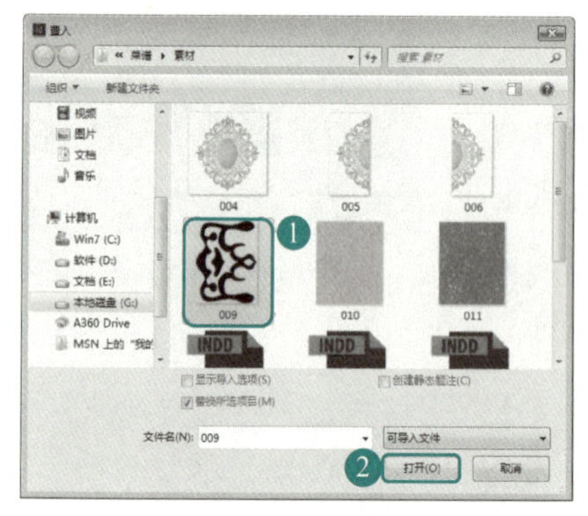

图 6-99　选择图片 5

图 6-100　调整插入的图片

16）确认该图片处于选中状态，使用“选择工具”，在该图片上按住〈Alt〉键单击并拖动，拖动至合适的位置，松开鼠标即可复制该图片，然后在菜单栏中选择“对象”→“变换”→“水平翻转”命令，对图片进行翻转，再对该图片进行位置调整，效果如图 6-101 所示。

17）在菜单栏中选择“文件”→“置入”命令，在弹出的“置入”对话框中选择“素材”→“Cha06”文件夹中的“006.png”“005.png”“009.png”，如图 6-102 所示。

18）在工具箱中选择“矩形工具”，在文档窗口中绘制一个矩形，如图 6-103 所示。

19）确定新绘制的矩形处于选择状态，在菜单栏中选择“对象”→“角选项”命令，弹出“角选项”对话框，在“转角大小”文本框中输入“8 毫米”，并在右侧的“转角形状”的下拉列表中选择“花式”选项，如图 6-104 所示。

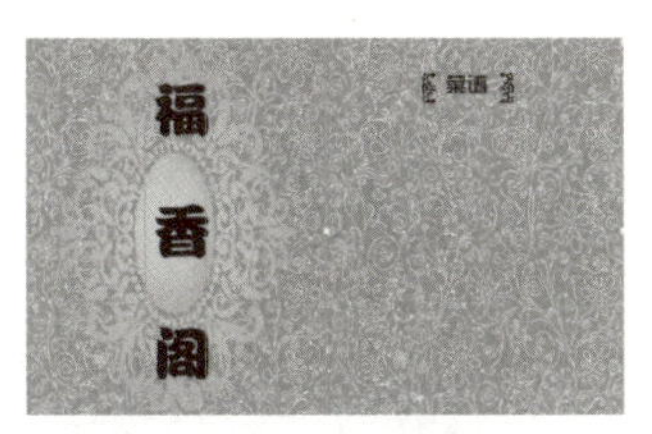

图 6-101　调整图片

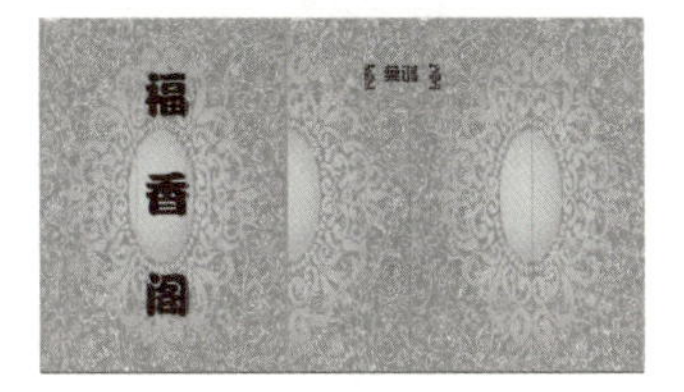

图 6-102　选择素材文件

图 6-103　绘制矩形 9

20）设置完成后单击“确定”按钮，更改矩形转角形状后的效果，如图 6-105 所示。

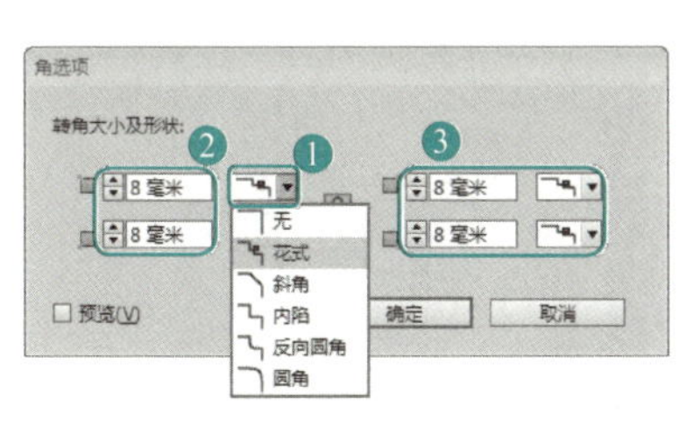

图 6-104　“角选项”对话框

图 6-105　更改矩形转角形状后的效果

21）按〈Ctrl+C〉组合键复制矩形，按〈Ctrl+V〉组合键粘贴矩形，并调整其位置，如图 6-106 所示。

22）在“控制”面板中将“填色”设置为“纸色”，并调整其位置，如图 6-107 所示。

图 6-106　复制矩形

图 6-107　设置填色

23）在绘制的第一个矩形中的字符和两个图片上单击鼠标右键，在弹出的快捷菜单中选择“排列”→“置于顶层”命令，如图 6-108 所示。

24）使用“文字工具”在文档窗口中绘制文本框并输入文字，然后选择输入的文字，在“字符”面板中将“字体”设置为“华文行楷”，将“字体大小”设置为“24 点”，如图 6-109 所示。

图 6-108　使字符以及图标显示出来

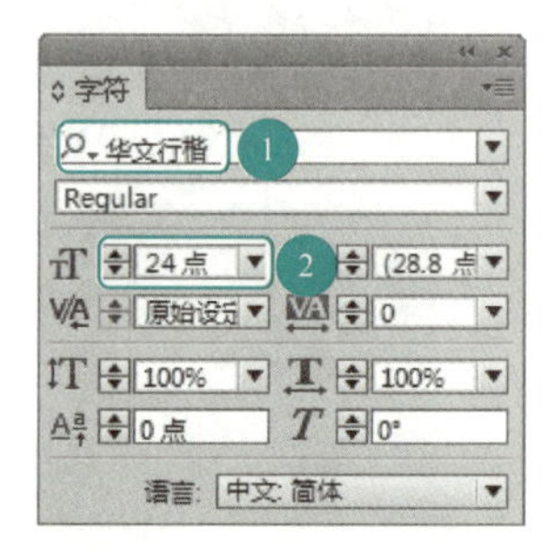

图 6-109　输入并设置文字 8

25）在“控制”面板中双击“填色”图标，在弹出的“拾色器”对话框中将“颜色”设置为“红色”，设置完成后单击“确定”按钮，为文字设置填充颜色后的效果，如图 6-110 所示。

26）继续使用“文字工具”在文档窗口中绘制文本框并输入文字，然后选择输入的文字，在“字符”面板中将“字体”设置为“方正细等线简体”，将“字体大小”设置为“16 点”，如图 6-111 所示。

图 6-110　为文字设置填充颜色

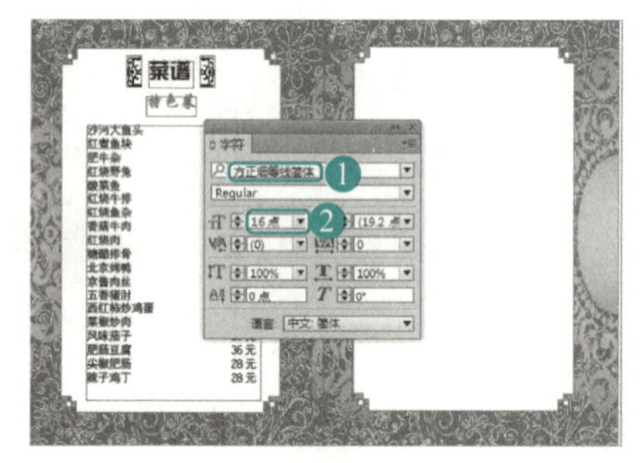

图 6-111　输入其他文字 3

27）使用同样的方法输入其他文字，效果如图 6-112 所示。

28）按〈W〉键查看制作完成后的效果，然后保存场景文件。

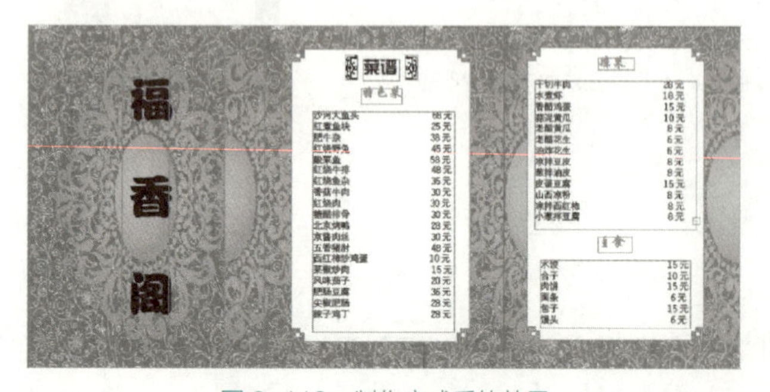

图 6-112　制作完成后的效果

6.2.3 知识解析

使用链接可以最大程度减小文档大小，InDesign CC 将这图片都显示在“链接”调板中，设计师可以随时编辑、更新图片。需要注意的是，当移动 indd 文档至其他计算机上时，应同时将附带的链接图片一起移动。下面通过一个实例讲解如何通过“链接”调板快速查找、更换图片，编辑已置入图片和更新图片链接。

1. 快速查找图片

当素材库中存有很多图片时，在其中找到某张图片是很麻烦的，通过“链接”调板的“转至链接”按钮，可以快速查找图片所在的页面位置，前提是设计师要给每张图片规范起名字才能方便查找。

快速查找图片操作步骤如下。

打开“素材”→“Cha06”→“快速查找图片 .indd”文件，选择“窗口”→“链接”命令，打开“链接”面板，单击“链接”调板中需要修改的某页面图片，本例选择“19.jpg”图片，即显示选择图片的当前页面，如图 6-113 所示。

2. 更换图片

在“链接”面板中，使用“重新链接”按钮，可以在当前选中的图片的文件夹下更换其他图片，还可以重新链接丢失链接的图片。

重新更换其他图片的操作步骤如下。

选择“窗口”→“链接”命令，打开“链接”面板，选择要更换的图片“19.jpg”，单击鼠标右键，在弹出的快捷菜单中选择“重新链接”命令，如图 6-114 所示。

弹出“重新链接”对话框，选择要更换的素材“16 .jpg”，单击“打开”按钮即可，如图 6-115 所示。

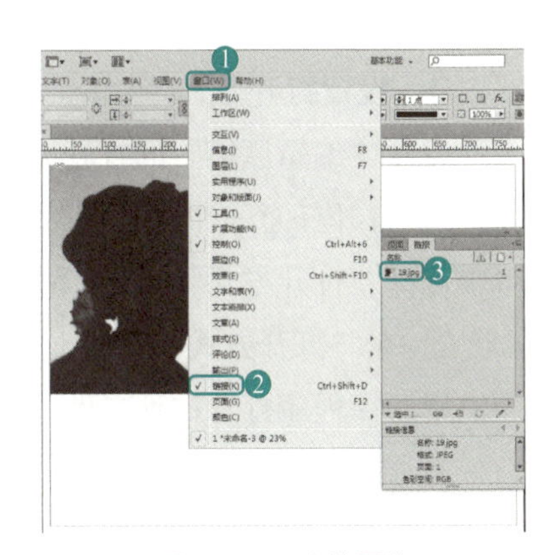

图 6-113　查找图片

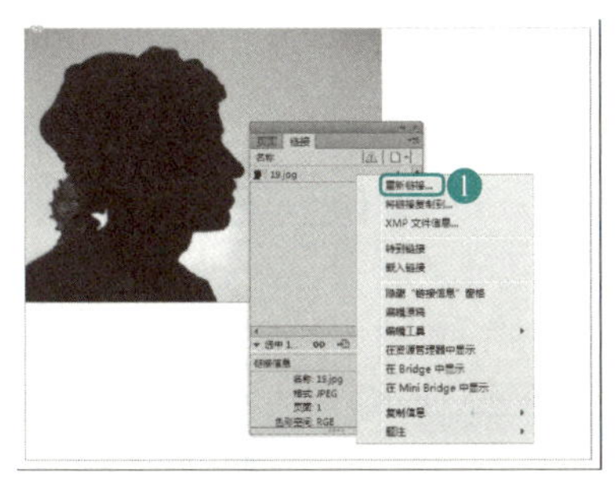

图 6-114　选择“重新链接”命令

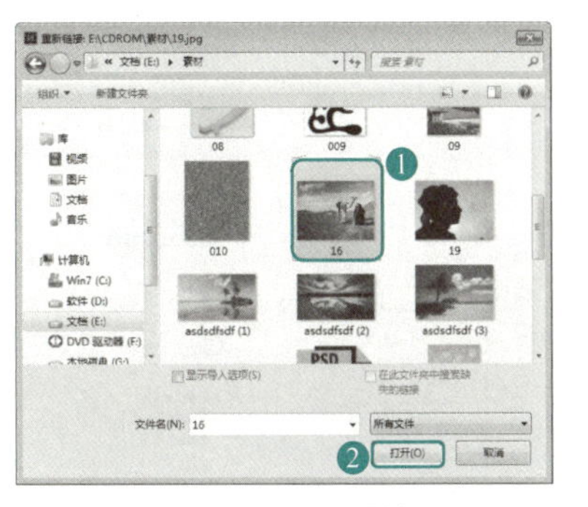

图 6-115　置入图片 3

重新链接丢失链接图片的操作步骤如下。

当“链接”调板中出现❓时表示图片不再位于置入时的位置，但仍存在于某个地方或者源图片的名称被更改。如果将 InDesign CC 文档或是图片的原始文件移动到其他文件夹，则会出现此种情况。

单击“链接”调板中丢失的图片后，单击❓按钮会弹出“定位”对话框，选择更换丢失链接的图片，然后单击“打开”按钮，即完成更换丢失链接图片的操作，如图 6-116 所示。

图 6-116　更换丢失链接的图片

3. 编辑已置入图片

当置入的图片不符合要求时，可以单击“链接”调板中的“编辑原稿”按钮，回到图像处理软件中进行重新编辑。编辑已置入图片的操作步骤如下。

1）用“选择工具”选择需要编辑的图片，单击“链接”调板中的“编辑原稿”按钮，弹出图像处理软件，如图 6-117 所示。

2）在 Photoshop 中就可以重新对图片进行编辑，编辑完成后选择“文件”→“存储”命令，保存重新编辑的图片。

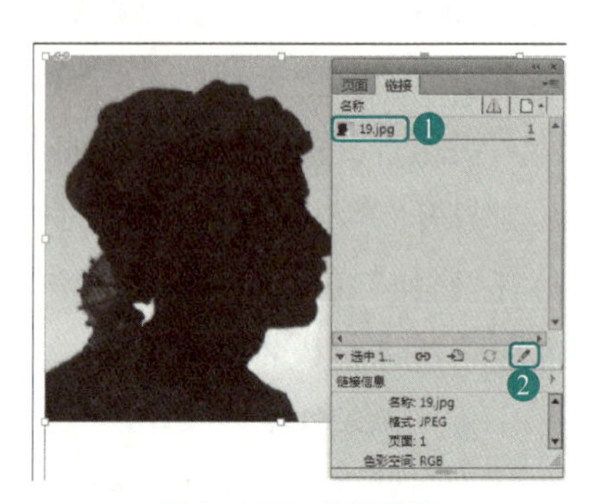

图 6-117　编辑原稿

4. 设置打开方式

设置“编辑原稿”的打开方式为 Photoshop，操作步骤如下。

1）打开任意一个存放图片的文件夹，在一张图片上单击鼠标右键，在弹出的快捷菜单中选择“打开方式”→“选择程序”命令，弹出“打开方式”对话框，如图 6-118 所示。

2）在“打开方式”对话框中选择 Adobe Photoshop CC 为打开程序，然后勾选“始终使用选择程序打开这种文件”复选框，如图 6-119 所示。

3）单击“确定”按钮，即完成将打开方式改为 Adobe Photoshop CC 的操作。

图 6-118　选择“打开方式”命令

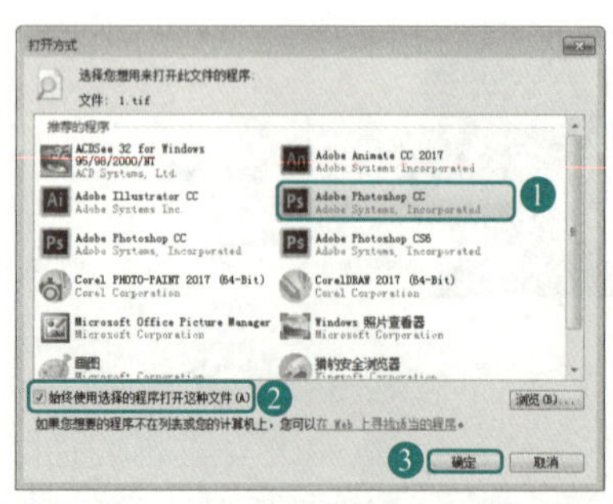

图 6-119　设置打开方式

6.2.4 自主练习——餐厅菜谱

本例将介绍三折页菜谱的制作，如图 6-120 所示，该例的制作比较简单，先向主页中置入图片，从而将置入的图片应用到每一个页面中，然后在页面中置入图片、绘制图形和输入文字等，具体的操作步骤如下：

1）在菜单栏中选择“文件”→“新建”→“文档”命令，在弹出的“新建文档”对话框中将“页数”设置为“3”，将“宽度”和“高度”设置为“95 毫米”和“210 毫米”。将“边距”选项组中的“上”“下”“内”和“外”的值都设置为“0 毫米”。

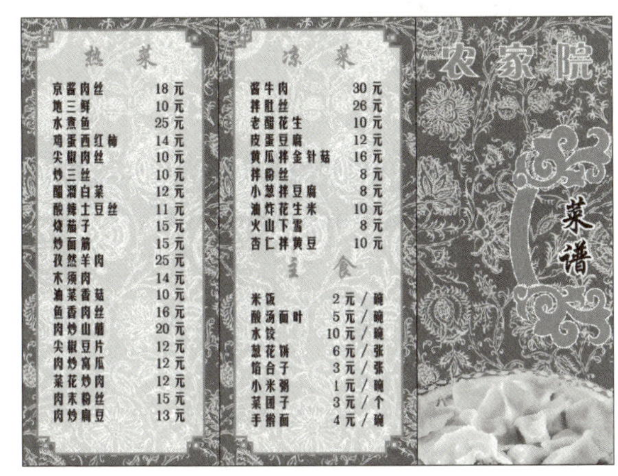

图 6-120 三折页菜谱

2）单击“确定”按钮，按〈F12〉键打开“页面”面板，在该面板中单击右上角的按钮，在弹出的下拉列表中选择“允许文档页面随机排布”命令。在“页面”面板中同时选择第 2 页和第 3 页，然后将其拖拽到第 1 页的右侧，松开鼠标即可。

3）在“页面”面板中双击“A- 主页”，使主页在文档窗口中显示出来。选择“文件”→“置入”命令，在弹出的“置入”对话框中选择“原始文件”→“Cha06”→“素材图片”→“图片 045.jpg”。单击“打开”按钮，在文档窗口中单击，置入图片，然后调整图片的位置。确定新置入的图片处于选择状态，按〈Ctrl+C〉组合键进行复制，然后按〈Ctrl+V〉组合键进行粘贴，并调整其位置。

4）在“页面”面板中双击第 2 页，将其在文档窗口中显示出来。使用“文字工具”在文档窗口中绘制文本框并输入文字，然后选择输入的文字，在“字符”面板中将“字体”设置为“方正粗倩简体”，将“字体大小”设置为“50 点”。

5）在工具箱中双击“填色”图标，在弹出的“拾色器”对话框中将 RGB 值分别设置为 213、142、0。设置完成后单击“确定”按钮，在“控制”面板中将“描边”设置为“纸色”，打开“描边”面板，将“粗细”设置为“2 点”。

6）在菜单栏中选择“文件”→“置入”命令，在弹出的“置入”对话框中选择“原始文件”→“Cha06”→“素材图片”→“图片 046.psd”。单击“打开”按钮，在文档窗口中单击，置入图片，然后在按住〈Ctrl+Shift〉组合键的同时拖动图片调整其大小，并调整其位置。

7）使用“直排文字工具”在文档窗口中绘制文本框并输入文字，然后选择输入的文字，在“字符”面板中将“字体”设置为“华文行楷”，将“字体大小”设置为“52点”。在“控制”面板中将“描边”设置为“纸色”，打开“描边”面板，将“粗细”设置为“3点”。

8）在菜单栏中选择“文件”→“置入”命令，在弹出的“置入”对话框中选择“原始文件”→“Cha06”→“素材图片”→“图片047.psd”。单击“打开”按钮，在文档窗口中单击，置入图片，然后在按住〈Ctrl+Shift〉组合键的同时拖动图片调整其大小，并调整其位置。

9）在工具箱中选择“矩形工具”，在文档窗口中绘制一个矩形，在工具箱中双击“描边”图标，在弹出的“拾色器”对话框中将RGB值分别设置为213、142、0。设置完成后单击“确定”按钮，打开“描边”面板，将“粗细”设置为“3点”。确定新绘制的矩形处于选择状态，在菜单栏中选择“对象”→“角选项”命令，弹出“角选项”对话框，在“转角大小”文本框中输入“8毫米”，并在右侧的“转角形状”下拉列表中选择“花式”选项，设置完成后单击“确定”按钮。

10）按〈Ctrl+C〉组合键复制矩形，按〈Ctrl+V〉组合键粘贴矩形，并调整其位置。再次按〈Ctrl+V〉组合键粘贴矩形，在“控制”面板中将“填色”设置为“纸色”，并调整其位置。

11）在菜单栏中选择“窗口”→“效果”命令，打开“效果”面板，在“效果”面板中将“不透明度”设置为“80%”。按〈Ctrl+C〉组合键复制调整透明度后的矩形，然后按〈Ctrl+V〉组合键进行粘贴，并调整其位置。

12）使用“文字工具”在文档窗口中绘制文本框并输入文字，然后选择输入的文字，在“字符”面板中将“字体”设置为“华文行楷”，将“字体大小”设置为“35点”。在工具箱中双击“填色”图标，在弹出的“拾色器”对话框中将RGB值分别设置为213、142、0，设置完成后单击“确定”按钮。

13）继续使用“文字工具”在文档窗口中绘制文本框并输入文字，然后选择输入的文字，在“字符”面板中将“字体”设置为“汉仪长美黑简”，将“字体大小”设置为“19点”。使用同样的方法输入其他文字。按〈W〉键查看制作完成后的效果，然后保存场景文件。

第 7 章 台历及挂历的制作——编辑表格

【本章导读】

重点知识

■制作时尚台历

■制作挂历

7.1 制作时尚台历

本节介绍如何制作时尚台历，其效果如图 7-1 所示。

图 7-1 时尚台历

7.1.1 知识要点

制作时尚台历主要通过使用“矩形工具”制作时尚台历的背景，然后置入图片丰富页面，并使用“钢笔工具”绘制路径，使用“文字工具”输入内容使内容更加丰富。

7.1.2 实现步骤

1）启动 InDesign CC 软件，按〈Ctrl+N〉组合键，打开“新建文档”对话框，在“页面大小”选项组中将“页面方向”定义为“横向”，将“宽度”设置为“104 毫米”，将“高度”设置为“56 毫米”，将“边距”选项组中的“上”“下”“内”“外”均设置为“0 毫米”，如图 7-2 所示。

2）设置完成后，单击“确定”按钮即可创建一个新的文档，新建文档，如图 7-3 所示。

3）在工具箱中单击“矩形工具”，在文档窗口中绘制一个矩形，并将其“填色”设置为“纸色”，将其“描边”设置为“无”，如图 7-4 所示。

4）确认该图形处于选中状态，按〈Ctrl+Shift+F10〉组合键，打开“效果”面板，在该面板中单击“向选定的目标添加对象效果”按钮，在弹出的下拉列表中选择“投影”

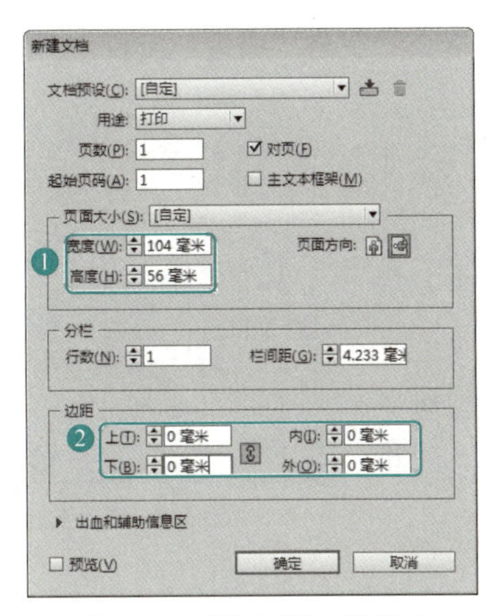

图 7-2　“新建文档”对话框 1

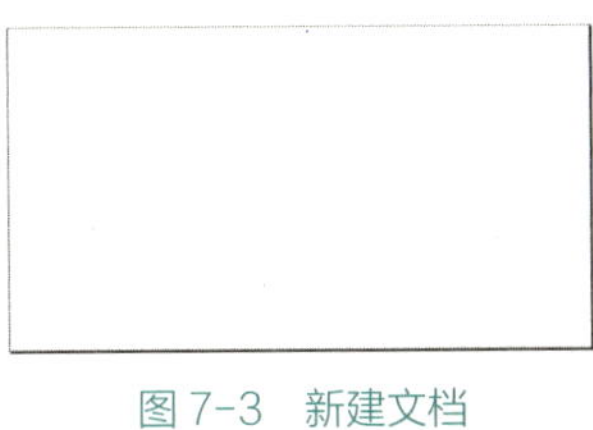

图 7-3　新建文档

图 7-4　绘制矩形 1

命令，如图 7-5 所示。

5）在弹出的“效果”对话框中将“不透明度”设置为“50%”，将“距离”设置为“1 毫米”，勾选“使用全局光”复选框，将“X 位移”设置为“0.5 毫米”，将“Y 位移”设置为“0.866 毫米”，如图 7-6 所示。

6）设置完成后，单击“确定”按钮，即可为选中的对象添加投影，效果如图 7-7 所示。

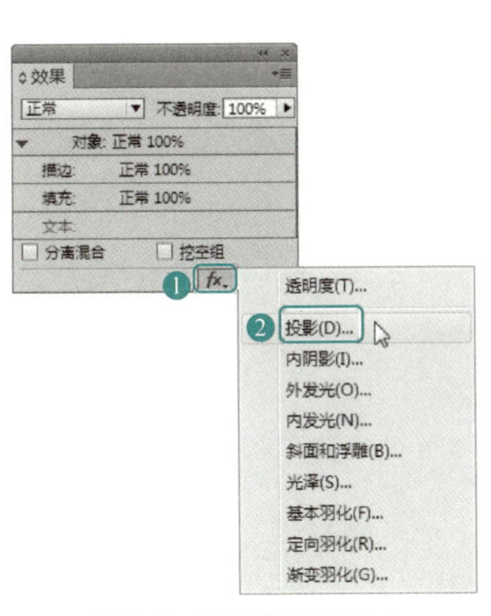

图 7-5　选择“投影”命令

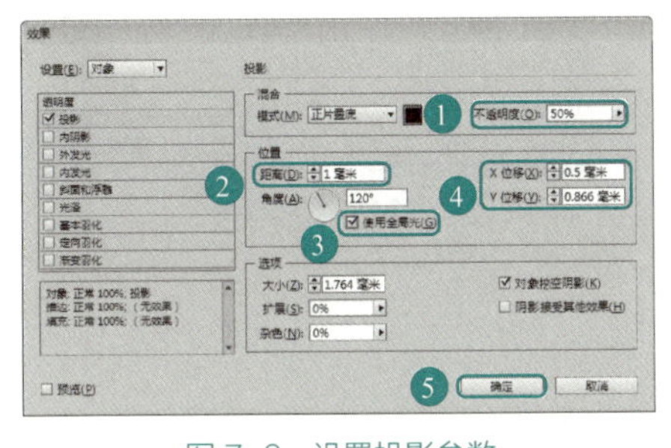

图 7-6　设置投影参数

图 7-7　添加投影后的效果

7）按〈Ctrl+D〉组合键，在弹出的“置入”对话框中选择“素材”→“Cha07”→“背景图案 .psd”，如图 7-8 所示。

8）选择完成后，单击“打开”按钮，将该素材置入到文档窗口中，并调整其大小及位置，调整后的效果如图 7-9 所示。

9）在工具箱中单击“钢笔工具”，在文档窗口中绘制一个如图 7-10 所示的图形。

10）在“控制”面板中将“填色”设置为“红色”，将“描边”设置为“无”，填充效果如图 7-11 所示。

11）再用“钢笔工具”在文档窗口中绘制一个如图 7-12 所示的图形。

12）使用同样的方法绘制其下方的其他图形，绘制后的效果如图 7-13 所示。

13）在工具箱中单击“选择工具”，在文档窗口中选择所绘制的图形，在菜单栏中选择“对象”→“路径”→“建立复合路径”命令，如图 7-14 所示。

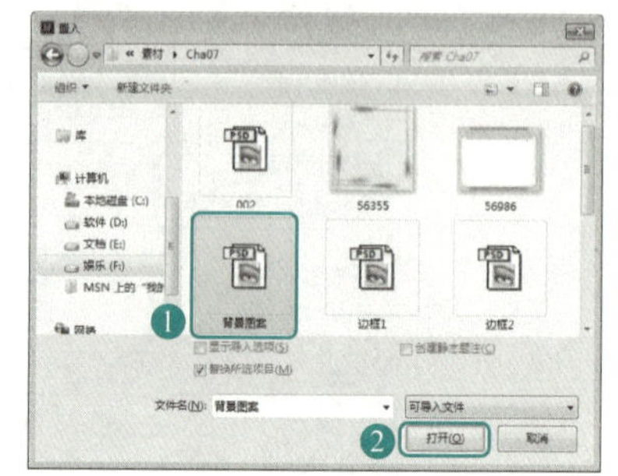

图 7-8　选择素材文件 1

图 7-9　调整素材

图 7-10　绘制图形 1

图 7-11　填充效果

图 7-12　使用“钢笔工具”绘制图形

图 7-13　绘制其他图形

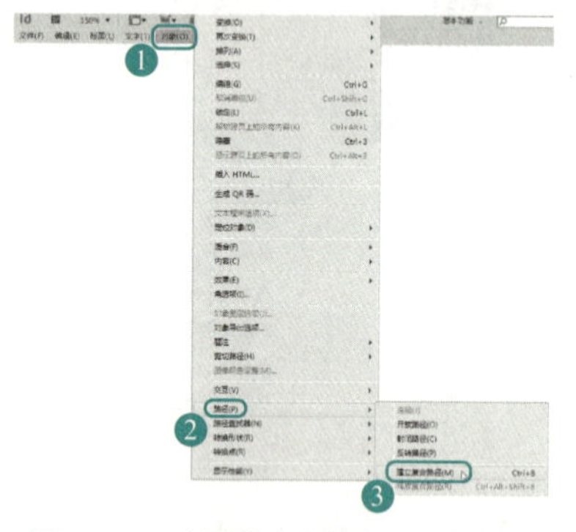

图 7-14　选择“建立复合路径”命令

14）确认该图形处于选中状态，按〈F6〉键打开“颜色”面板，将“描边”设置为“无”，将“填色”的 CMYK 值设置为 0、20、60、20，如图 7-15 所示。

15）按〈Ctrl+D〉组合键，在弹出的“置入”对话框中选择“素材”→“Cha07”→“图案 .psd”，如图 7-16 所示。

16）选择完成后，单击“打开”按钮，将素材置入到文档窗口中，在文档窗口中调整其大小及位置，如图 7-17 所示。

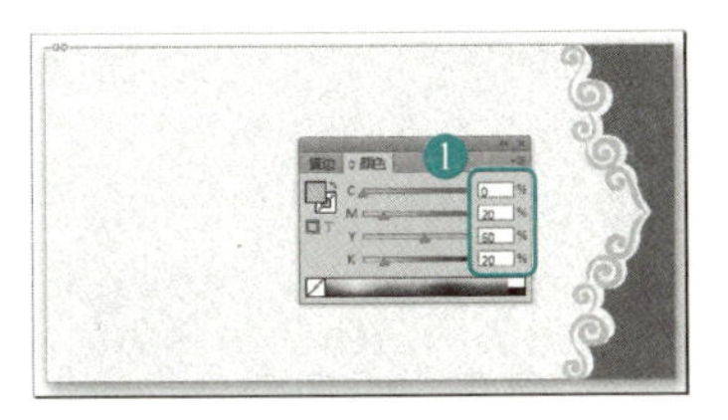

图 7-15　设置描边及填色

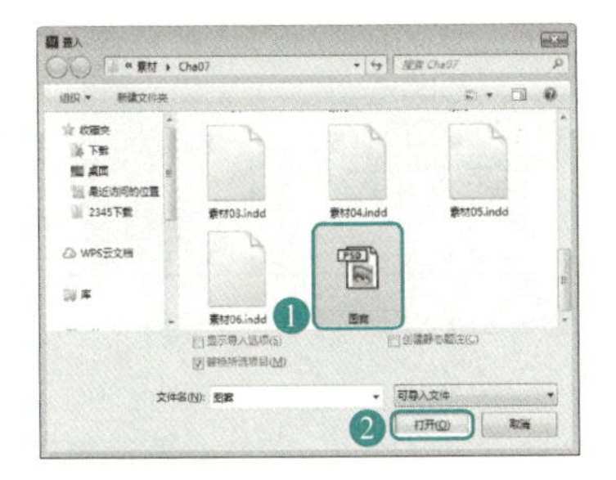

图 7-16　选择素材文件 2

图 7-17　置入素材文件 1

17）在工具箱中单击“文字工具”，在文档窗口中绘制一个文本框并输入文字，选中所有的文字，在“控制”面板中将“字体”设置为“方正大标宋简体”，将所有的数字的“字体大小”设置为“6 点”，将其他文字的“字体大小”设置为“3 点”，如图 7-18 所示。

18）使用“选择工具”将其选中，在菜单栏中选择“文字”→“制表符”命令，如图 7-19 所示。

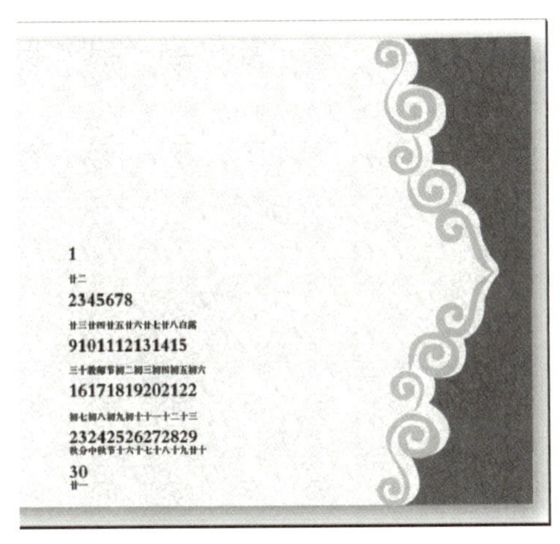

图 7-18　输入文字 1

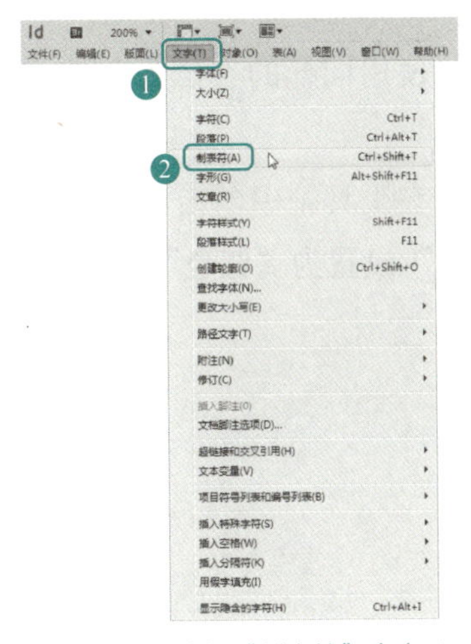

图 7-19　选择“制表符”命令 1

19）打开“制表符”面板，单击面板中的“将面板放在文本框架上方”按钮，即可将“制表符”面板与选中的文本框对齐，将制表符分成如图 7-20 所示的八列。

20）选择工具箱中的“文字工具”，将光标插入到“1”字的前面，按六次〈Tab〉键调整其位置，如图 7-21 所示。

21）用同样的方法将光标置入不同的位置，对文本框中的其他文字进行调整，调整完成后的效果如图 7-22 所示。

22）将“制表符”面板关闭，使用“文字工具”选择数字“5”，在“控制”面板中将其“填色”设置为“绿色”，如图7-23所示。

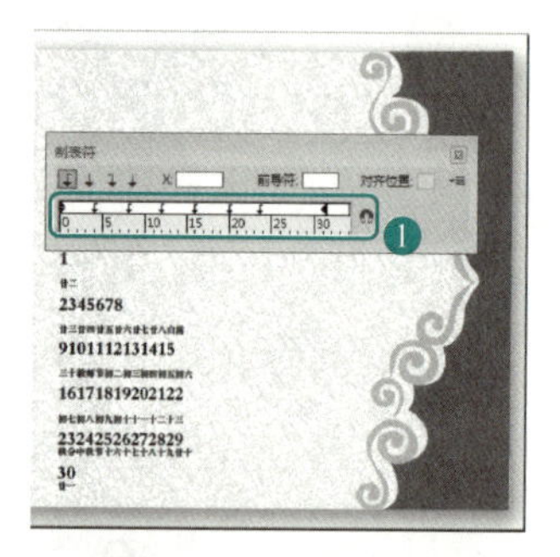

图7-20　设置制表符1

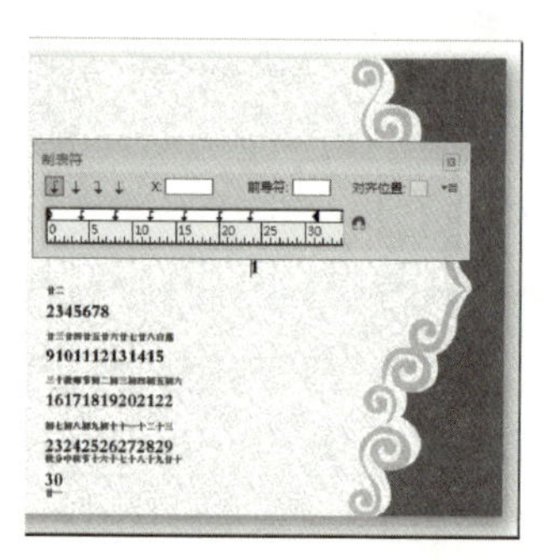

图7-21　调整文字位置1

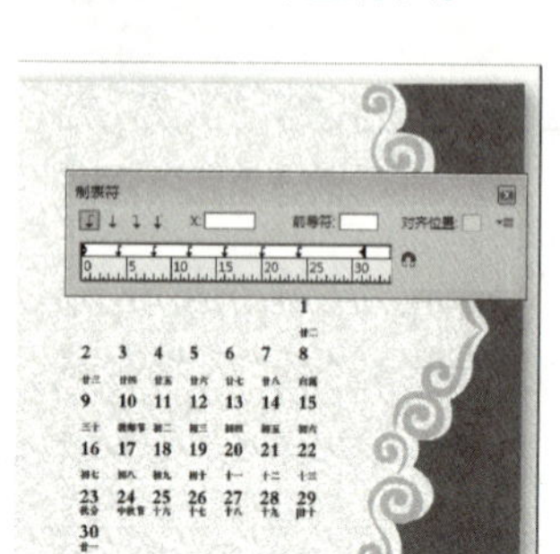

图7-22　调整完成后的效果

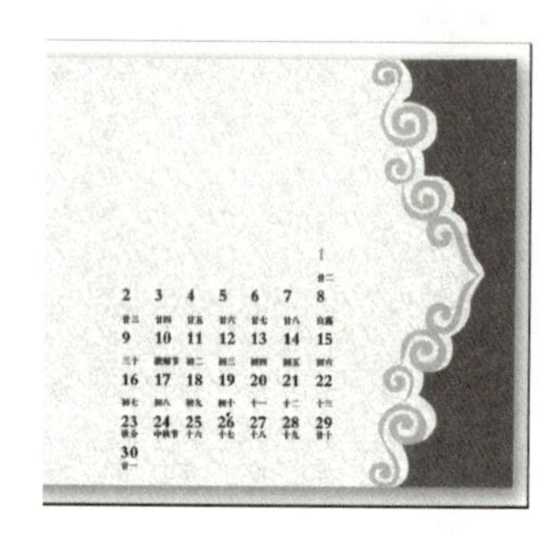

图7-23　设置文字颜色1

23）使用同样的方法为其他文字设置颜色，并调整其位置，完成后的效果如图7-24所示。

24）在工具箱中单击“矩形工具”，在文档窗口中绘制一个矩形，在“控制”面板中将“填色”设置为“红色”，将“描边”设置为“无”，如图7-25所示。

图7-24　设置后的效果1

图7-25　绘制矩形并填充

25）使用同样的方法创建其他矩形，并设置其颜色参数，如图7-26所示。

26）选择工具箱中的“文字工具”，在文档窗口中绘制一个文本框并输入文字，选中输入的位置，在“控制”面板中将“字体”设置为“方正华隶简体”，将“字体大小”设置为“5点”，如图7-27所示。

图 7-26　绘制其他矩形后的效果

图 7-27　输入文字 2

27）使用“选择工具”将其选中，在菜单栏中选择“文字”→“制表符”命令，打开“制表符”面板，单击面板中的“将面板放在文本框架上方”按钮，即可将“制表符”面板与选中的文本框对齐，将制表符分成如图 7-28 所示的七列。

28）选择工具箱中的“文字工具”，将光标插入到“SUN”字的后面，按〈Tab〉键调整其位置，如图 7-29 所示。

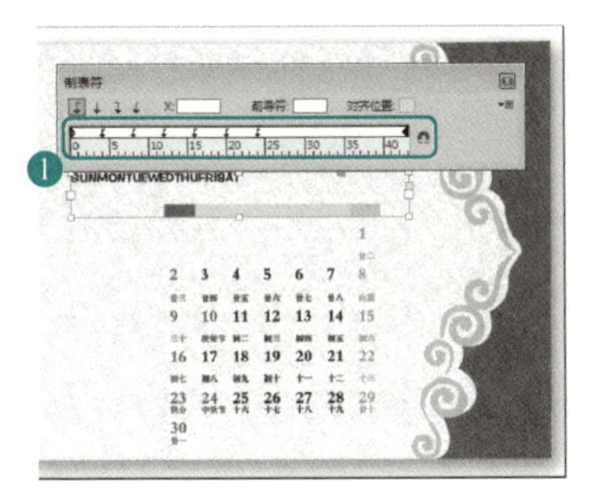

图 7-28　设置制表符 2

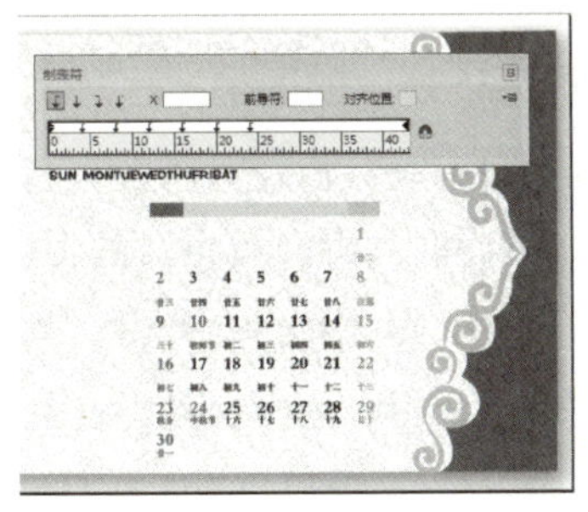

图 7-29　调整位置

29）使用同样的方法将光标置入不同的位置，对文本框中的其他文字进行调整，调整后的效果如图 7-30 所示。

30）将“制表符”面板关闭，然后调整文字位置，使用“文字工具”选择 SUN，在“控制”面板中将“填色”设置为“纸色”，选择 SAT，在“控制”面板中将“填色”设置为“纸色”，设置后的效果如图 7-31 所示。

图 7-30　调整后的效果 1

图 7-31　设置文字颜色 2

31）使用同样的方法创建其他文字及矩形，并对其进行相应的设置，其效果如图 7-32 所示。

32）按〈Ctrl+D〉组合键，在弹出的“置入”对话框中选择“素材”→“Cha07”→“002.psd”，如图 7-33 所示。

图 7-32　创建其他文字及矩形

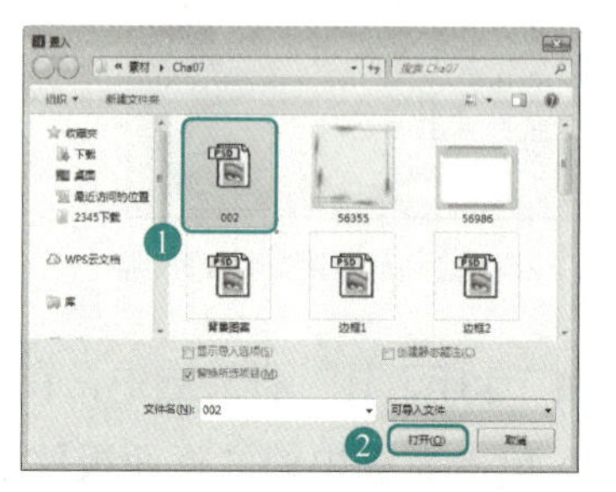
图 7-33　选择素材文件 3

33）选择完成后，单击“打开”按钮，将选中的素材文件置入到文档窗口中，并调整其大小及位置，调整后的效果如图 7-34 所示。

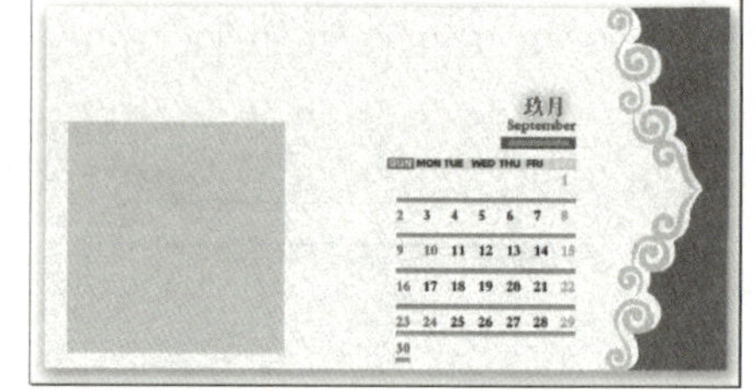
图 7-34　置入素材文件 2

34）选择工具箱中的“钢笔工具”，在文档窗口中绘制如图 7-35 所示的图形。

35）确认该图形处于选中状态，按〈F6〉键打开“颜色”对话框，将“填色”的 CMYK 值设置为 0、2、15、0，单击描边，单击“颜色”面板右上角的按钮，在弹出的下拉列表中选择 CMYK，将“描边”的 CMYK 值设置为 15、30、71、1，如图 7-36 所示。

36）在工具箱中单击“钢笔工具”，在文档窗口中绘制如图 7-37 所示的图形。

图 7-35　绘制图形 2

图 7-36　设置填色及描边 1

图 7-37　绘制图形 3

37）确认该图形处于选中状态，在“颜色”面板中将“填色”的 CMYK 值设置为 27、98、99、0，将“描边”设置为“无”，如图 7-38 所示。

38）使用“钢笔工具”继续绘制其他图形，绘制后的效果如图 7-39 所示。

39）选中所绘制的图形，按〈Ctrl+8〉组合键建立复合路径，效果如图 7-40 所示。

图 7-38 设置填充颜色

图 7-39 绘制其他图形

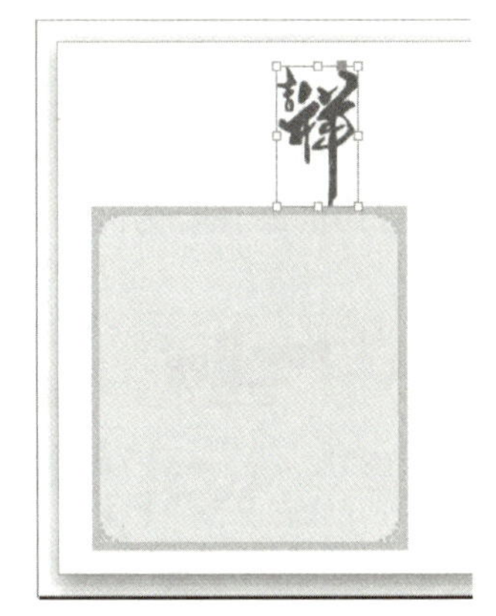

图 7-40 建立复合路径

40）继续选中该图形，按〈Alt+Ctrl+M〉组合键打开“效果”对话框，在该对话框中将阴影的“不透明度”设置为“35%”，将“距离”设置为“0.6 毫米”，勾选“使用全局光”复选框，将“大小”设置为“0.5 毫米”，如图 7-41 所示。

41）设置完成后，单击“确定”按钮，即可为选中图形设置阴影，如图 7-42 所示。

42）使用同样的方法绘制其他图形并输入相应的文字，效果如图 7-43 所示。

43）按〈Ctrl+D〉组合键，在弹出的“置入”对话框中选择“素材”→“Cha07”→“花.png”，在文档窗口中调整其位置及大小，如图 7-44 所示。

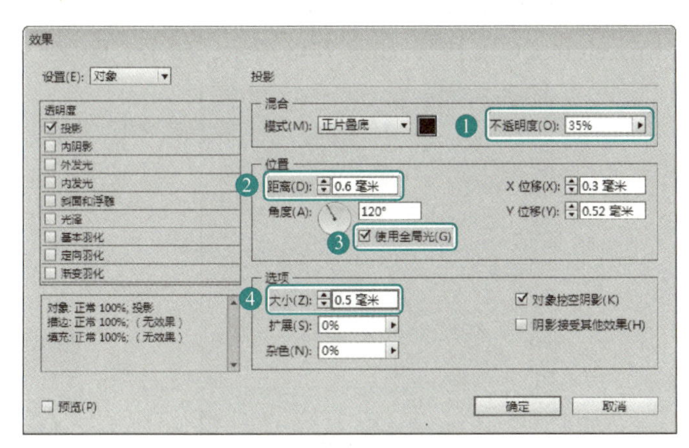

图 7-41 设置阴影参数

图 7-42 添加阴影后的效果

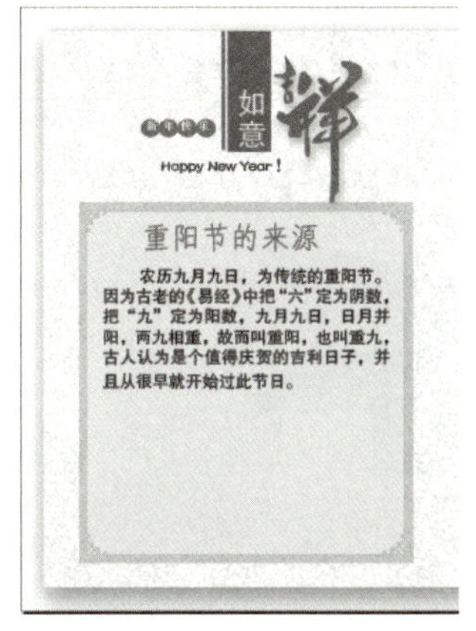

图 7-43 创建文字及图形

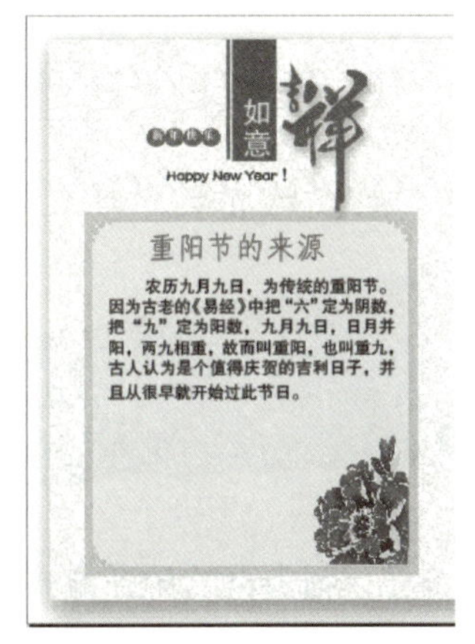

图 7-44 置入素材文件 3

44）使用同样的方法将其他素材文件置入到文档窗口中，并调整其位置及大小，完成效果如图 7-45 所示。

45）场景制作完成后，按〈Ctrl+E〉组合键，打开“导出”对话框，在该对话框中为指定导出的路径，为其命名并将其“保存类型”设置为 JPEG 格式，如图 7-46 所示。

图 7-45　完成效果

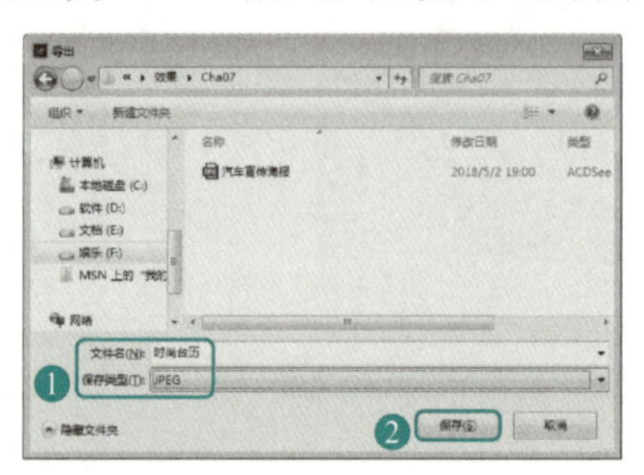

图 7-46　“导出”对话框

46）单击“保存”按钮，在弹出的“导出　JPEG”对话框中使用其默认值，如图 7-47 所示。

47）单击“导出”按钮，在菜单栏中选择“文件”→“存储为”命令，在弹出的“存储为”对话框中为其指定“文件名”为“时尚台历 .indd”并将“保存类型”设置为“InDesign CC 文档”，如图 7-48 所示，单击“保存”按钮。

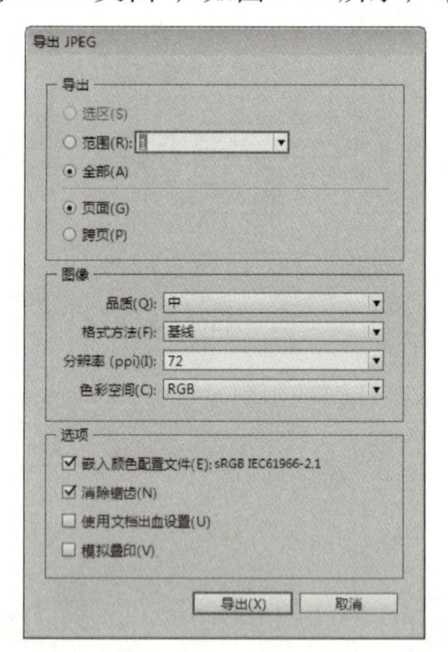

图 7-47　“导出　JPEG”对话框

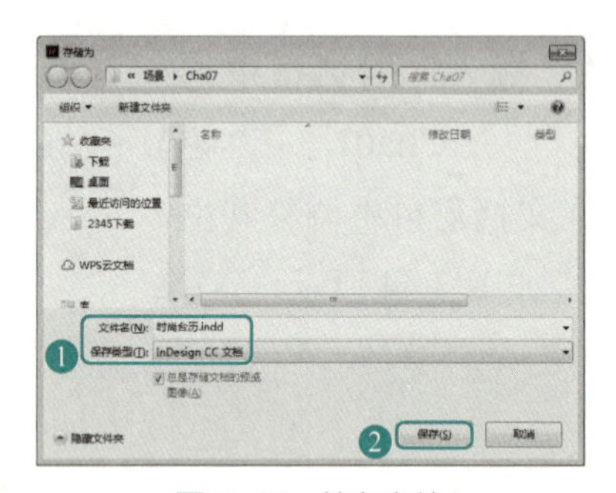

图 7-48　储存文件

7.1.3　知识解析

1. 制表符的对齐方式

在“制表符”面板中有 4 种设置制表符的对齐方式的功能按钮，分别是“左对齐制表符”按钮、“居中对齐制表符”按钮、“右对齐制表符”按钮和“对齐小数位（或其他指定字符）制表符”按钮。

如果需要设置制表符的对齐方式，可以在“制表符”面板中选中需要设置的制表符，如图 7-49 所示。然后在“制表符”面板中单击相应的对齐方式按钮即可。

“左对齐制表符”按钮：单击该按钮后，制表符停止点为文本的左侧，是默认的制表符对齐方式，如图 7-50 所示。

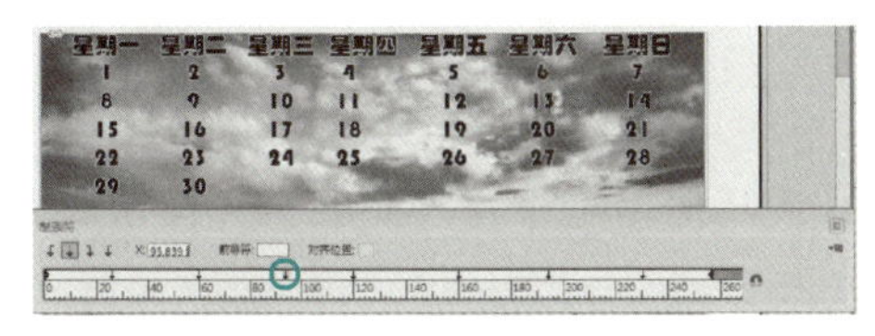

图 7-49　选中制表符 1

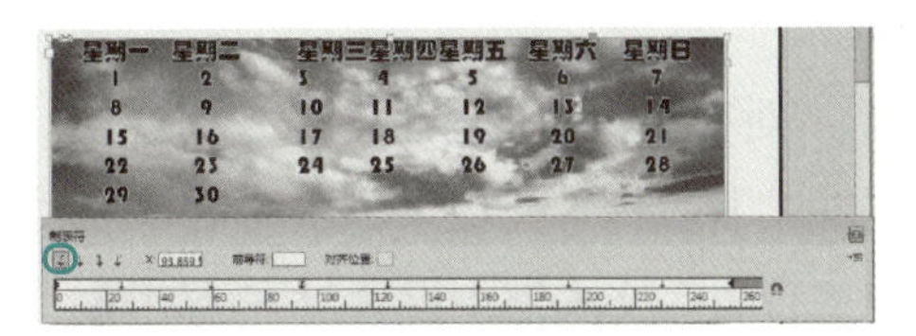

图 7-50　左对齐制表符

“居中对齐制表符”按钮：单击该按钮后，制表符停止点为文本的中心。

“右对齐制表符”按钮：单击该按钮后，制表符停止点为文本的右侧，效果如图 7-51 所示。

“对齐小数位（或其他指定字符）制表符”按钮：单击该按钮后，制表符停止点为文本的小数点位置，如果文本中没有小数点，InDesign 会假设小数点在文本的最后面，效果如图 7-52 所示。

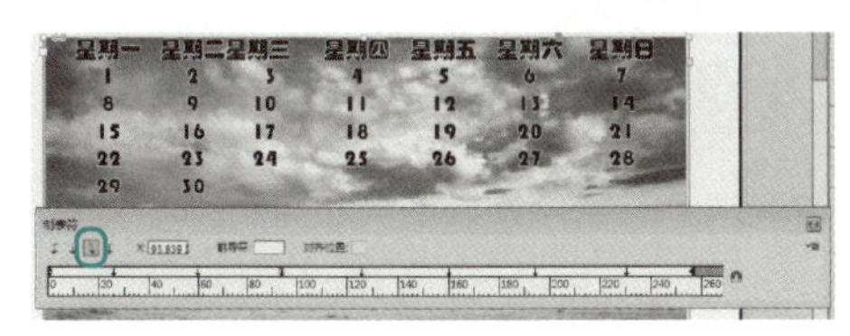

图 7-51　右对齐制表符

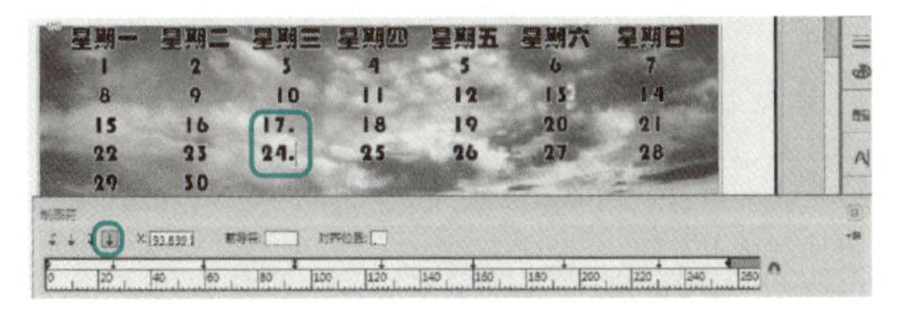

图 7-52　对齐小数位制表符

2．制表符位置文本框

在“制表符”面板中的“X”文本框（制表符位置文本框）中可以精确地调整选中的制表符的位置。

在“制表符”面板中选中一个需要调整的制表符，如图 7-53 所示。然后在“X”文本框中输入数值，并按〈Enter〉键确认，即可将选中的制表符调整到指定的位置，如图 7-54 所示。

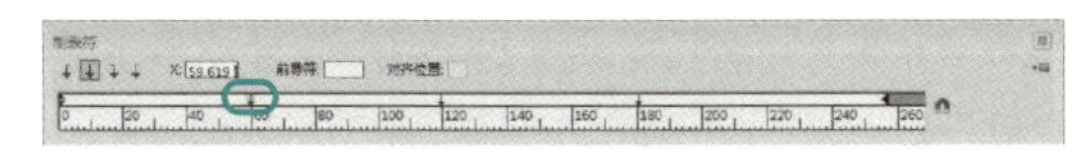

图 7-53　选中制表符 2

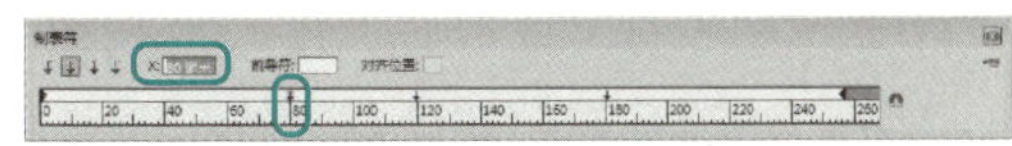

图 7-54　在“X”文本框中输入数值

3．“前导符”文本框

在“前导符”文本框中输入字符后，可以将输入的字符填充到每个制表符之间的空白处，在该文本框中最多可以输入 8 个字符作为填充，不可以输入特殊类型的空格，例如，窄空格或细空格等。

打开素材文件，在“制表符”面板中选中一个制表符，如图 7-55 所示。然后在“前导符”文本框中输入字符，并按〈Enter〉键确认，即可在空白处填充输入的字符，效果如图 7-56 所示。

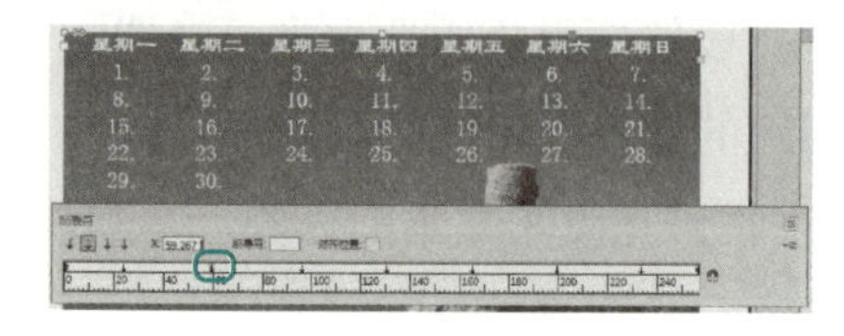

图 7-55　选中制表符 3

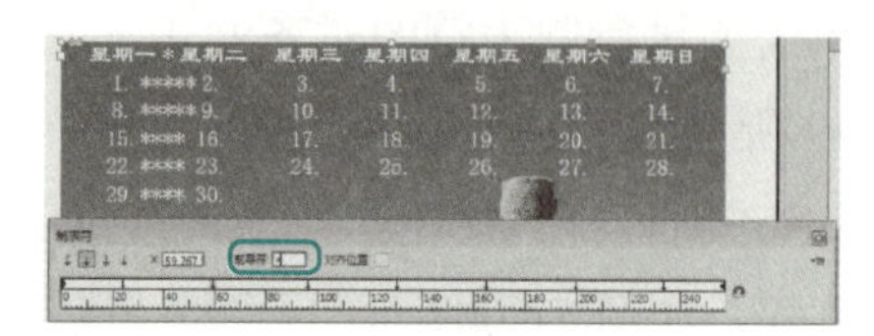

图 7-56　填充字符

4．“对齐位置”文本框

当在“制表符”面板中单击“对齐小数位（或其他指定字符）制表符”按钮后，可以在“对齐位置”文本框中设置对齐的对象，默认为“.”。

在“制表符”面板中选中一个制表符，如图 7-57 所示。然后单击“对齐小数位（或其他指定字符）制表符”按钮，并在“对齐位置”文本框中输入字符作为对齐的对象，例如，输入“.”，输入完成后按〈Enter〉键确认，效果如图 7-58 所示。如果在文本中没有发现所输入的字符，将会假设该字符是每个文本对象的最后一个字符。

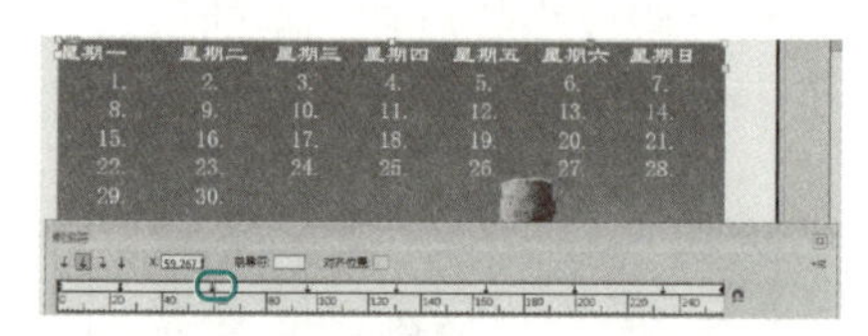

图 7-57　选中制表符 4

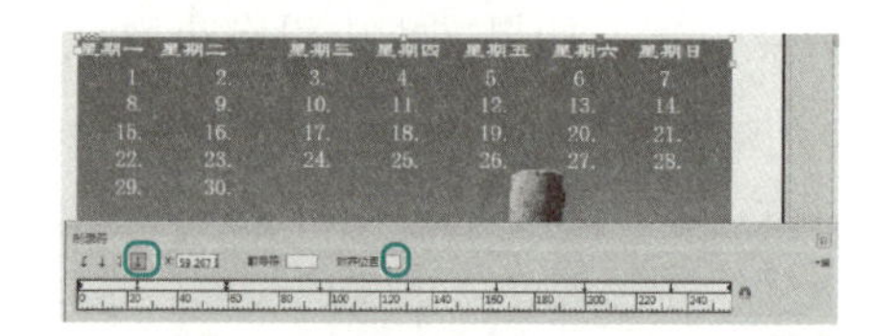

图 7-58　对齐“.”字符

5．定位标尺

定位标尺中的三角形缩进块可以显示和控制选定文本的首行、左、右缩进，左侧是由两个三角形组成的缩进块，拖动上面的三角形可以调整首行缩进位置，下面的三角形可以调整左侧的缩进距离，右侧的三角形可以调整右侧的缩进距离，如图 7-59 所示。

图 7-59　定位标尺

6．“制表符”面板菜单

单击“制表符”面板右上角的按钮，在弹出的下拉列表中可以选择需要应用的命令，包括“清除全部”“删除制表符”“重复制表符”和“重置缩进”，如图 7-60 所示。

图 7-60　“制表符”面板菜单

“清除全部”：选择该命令后，可以删除所有已经创建的制表符，所有使用制表符放置的文本全部恢复到最初的位置。

“删除制表符”：选择该命令后，可以将选中的制表符删除。

“重复制表符”：选择该命令后，可以自动测量选中的制表符与左边距之间的距离，并将被选中的制表符之后的所有制表符全部替换成选中的制表符。

“重置缩进”：选择该命令后，可以将文本框中的缩进设置全部恢复成默认设置。

7.2 制作挂历

挂历体现了中国传统的“历书”和“年历”计时法，过去年末岁尾，家家户户买几张年历画贴在堂屋内。本节将介绍如何制作时尚挂历，效果图如图 7-61 所示。

图 7-61　时尚挂历

7.2.1 知识要点

制作挂历主要通过使用“矩形工具”制作挂历的背景，然后置入图片丰富页面，并使用“钢笔工具”绘制路径对其进行效果处理，使用“文字工具”输入内容使内容更加丰富。

7.2.2 实现步骤

1）在菜单栏中选择“文件”→“新建”→“文档”命令，在弹出的“新建文档”对话框中将“宽度”和“高度”分别设置为“440 毫米”和“580 毫米”，在“边距”选项组中将“上”“下”“左”“右”的值都设置为“0 毫米”，单击“确定”按钮，如图 7-62 所示。

2）在工具箱中选择“矩形工具”，在文档窗口中绘制一个矩形，在“控制”面板中将“W”和“H”分别设置为 430、316，如图 7-63 所示。

3）按〈F5〉键打开“色板”面板，单击该面板右上角的按钮，在弹出的下拉列表中选择“新建渐变色板”命令，如图 7-64 所示。

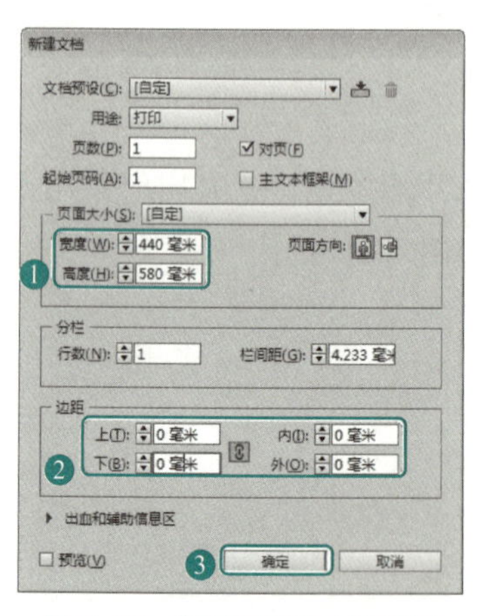

图 7-62 “新建文档”对话框 2

图 7-63 绘制矩形 2

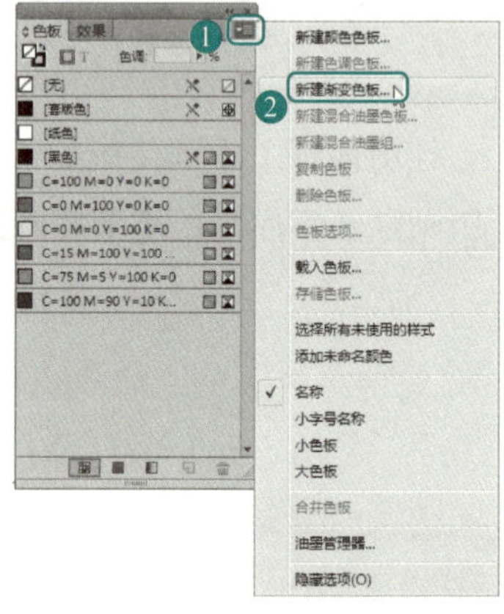

图 7-64 选择“新建渐变色板”命令 1

4）在弹出的“新建渐变色板”对话框中将“色板名称”设置为“红色渐变”，将“类型”设置为“径向”，选择左侧的色标，将其 CMYK 值设置为 0、100、100、1，将其“位置”调整到“32.6”，如图 7-65 所示。

5）选择右侧的色标，将其“站点颜色”设置为 CMYK，将其 CMYK 值设置为 0、100、100、49，如图 7-66 所示。

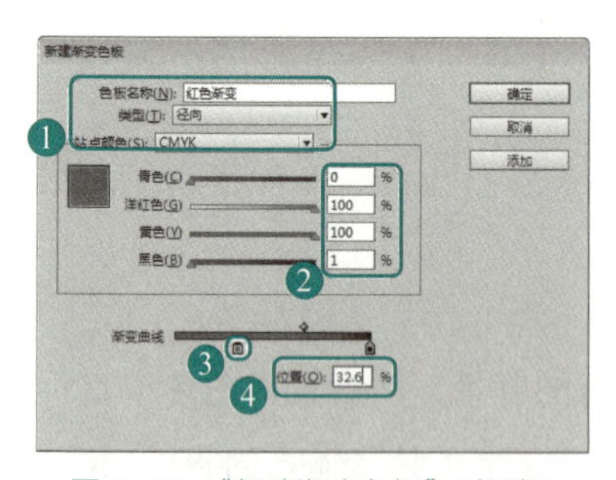

图 7-65 “新建渐变色板”对话框

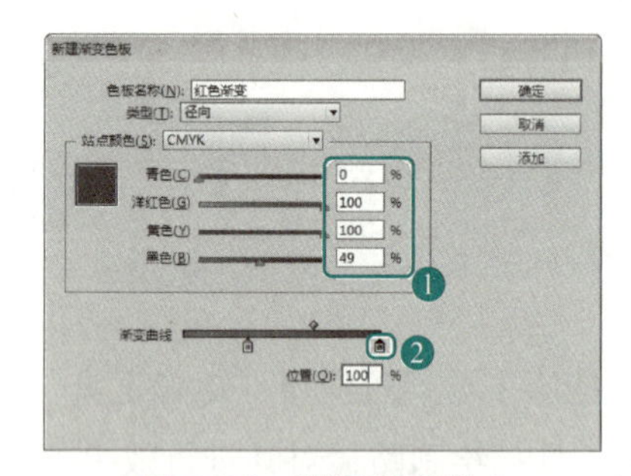

图 7-66 设置颜色参数 1

6）设置完成后，单击“确定”按钮，即可为绘制的矩形添加渐变颜色，在“控制”面板中将“描边”设置为“无”，如图 7-67 所示。

7）在空白位置上单击，在菜单栏中选择“文件”→“置入”命令，在弹出的对话框中选择“素材”→“Cha07”→“花边 .psd”，如图 7-68 所示。

8）单击“打开”按钮，在文档窗口中为其指定位置，并调整其大小及位置，调整后的效果如图 7-69 所示。

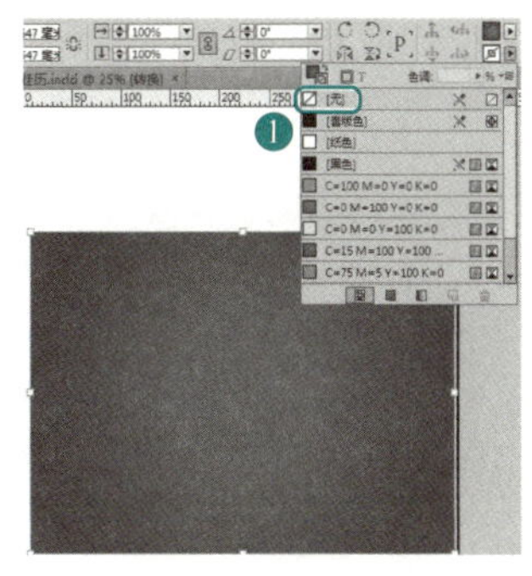

图 7-67 设置描边

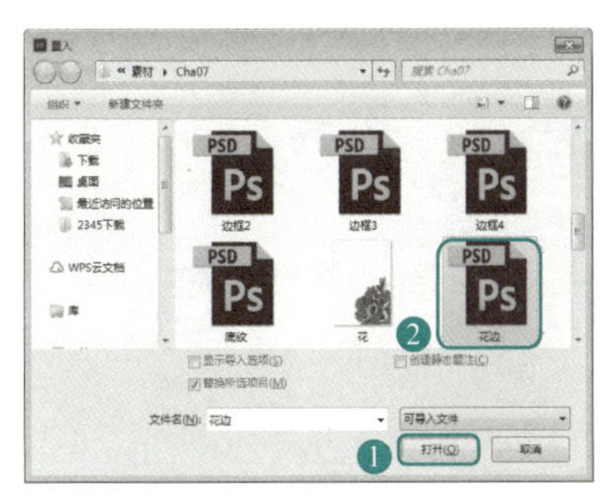

图 7-68 选择素材文件 4

图 7-69 调整后的效果

9）在工具箱中使用“文字工具”，在文档窗口中绘制一个文本框并输入文字，将输入的文字选中，在“控制”面板中将“字体”设置为“方正新舒体简体”，将“字体大小”设置为“175 点”，如图 7-70 所示。

10）按〈F5〉键打开“色板”面板，单击该面板右上角的按钮，在弹出的下拉列表中选择“新建渐变色板”命令，如图 7-71 所示。

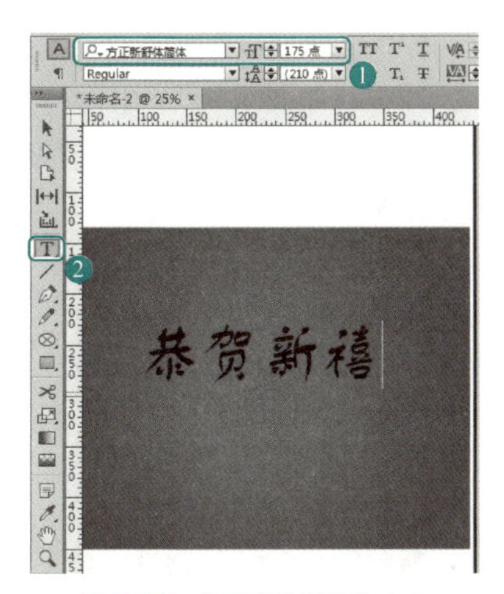

图 7-70 设置字体及字体大小

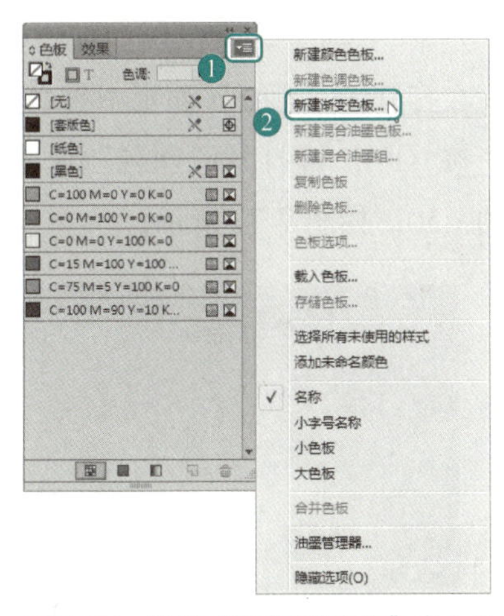

图 7-71 选择“新建渐变色板”命令 2

11）在弹出的“新建渐变色板”对话框中将“色板名称”设置为“黄色渐变”，将“类型”设置为“线性”，选择左侧的色标，将其 CMYK 值设置为 0、70、100、0，将其“位置”设置为“19”，如图 7-72 所示。

12）再在渐变曲线的中间位置单击，添加一个色标，将其 CMYK 值设置为 6、0、96、0，将其“位置”设置为“56”，如图 7-73 所示。

13）选择右侧的色标，将其“站点颜色”设置为 CMYK，将其 CMYK 值设置为 0、0、0、0，然后单击“确定”按钮，如图 7-74 所示。

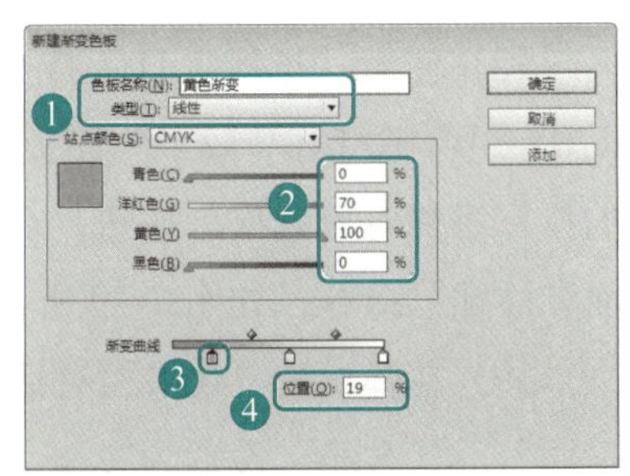

图 7-72 “新建渐变色板”对话框

14）在菜单栏中选择“窗口”→“颜色”→“渐变”命令，如图 7-75 所示。

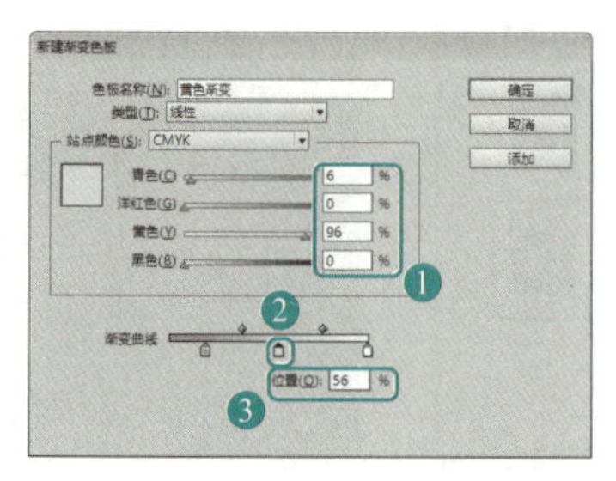

图 7-73　设置“位置”

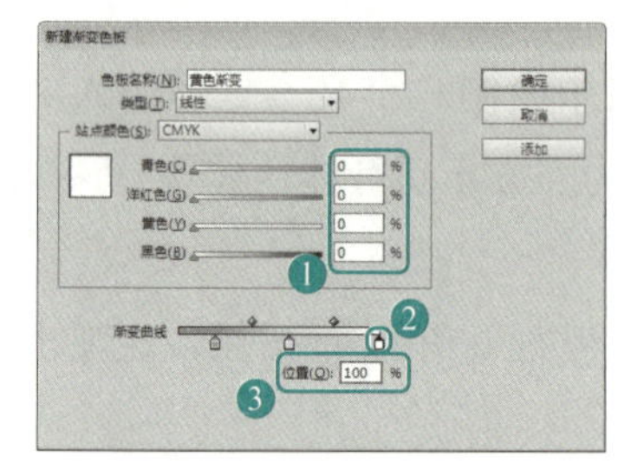

图 7-74　设置颜色参数 2

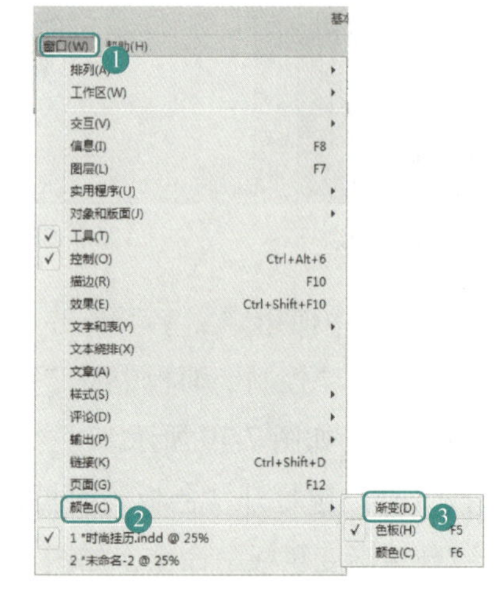

图 7-75　选择“渐变”命令

15）在打开的“渐变”面板中将“角度”设置为“90”，如图 7-76 所示。

16）按〈F6〉键打开“颜色”面板，在该面板中将“描边”的 CMYK 值设置为 0、100、100、50，如图 7-77 所示。

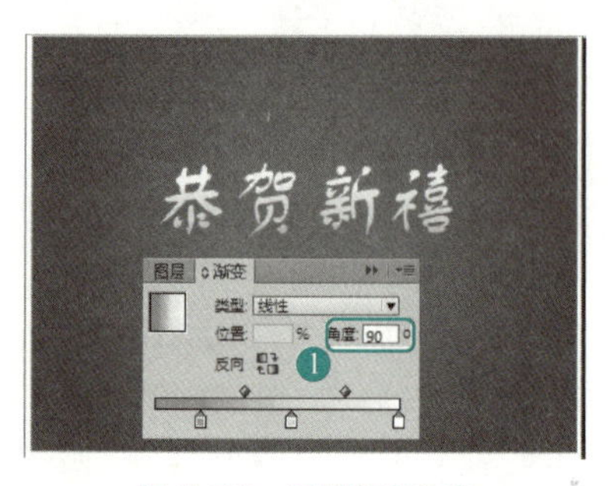

图 7-76　设置渐变角度

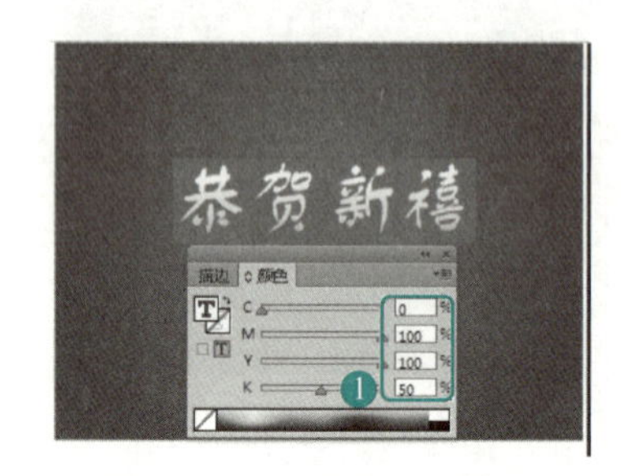

图 7-77　设置描边“颜色”

17）按〈F10〉键打开“描边”面板，在该面板中将“粗细”设置为“7 点”，设置后的效果如图 7-78 所示。

18）使用“选择工具”将文字选中，按〈Shift+Ctrl+F10〉组合键打开“效果”面板，在该面板中单击“向选定的目标添加对象效果”按钮，在弹出的下拉列表中选择“斜面和浮雕”命令，如图 7-79 所示。

19）在弹出的“效果”对话框中将“样式”设置为“外斜面”，将“大小”设置为“2 毫米”，将“高度”设置为“9°”，将“突出显示”设置为“正片叠底”，如图 7-80 所示。

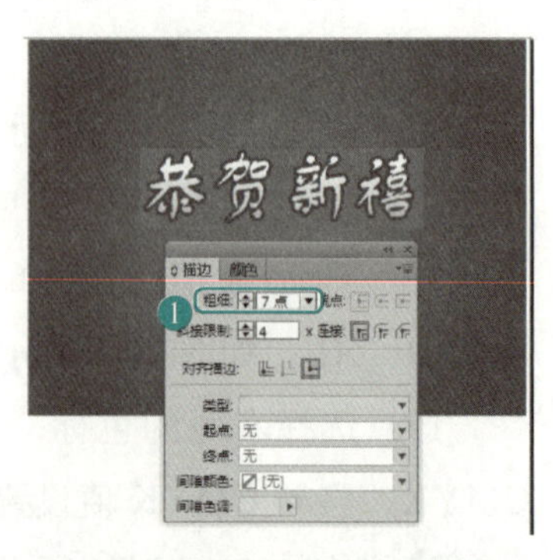

图 7-78　设置描边“粗细”

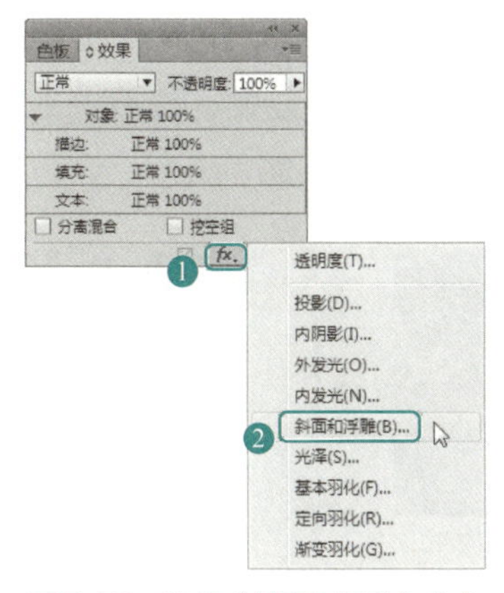

图 7-79　选择“斜面和浮雕”命令

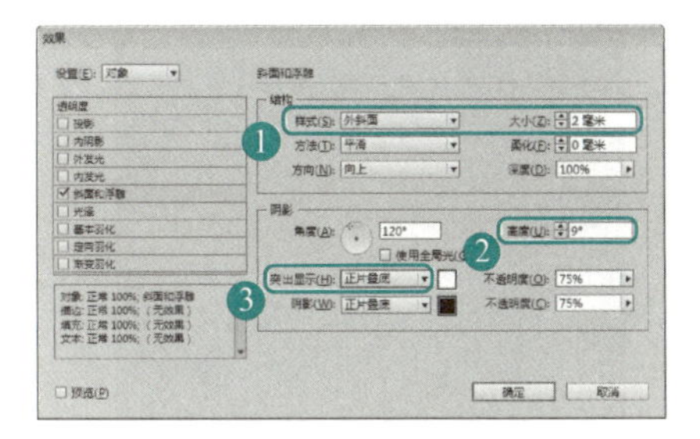

图 7-80　设置“斜面和浮雕”

20）单击“阴影”右侧的颜色框，在弹出的“效果颜色”对话框中将“颜色”设置为 CMYK，将 CMYK 值设置为 0、100、100、50，如图 7-81 所示。设置完成后，单击“确定”按钮，完成后效果如图 7-82 所示。

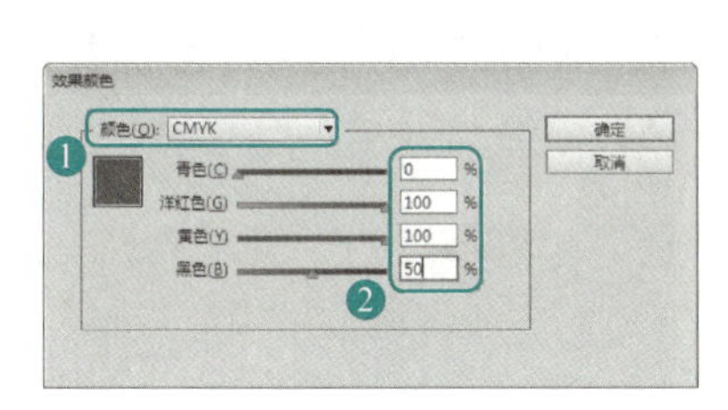

图 7-81　设置阴影颜色

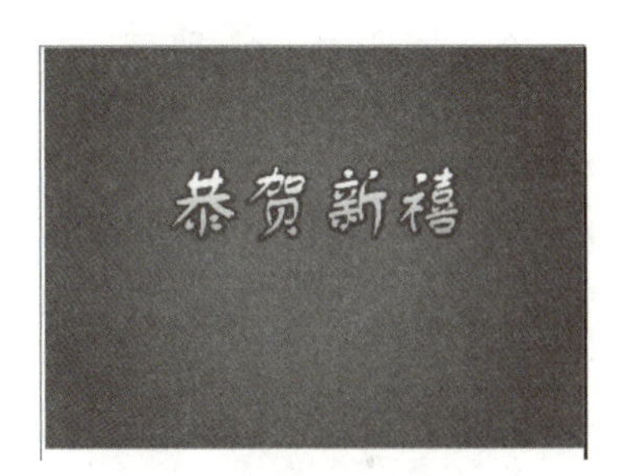

图 7-82　设置斜面和浮雕后的效果

21）使用同样的方法创建“吉祥如意”，并在文档窗口中调整文字的位置，效果如图 7-83 所示。

22）在空白位置上单击，按〈Ctrl+D〉组合键打开“置入”对话框，在该对话框中选择“素材”→“Cha07”→“祥云 .psd”，如图 7-84 所示。

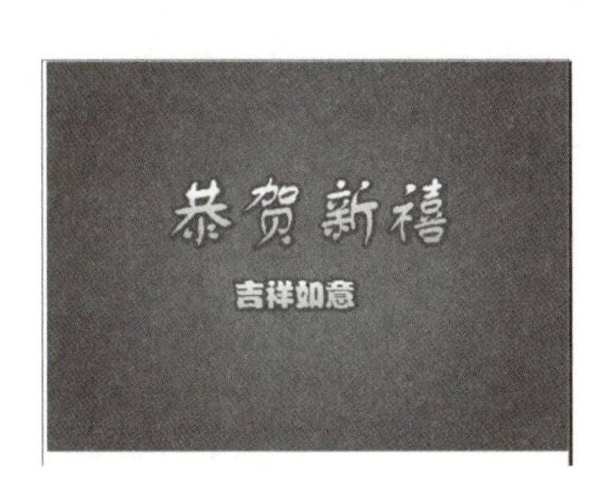

图 7-83　创建其他文字后的效果

图 7-84　选择素材文件 5

23）单击“打开”按钮，在文档窗口中为其指定位置并调整其位置，如图 7-85 所示。

24）确认该图片处于选中状态，按住〈Alt〉键对其进行复制，然后单击鼠标右键，在弹出的快捷菜单中选择“变换”→“水平翻转”命令，如图 7-86 所示。

图 7-85　添加素材效果

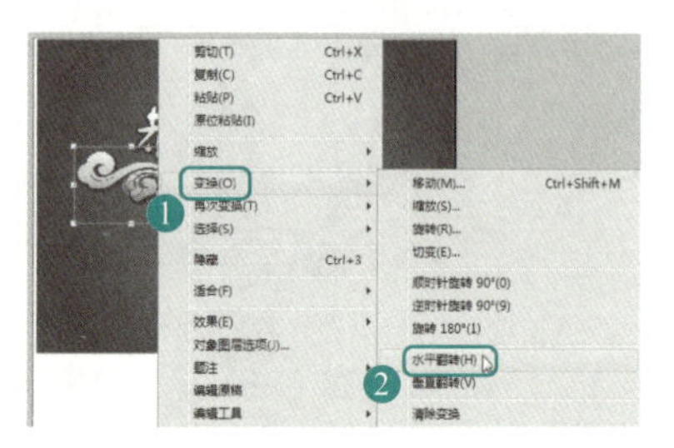

图 7-86　选择“水平翻转”命令

25）执行该命令后即可将图片进行翻转，将翻转后的图片调整到相应的位置上，效果如图 7-87 所示。

26）用相同的方法将“long.psd”和“2018.psd”素材导入，并在文档窗口中调整其位置及大小，效果使如图 7-88 所示。

图 7-87　调整后的效果 2

图 7-88　导入其他素材

27）在文档窗口中选择素材文件“2012.psd”，按住〈Alt〉键对其进行复制，单击鼠标右键，在弹出的快捷菜单中选择“变换”→“垂直翻转”命令，如图 7-89 所示。然后在文档窗口中调整翻转后的素材的位置，显示效果如图 7-90 所示。

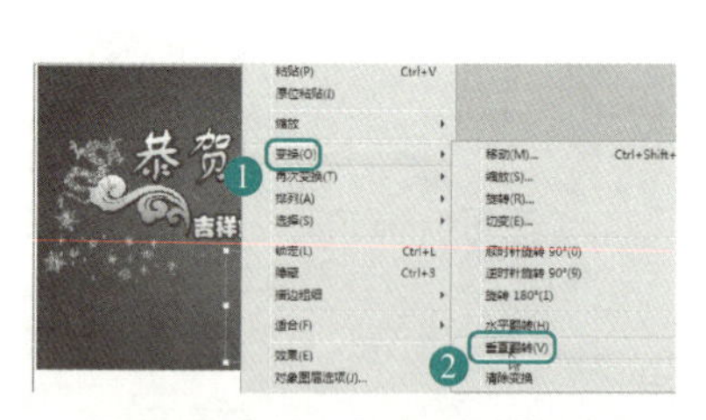

图 7-89　选择“垂直翻转”命令

图 7-90　显示效果

28）按〈Shift+Ctrl+F10〉组合键打开“效果”面板，在该面板中单击“向选定的目标添加对象效果”按钮，在弹出的下拉列表中选择“渐变羽化”命令，如图 7-91 所示。

29）在弹出的“效果”对话框中选择右侧的色标，将其“位置”设置为“50%”，将“类型”设置为“线性”，将“角度”设置为“90°”，如图 7-92 所示，设置完成后，单击“确定”按钮，设置渐变羽化后的效果，如图 7-93 所示。

30）在工具箱中使用“椭圆工具”，在文档窗口中按住〈Shift〉键绘制一个正圆，如图 7-94 所示。

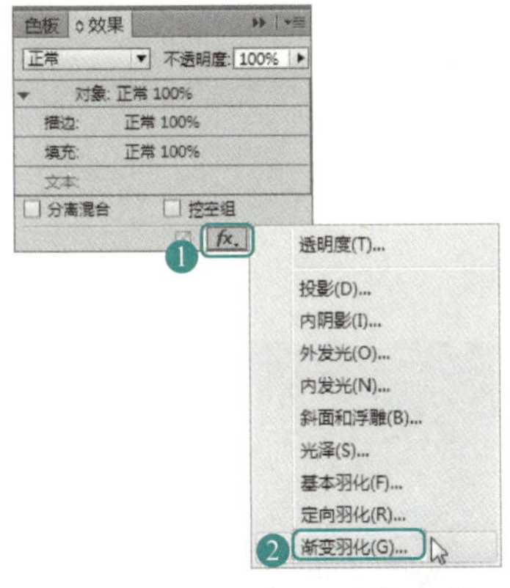

图 7-91　选择“渐变羽化”命令 1

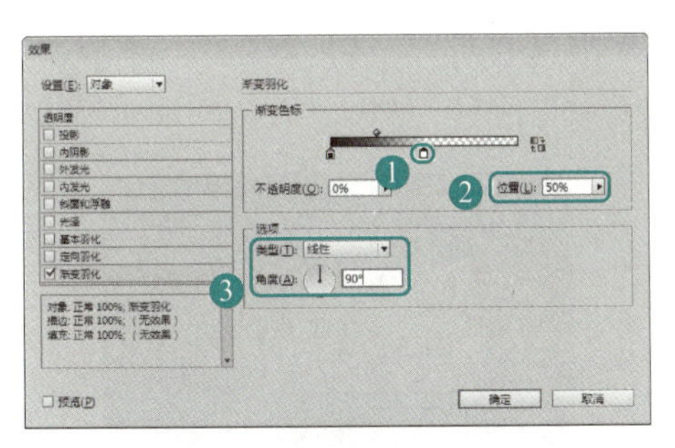

图 7-92　设置渐变羽化 1

图 7-93　设置渐变羽化后的效果

图 7-94　绘制正圆

31）按〈F6〉键打开“颜色”面板，将“填色”的 CMYK 值设置为 0、0、0、0，将“描边”设置为“无”，如图 7-95 所示。

32）按〈Shift+Ctrl+F10〉组合键打开“效果”面板，在该面板中单击“向选定的目标添加对象效果”按钮，在弹出的下拉列表中选择“渐变羽化”命令，如图 7-96 所示。

图 7-95　设置填色及描边 2

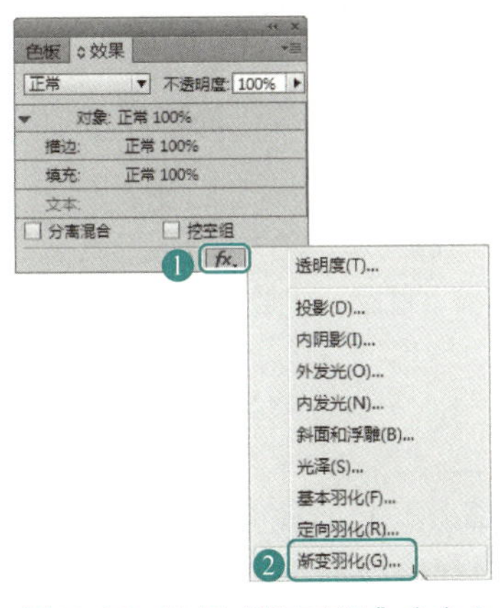

图 7-96　选择“渐变羽化”命令 2

33）在弹出的“效果”对话框中选择左侧的色标，将其“位置”设置为“6.5%”，将“类型”设置为“径向”，如图 7-97 所示。羽化效果如图 7-98 所示。

34）在文档窗口中按住〈Alt〉键对该图形进行复制，然后调整其位置，复制后的效果如图 7-99 所示。

35）在工具箱中使用“矩形工具”，在文档窗口中绘制一个矩形，在“颜色”面板中将“填色”的 CMYK 值设置为 2、1、14、0，将“描边”的 CMYK 值设置为 100、100、100、100，如图 7-100 所示。

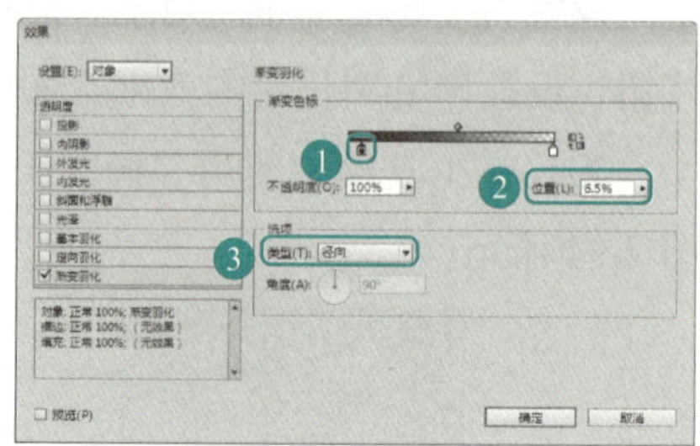

图 7-97　设置渐变羽化 2

图 7-98　羽化效果

图 7-99　复制图形后的效果

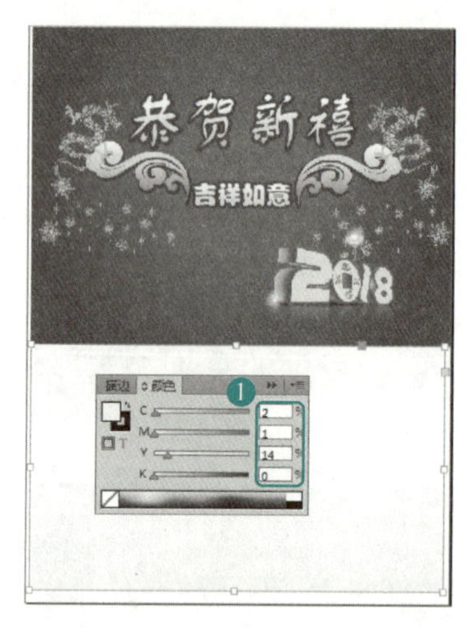

图 7-100　设置填色及描边 3

36）确认该图形处于选中状态，单击鼠标右键，在弹出的快捷菜单中选择“排列”→“置于底层”命令，如图 7-101 所示。

37）在其他位置上单击，按〈Ctrl+D〉组合键打开“置入”对话框，在该对话框中打开“素材”→“Cha07”→“底纹 .psd”，如图 7-102 所示。

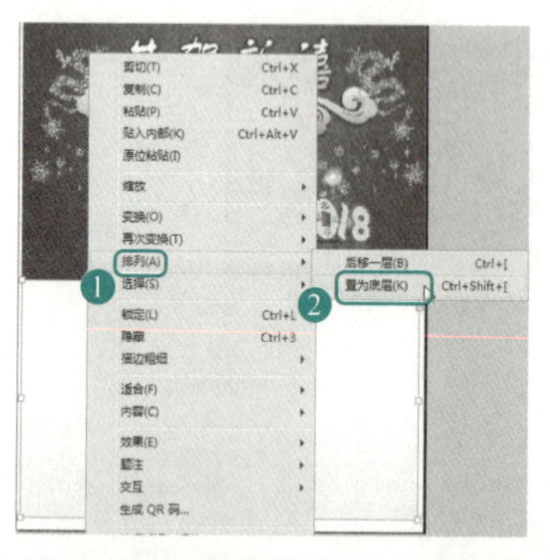

图 7-101　选择“置于底层”命令

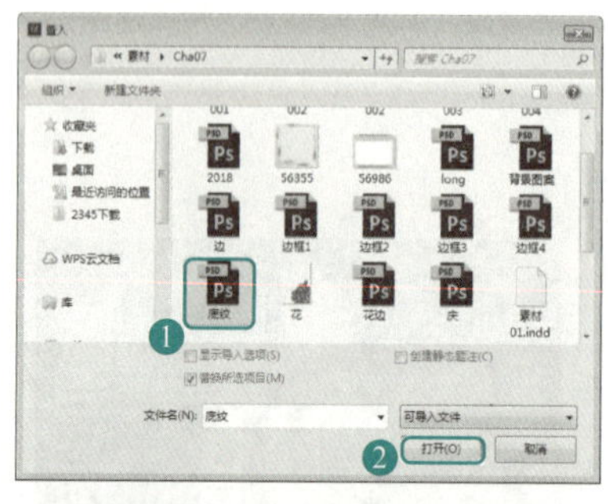

图 7-102　选择素材文件 6

38）单击“打开”按钮，在文档窗口中为其指定位置，并调整其大小及位置，调整后的效果，如图 7-103 所示。

39）确认该素材处于选中状态，按〈Shift+Ctrl+F10〉组合键打开“效果”面板，在该面板中将“不透明度”设置为“35%”，如图 7-104 所示。

40）使用同样的方法将“边 .psd”导入到文档窗口中，并在文档窗口中调整其位置及大小，调整后的效果如图 7-105 所示。

图 7-103　调整后的效果

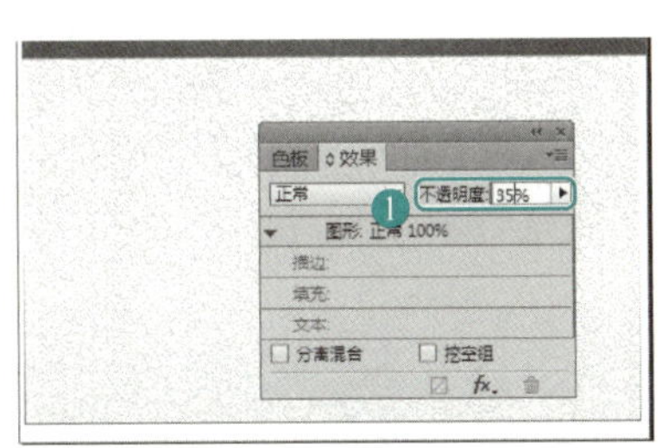

图 7-104　设置“不透明度”

图 7-105　导入素材文件后的效果

41）在工具箱中使用“钢笔工具”，在文档窗口中绘制一个如图 7-106 所示的图形。

42）在“控制”面板中将“填色”设置为“纸色”，将“描边”设置为“无”，显示效果如图 7-107 所示。

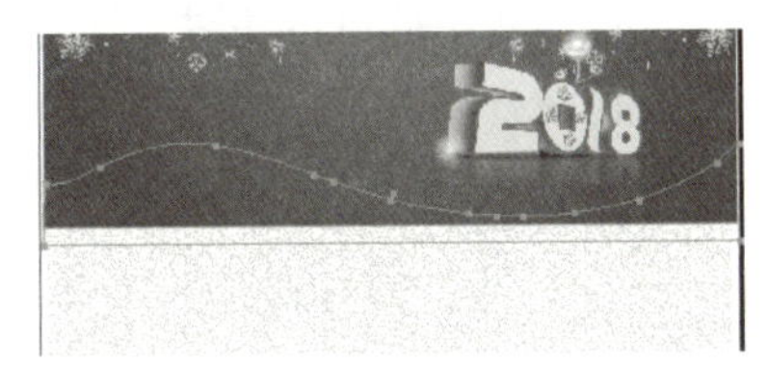

图 7-106　绘制图形 4

43）按〈Shift+Ctrl+F10〉组合键打开“效果”面板，在该面板中单击“向选定的目标添加对象效果”按钮，在弹出的下拉列表中选择“渐变羽化”命令，在弹出的对话框中将左侧的色标的位置调整到“78.5%”，将右侧的色标的位置调整到“94%”，将“类型”设置为“线性”，将“角度”设置为“−90°”，如图 7-108 所示，设置完成后，单击“确定”按钮。

图 7-107　显示效果

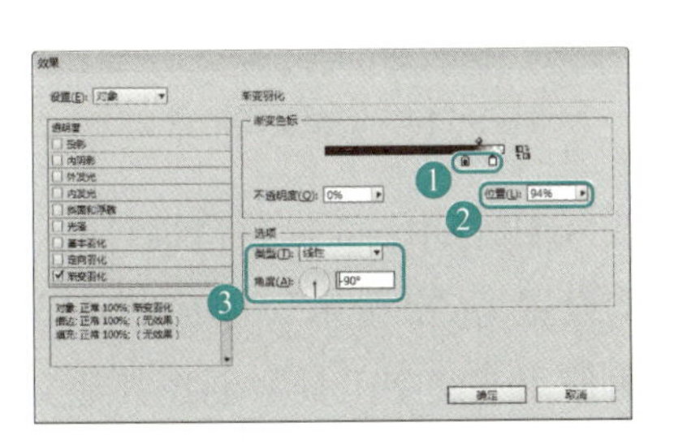

图 7-108　设置渐变羽化 3

44）在工具箱中使用“文字工具”，在文档窗口中绘制一个文本框，并输入文字，将“字体大小”设置为“30点”，使用“选择工具”将其选中，在菜单栏中选择“文字”→“制表符”命令，如图7-109所示。

45）打开“制表符”面板，单击面板中的“将面板放在文本框架上方”按钮，即可将“制表符”面板与选中的文本框对齐，将制表符平均分成七份，如图7-110所示。

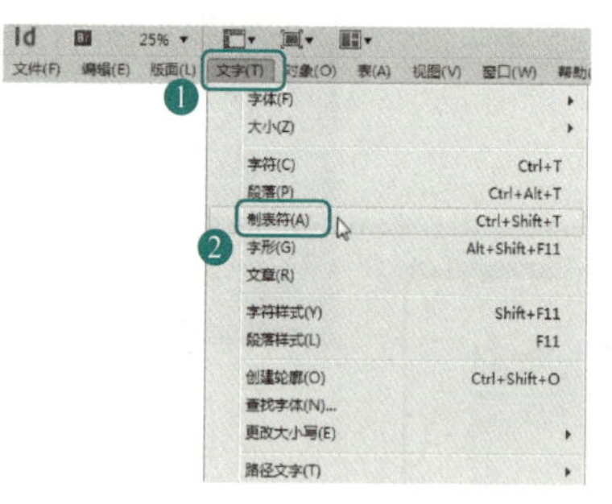

图7-109　选择“制表符”命令2

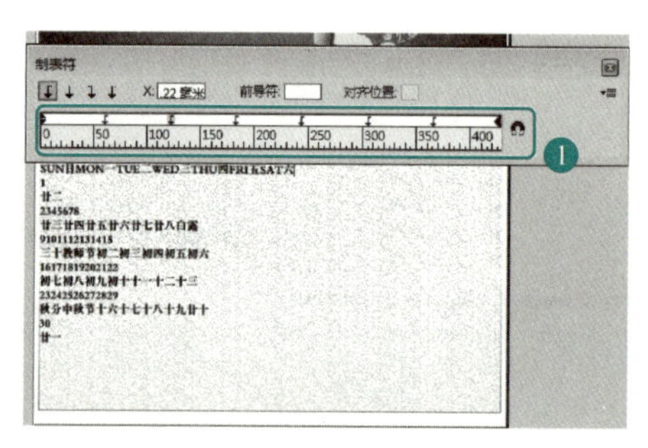

图7-110　平分制表符

46）选择工具箱中的“文字工具”，将光标插入到“日”字的后面，按〈Tab〉键调整其位置，如图7-111所示。

47）使用同样的方法，对文本框中的其他文字进行调整，调整完成后，在“控制”面板中将“字体”设置为“Adobe　宋体　Std”，设置其“字体大小”，调整完成，效果如图7-112所示。

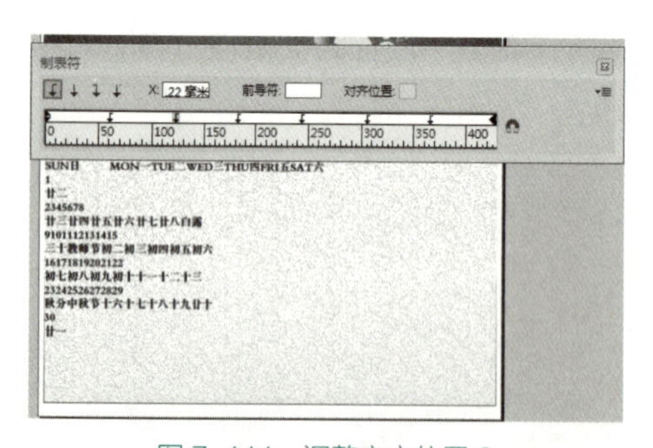

图7-111　调整文字位置2

图7-112　设置后的效果2

48）按〈Alt+Ctrl+T〉组合键打开“段落”面板，在该面板中将“段前间距”和“段后间距”均设置为“2毫米”，如图7-113所示。

49）再使用“文字工具”创建其他文字，并对其进行相应的设置，然后为挂历底部的两个矩形添加投影效果，完成后的效果如图7-114所示，对完成后的场景进行保存即可。

图 7-113 设置“段落”

图 7-114 完成后的效果

7.2.3 知识解析

渐变是两种或多种颜色之间或同一颜色的两个色调之间的逐渐混合。渐变是通过渐变条中的一系列色标定义的。在默认情况下，渐变以两种颜色开始，中点在 50%。

1. 使用“色板”面板创建渐变

在 InDesign 中使用“色板”面板也可以创建渐变，具体的操作步骤如下：

1）在菜单栏中选择“窗口”→“颜色”→“色板”命令，打开“色板”面板，单击“色板”面板右上角的 按钮，在弹出的下拉列表中选择“新建渐变色板”命令，如图 7-115 所示。

2）弹出“新建渐变色板”对话框，如图 7-116 所示。

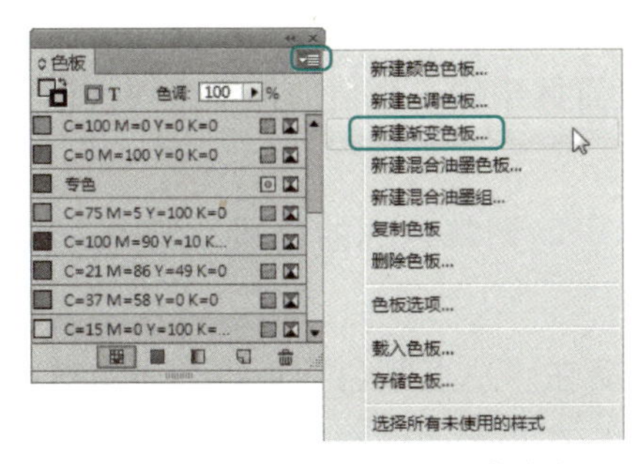

图 7-115 选择“新建渐变色板”命令 3

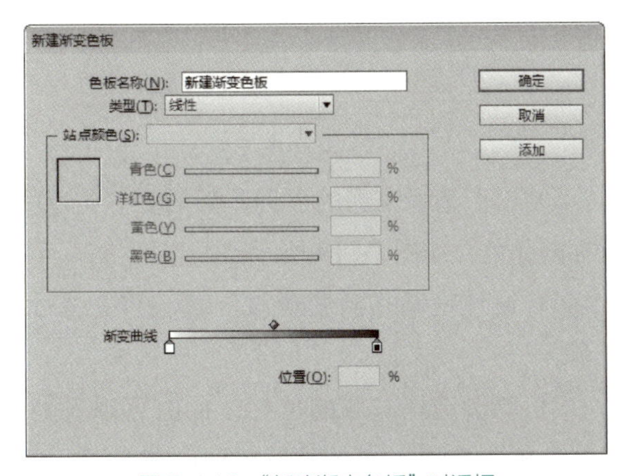

图 7-116 “新建渐变色板”对话框

“色板名称”：在该文本框中为新创建的渐变命名。

“类型”：在该下拉列表中有两个选项，分别为线性和径向，可以设置新建渐变的类型。

“站点颜色”：在该下拉列表中可以选择渐变的模式，共有 4 个选项，分别为 Lab、CMYK、RGB 和色板。若要选择“色板”中已有的颜色，可以在该下拉列表中选择“色板”选项，即可选择色板中已有的颜色。若要为渐变混合一个新的未命名颜色，请选择一种颜色模式，然后输入颜色值。

渐变曲线：设置渐变混合颜色的色值。

▶单击“渐变曲线”渐变颜色条上的色标，可以激活“站点颜色”设置区。

3）渐变颜色由渐变颜色条上的一系列色标决定。色标是渐变从一种颜色到另一种颜色的转换点，增加或减少色标可以增加和减少渐变颜色的数量。要增加渐变色标，可以在“渐变曲线”渐变颜色条上单击，如图 7-117 所示。

4）如果要删除色标则可以将色标向下拖动，使其脱离渐变曲线即可，如图 7-118 所示。

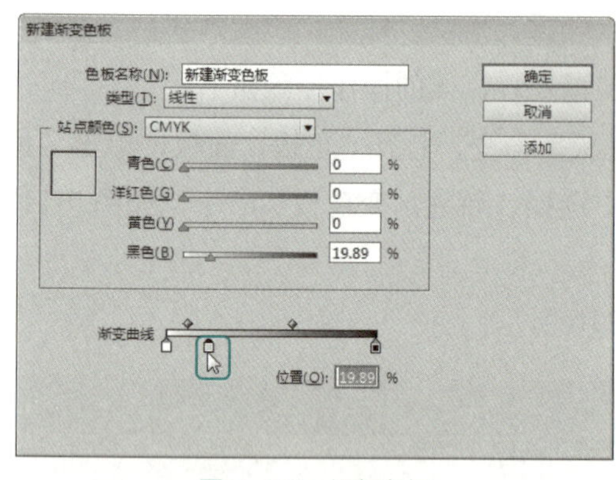

图 7-117　添加色标

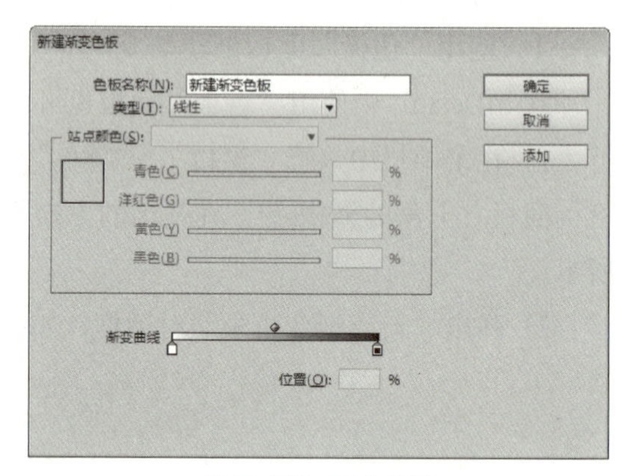

图 7-118　删除色标

5）单击选择左侧的色标，然后在“站点颜色”设置区中输入数值或拖动滑块，设置色标的颜色，如图 7-119 所示。

6）通过拖动“渐变曲线”渐变颜色条上的色标可以调整色标的位置，如图 7-120 所示。

7）单击选择右侧的色标，此时可以看到系统自动在“站点颜色”下拉列表中选择了“色板”选项，这是因为在默认情况下，最后的色标应用的是“色板”上的黑色，如图 7-121 所示。

8）在“站点颜色”设置区中选择一种其他的颜色，即可更改右侧色标的颜色，如图 7-122 所示。

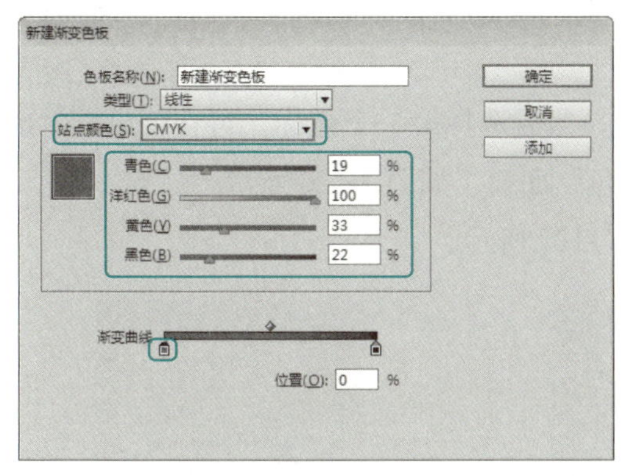

图 7-119　设置色标的颜色

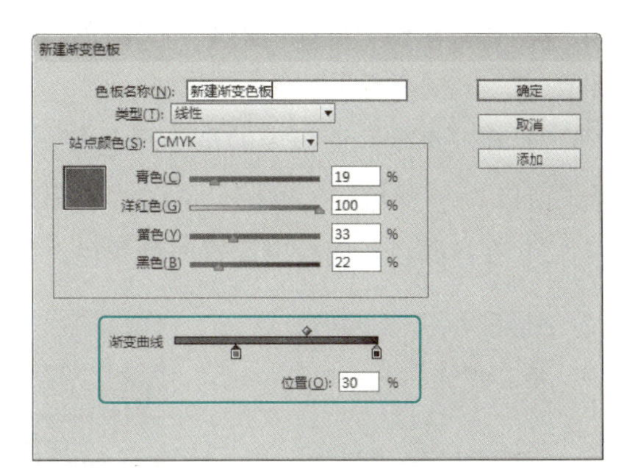

图 7-120　调整色标的位置

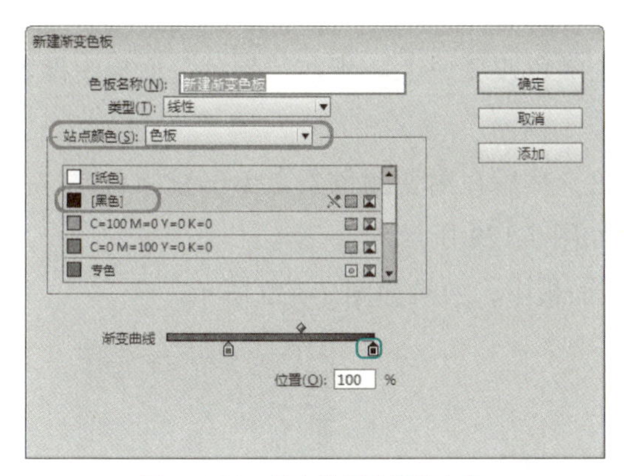

图 7-121　单击选择右侧的色标

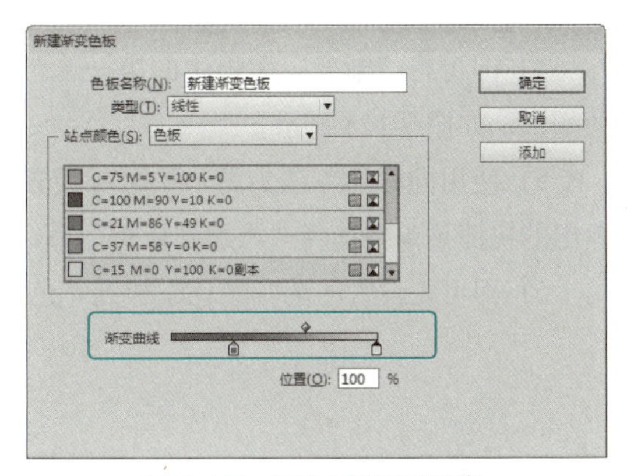

图 7-122　更改右侧色标的颜色

9）在渐变颜色条上，每两个色标的中间都有一个菱形的中点标记，移动中点标记可以改变该点两侧色标颜色的混合位置，如图 7-123 所示。

10）设置完成后单击“确定”按钮，即可将新创建的渐变添加到“色板”面板中，效果如图 7-124 所示。

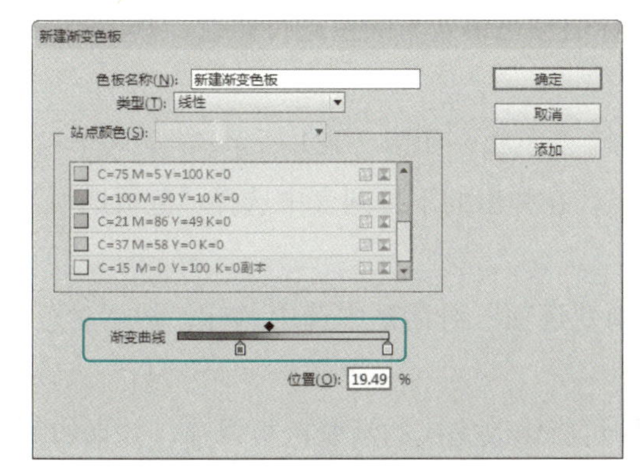

图 7-123　调整颜色的混合位置

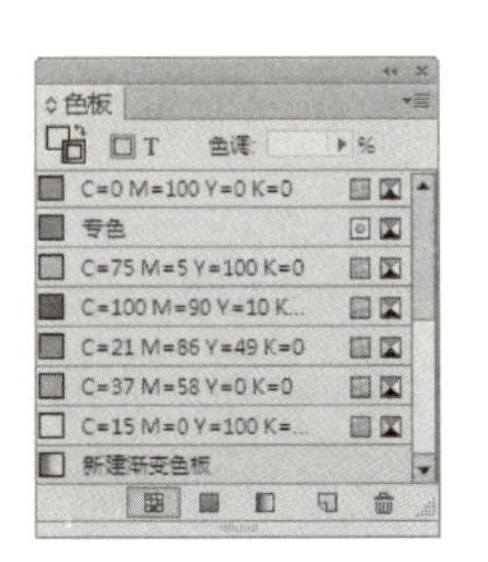

图 7-124　新创建的渐变

2．使用“渐变”面板创建渐变

下面来介绍一下通过使用“渐变”面板来创建渐变的方法，具体的操作步骤如下：

1）在菜单栏中选择“窗口”→“颜色”→“渐变”命令，打开“渐变”面板，如图 7-125 所示。

2）在“渐变”面板中的渐变颜色条上单击，然后选择第一个色标，再在菜单栏中选择“窗口”→“颜色”→“颜色”命令，打开“颜色”面板，如图 7-126 所示。

3）在“颜色”面板中设置一种颜色，如图 7-127 所示。

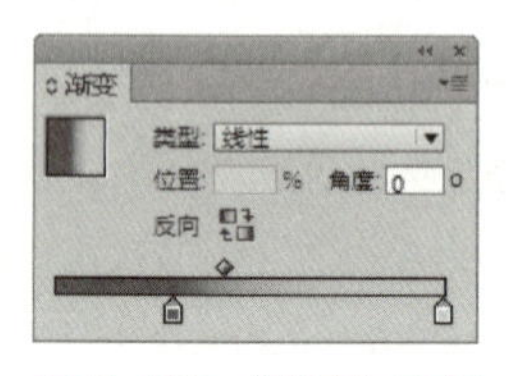

图 7-125 “渐变”面板

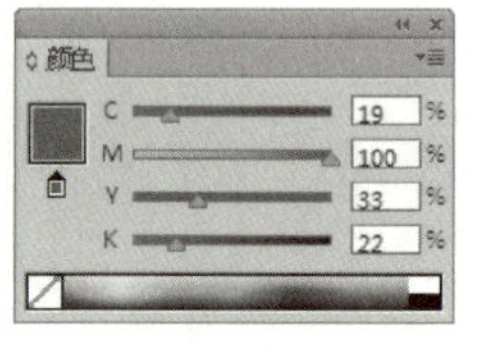

图 7-126 “颜色”面板

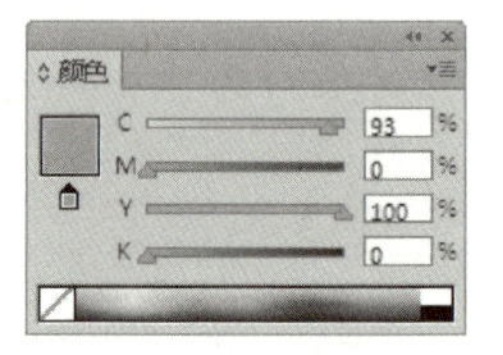

图 7-127 使用“颜色”面板设置颜色

4）即可将“渐变”面板中的第一个色标的颜色改变成上一步在“颜色”面板中设置的颜色，如图 7-128 所示。

5）使用同样的方法为另一个色标设置颜色。然后在渐变颜色条上单击鼠标右键，在弹出的快捷菜单中选择“添加到色板”命令，如图 7-129 所示。

6）即可将设置的渐变颜色添加到“色板”面板中，效果如图 7-130 所示。

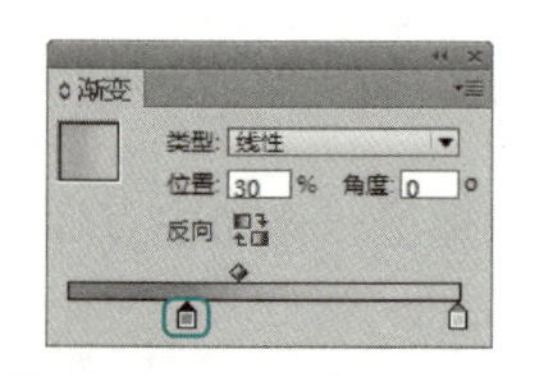

图 7-128 改变色标的颜色

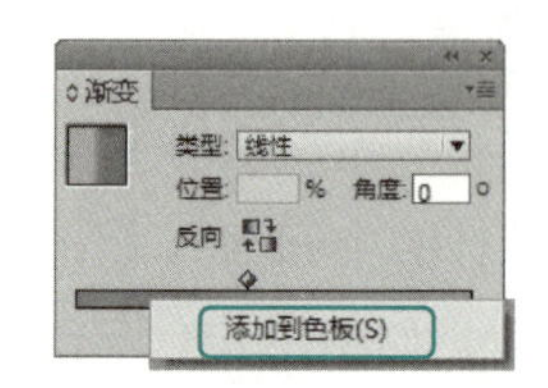

图 7-129 选择“添加到色板”命令

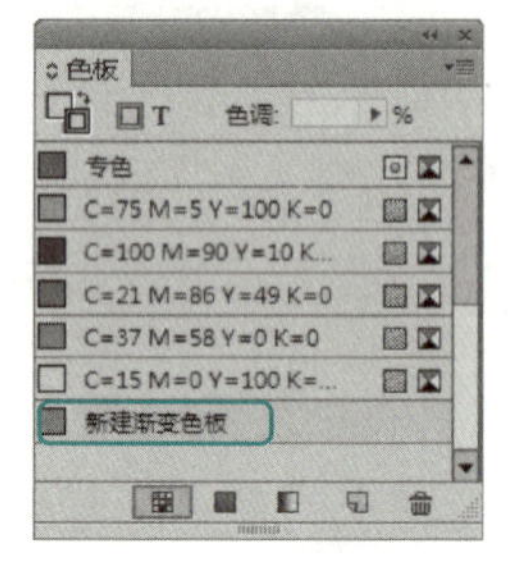

图 7-130 新创建的渐变

3．编辑渐变

创建完渐变后，还可以根据需要对色标的颜色模式与颜色进行修改，具体的操作步骤如下：

1）在“色板”面板中选择需要编辑的渐变色板，如图 7-131 所示。

2）单击“色板”面板右上角的按钮，在弹出的下拉列表中选择“色板选项”命令，如图 7-132 所示。

3）弹出“渐变选项”对话框，在“渐变选项”对话框中选中色标，然后对色标的颜色模式与颜色进行修改，如图 7-133 所示。

4）修改完成后单击“确定”按钮，即可将修改完成的渐变色板保存，效果如图 7-134 所示。

图 7-131　选择需要编辑的渐变色板

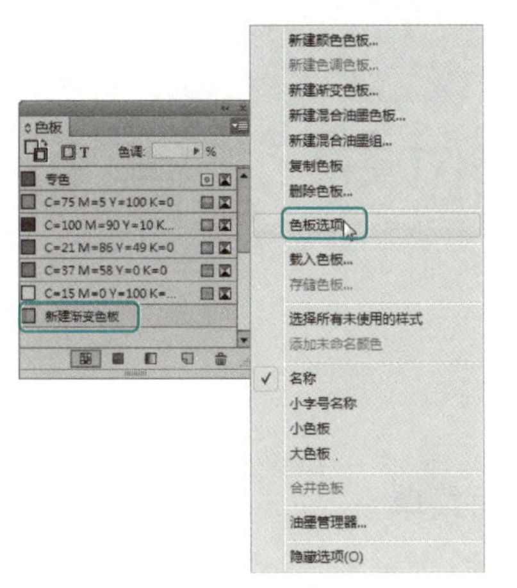

图 7-132　选择“色板选项”命令

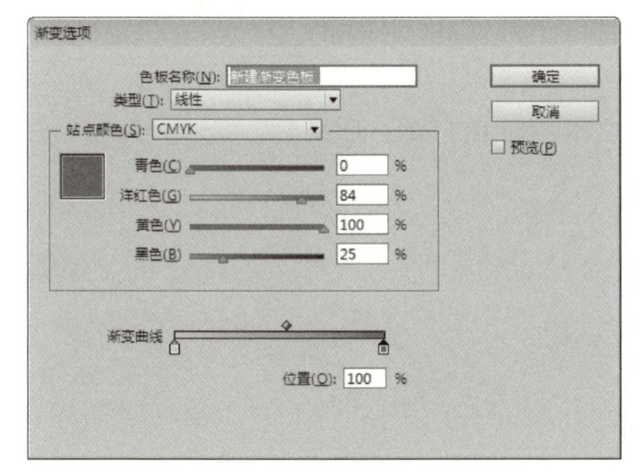

图 7-133　“渐变选项”对话框

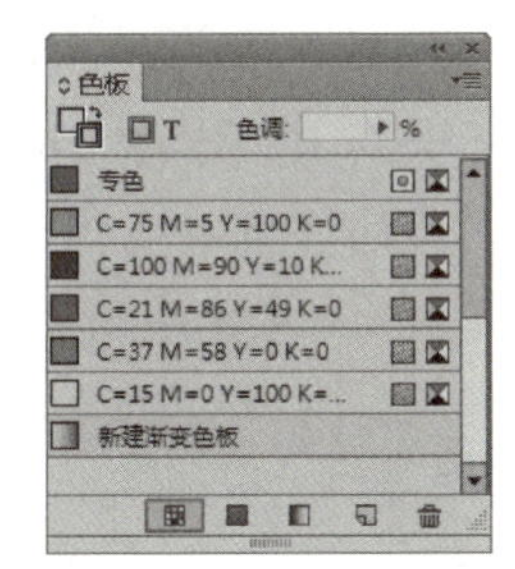

图 7-134　修改渐变后的效果

提示

▸双击需要编辑的渐变色板，或在需要编辑的渐变色板单击鼠标右键，在弹出的快捷菜单中选择“渐变选项”命令，也可以弹出“渐变选项”对话框。

附录　常用快捷键

版面菜单

第一页——〈Shift+Ctrl+Page Up〉

上一跨页——〈Alt+Page Up〉

上一页——〈Shift+Page Up〉、文本：〈Shift+Page Up〉

下一跨页——〈Alt+Page Down〉

下一页——〈Shift+Page Down〉、文本：〈Shift+Page Down〉

向后——〈Ctrl+Page Up〉

向前——〈Ctrl+Page Down〉

页面：添加页面——〈Shift+Ctrl+P〉

最后一页——〈Shift+Ctrl+Page Down〉

帮助菜单

InDesign 帮助 ...——〈F1〉

编辑菜单

查找 / 更改 ...——〈Ctrl+F〉

查找下一个——〈Ctrl+Alt+F〉

多重复制 ...——〈Ctrl+Alt+U〉

复制——〈Ctrl+C〉

还原——〈Ctrl+Z〉

剪切——〈Ctrl+X〉

快速应用 ...——〈Ctrl+Enter〉

拼写检查 ...——〈Ctrl+I〉

清除——〈Backspace〉、〈Ctrl+Backspace〉

全部取消选择——〈Shift+Ctrl+A〉

全选——〈Ctrl+A〉

首选项：常规 ...——〈Ctrl+K〉

贴入内部——〈Ctrl+Alt+V〉

在文章编辑器中编辑——〈Ctrl+Y〉

粘贴——〈Ctrl+V〉

粘贴时不包含格式——〈Shift+Ctrl+V〉

直接复制——〈Shift+Ctrl+Alt+D〉

重做——〈Shift+Ctrl+Z〉

表菜单

表选项：表设置 ...——〈Shift+Ctrl+Alt+B〉

插入：列 ...——表：〈Ctrl+Alt+9〉

插入：行 ...——表：〈Ctrl+9〉

插入表 ...——文本：〈Shift+Ctrl+Alt+T〉

单元格选项：文本 ...——表：〈Ctrl+Alt+B〉

删除：列——表：〈Shift+Backspace〉

删除：行——表：〈Ctrl+Backspace〉

选择：表——表：〈Ctrl+Alt+A〉

选择：单元格——表：〈Ctrl+/〉

选择：列——表：〈Ctrl+Alt+3〉

选择：行——表：〈Ctrl+3〉

窗口菜单

变换——〈F9〉

表——〈Shift+F9〉

对齐——〈Shift+F7〉

对象样式——〈Ctrl+F7〉

分色预览——〈Shift+F6〉

控制——〈Ctrl+Alt+6〉

链接——〈Shift+Ctrl+D〉

描边——〈F10〉

色板——〈F5〉

索引——〈Shift+F8〉

透明度——〈Shift+F10〉

图层——〈F7〉

信息——〈F8〉

颜色——〈F6〉

页面——〈F12〉

调板菜单

标签：自动添加标签——文本：〈Shift+Ctrl+Alt+F7〉

段落：罗马字距调整 ...——〈Shift+Ctrl+Alt+J〉

段落样式：重新定义样式——文本：〈Shift+Ctrl+Alt+R〉

索引：新建 ...——〈Ctrl+U〉

页面：覆盖全部主页项目——〈Shift+Ctrl+Alt+L〉

字符：删除线——〈Shift+Ctrl+/〉

字符：上标——〈Shift+Ctrl+=〉

字符：下标——〈Shift+Ctrl+Alt+=〉

字符：下划线——〈Shift+Ctrl+U〉

字符样式：重新定义样式——文本：〈Shift+Ctrl+Alt+C〉

对象编辑

减小大小 / 减小 1%——〈Ctrl+,〉

减小大小 / 减小 5%——〈Ctrl+Alt+,〉

向上轻移——〈↑〉

向上轻移 1/10——〈Shift+Ctrl+ ↑〉

向上轻移 1/10 复制——〈Shift+Ctrl+Alt+ ↑〉

向上轻移 10 倍——〈Shift+ ↑〉

向上轻移 10 倍复制——〈Shift+Alt+ ↑〉

向上轻移复制——〈Alt+ ↑〉

向下轻移——〈↓〉

向下轻移 1/10——〈Shift+Ctrl+ ↓〉

向下轻移 1/10 复制——〈Shift+Ctrl+Alt+ ↓〉

向下轻移 10 倍——〈Shift+ ↓〉

向下轻移 10 倍复制——〈Shift+Alt+ ↓〉

向下轻移复制——〈Alt+ ↓〉

向右轻移——〈→〉

向右轻移 1/10——〈Shift+Ctrl+ →〉

向右轻移 1/10 复制——〈Shift+Ctrl+Alt+ →〉

向右轻移 10 倍——〈Shift+ →〉
向右轻移 10 倍复制——〈Shift+Alt+ →〉
向右轻移复制——〈Alt+ →〉
向左轻移——〈←〉
向左轻移 1/10——〈Shift+Ctrl+ ←〉
向左轻移 1/10 复制——〈Shift+Ctrl+Alt+ ←〉
向左轻移 10 倍——〈Shift+ ←〉
向左轻移 10 倍复制——〈Shift+Alt+ ←〉
向左轻移复制——〈Alt+ ←〉
选择所有参考线——〈Ctrl+Alt+G〉
增加大小 / 增加 1%——〈Ctrl+.〉
增加大小 / 增加 5%——〈Ctrl+Alt+.〉

对象菜单

编组——〈Ctrl+G〉
变换：移动 ...——〈Shift+Ctrl+M〉
复合：建立——〈Ctrl+8〉
复合：释放——〈Ctrl+Alt+8〉
剪切路径 ...——〈Shift+Ctrl+Alt+K〉
解锁位置——〈Ctrl+Alt+L〉
排列：后移一层——〈Ctrl+[〉
排列：前移一层——〈Ctrl+]〉
排列：置为底层——〈Shift+Ctrl+[〉
排列：置于顶层——〈Shift+Ctrl+]〉
取消编组——〈Shift+Ctrl+G〉
适合：按比例适合内容——〈Shift+Ctrl+Alt+E〉
适合：按比例填充框架——〈Shift+Ctrl+Alt+C〉
锁定位置——〈Ctrl+L〉
投影 ...——〈Ctrl+Alt+M〉
选择：上方第一个对象——〈Shift+Ctrl+Alt+]〉
选择：上方下一个对象——〈Ctrl+Alt+]〉
选择：下方下一个对象——〈Ctrl+Alt+[〉
选择：下方最后一个对象——〈Shift+Ctrl+Alt+[〉
再次变换：再次变换——〈Ctrl+Alt+3〉

再次变换：再次变换序列——〈Ctrl+Alt+4〉

工具

按钮工具——〈B〉

垂直网格工具——〈Q〉

度量工具——〈K〉

钢笔工具——〈P〉

互换填色和描边启用——〈X〉

互换填色和描边颜色——〈Shift+X〉

剪刀工具——〈C〉

渐变工具——〈G〉

矩形工具——〈M〉

矩形框架工具——〈F〉

路径文字工具——〈Shift+T〉

铅笔工具——〈N〉

切变工具——〈O〉

切换文本和对象控制——〈J〉

删除锚点工具——〈-〉

水平网格工具——〈Y〉

缩放工具——〈Z〉

缩放工具——〈S〉

添加锚点工具——〈=〉

椭圆工具——〈L〉

位置工具——〈Shift+A〉

文字工具——〈T〉

吸管工具——〈I〉

旋转工具——〈R〉

选择工具——〈V〉

应用渐变——〈.〉

应用填色和描边颜色——〈D〉

应用无——〈(Num)/〉、〈/〉

应用颜色——〈,〉

在和预览视图设置之间切换——〈W〉

直接选择工具——〈A〉

直线工具——〈\〉

抓手工具——〈H〉

转换方向点工具——〈Shift+C〉

自由变换工具——〈E〉

结构导航

查看上一个验证错误——XML 选定内容：〈Ctrl+ ←〉

查看下一个验证错误——XML 选定内容：〈Ctrl+ →〉

将结构窗格向上滚动一屏——XML 选定内容：〈Page Up〉

将结构窗格向下滚动一屏——XML 选定内容：〈Page Down〉

扩展元素——XML 选定内容：〈→〉

扩展元素和子元素——XML 选定内容：〈Alt+ →〉

向上扩展 XML 选区——XML 选定内容：〈Shift+ ↑〉

向上移动 XML 选区——XML 选定内容：〈↑〉

向下扩展 XML 选区——XML 选定内容：〈Shift+ ↓〉

向下移动 XML 选区——XML 选定内容：〈↓〉

选择到第一个 XML 节点——XML 选定内容：〈Shift+Home〉

选择到最后一个 XML 节点——XML 选定内容：〈Shift+End〉

选择第一个 XML 节点——XML 选定内容：〈Home〉

选择最后一个 XML 节点——XML 选定内容：〈End〉

折叠元素——XML 选定内容：〈←〉

折叠元素和子元素——XML 选定内容：〈Alt+ ←〉

排版规则

创建轮廓——〈Shift+Ctrl+O〉

创建轮廓而不删除文本——〈Shift+Ctrl+Alt+O〉

自动直排内横排 ...——〈Shift+Ctrl+Alt+H〉

其他

存储全部——〈Shift+Ctrl+Alt+S〉

关闭全部——〈Shift+Ctrl+Alt+W〉

关闭文档——〈Shift+Ctrl+W〉

清除对象级显示设置——〈Shift+Ctrl+F2〉

添加新索引条目——文本：〈Shift+Ctrl+Alt+[〉

添加新索引条目（已还原）——文本：〈Shift+Ctrl+Alt+]〉
新建文档——〈Ctrl+Alt+N〉

视图，导航

200% 大小——〈Ctrl+2〉
400% 大小——〈Ctrl+4〉
50% 大小——〈Ctrl+5〉
第一个跨页——〈Shift+Alt+Page Up〉；〈Home〉
访问缩放百分比框——〈Ctrl+Alt+5〉
访问页码框——〈Ctrl+J〉
禁止覆盖（优化的视图）——〈Shift+Esc〉
启用调板中上次使用的栏——〈Ctrl+Alt+'〉
强制重绘——〈Shift+F5〉
切换度量系统——〈Shift+Ctrl+Alt+U〉
切换控制板中的“键盘焦点”——〈Ctrl+6〉
切换控制板中的“字符和段落模式”——〈Ctrl+Alt+7〉
切换所有调板（工具箱除外）——〈Shift+Tab〉
上一窗口——〈Shift+Ctrl+F6〉、〈Shift+Ctrl+'〉
使选区适合窗口——〈Ctrl+Alt+=〉
下一窗口——〈Ctrl+F6〉、〈Ctrl+'〉
显示／隐藏所有调板——〈Tab〉
显示第二个专色印版——〈Shift+Ctrl+Alt+6〉
显示第三个专色印版——〈Shift+Ctrl+Alt+7〉
显示第四个专色印版——〈Shift+Ctrl+Alt+8〉
显示第五个专色印版——〈Shift+Ctrl+Alt+9〉
显示第一个专色印版——〈Shift+Ctrl+Alt+5〉
显示黑版——〈Shift+Ctrl+Alt+4〉
显示黄版——〈Shift+Ctrl+Alt+3〉
显示青版——〈Shift+Ctrl+Alt+1〉
显示全部印版——〈Shift+Ctrl+Alt+'〉
显示洋红版——〈Shift+Ctrl+Alt+2〉
向上滚动一屏——〈Page Up〉，文本：〈Page Up〉
向下滚动一屏——〈Page Down〉，文本：〈Page Down〉
在侧选项卡中打开／关闭全部调板——〈Ctrl+Alt+Tab〉

在当前视图和上一视图之间切换——〈Ctrl+Alt+2〉
转到串接的第一个框架——〈Shift+Ctrl+Alt+Page Up〉
转到串接的上一个框架——〈Ctrl+Alt+Page Up〉
转到串接的下一个框架——〈Ctrl+Alt+Page Down〉
转到串接的最后一个框架——〈Shift+Ctrl+Alt+Page Down〉
最后一个跨页——〈Shift+Alt+Page Down〉、〈End〉

视图菜单

叠印预览——〈Shift+Ctrl+Alt+Y〉
放大——〈Ctrl+（Num）+〉、〈Ctrl++〉
结构：显示结构——〈Ctrl+Alt+1〉
靠齐参考线——〈Shift+Ctrl+；〉
靠齐文档网格——〈Shift+Ctrl+'〉
实际尺寸——〈Ctrl+1〉
使跨页适合窗口——〈Ctrl+Alt+0〉
使页面适合窗口——〈Ctrl+0〉
缩小——〈Ctrl+（Num）-〉、〈Ctrl+-〉
锁定参考线——〈Ctrl+Alt+；〉
完整粘贴板——〈Shift+Ctrl+Alt+0〉
显示基线网格——〈Ctrl+Alt+'〉
显示文本串接——〈Ctrl+Alt+Y〉
显示文档网格——〈Ctrl+'〉
显示性能：快速显示——〈Shift+Ctrl+0〉
隐藏标尺——〈Ctrl+R〉
隐藏参考线——〈Ctrl+；〉
隐藏框架边缘——〈Ctrl+H〉

文本和表

查找下一个——文本：〈Shift+F2〉
粗体——〈Shift+Ctrl+B〉
对齐基线网格——〈Shift+Ctrl+Alt+G〉
更新缺失字体列表——〈Shift+Ctrl+Alt+/〉
减小点大小——〈Shift+Ctrl+,〉
减小点大小 x 5——〈Shift+Ctrl+Alt+,〉

减小基线偏移——文本：〈Shift+Alt+ ↓ 〉
减小基线偏移 x 5——文本：〈Shift+Ctrl+Alt+ ↓ 〉
减小行距——文本：〈Alt+ ↑ 〉
减小行距 x 5——文本：〈Ctrl+Alt+ ↑ 〉
减小字距——〈Ctrl+Alt+Backspace〉
减小字距 x 5——〈Shift+Ctrl+Alt+Backspace〉
减小字偶间距 / 字符间距——文本：〈Alt+ ←〉
减小字偶间距 / 字符间距 x 5——文本：〈Ctrl+Alt+ ←〉
居中对齐——〈Shift+Ctrl+C〉
普通字符——〈Shift+Ctrl+Y〉
强制双齐——〈Shift+Ctrl+F〉
切换单元格 / 文本选区——表：〈Esc〉
切换弯引号首选项——〈Shift+Ctrl+Alt+'〉
清除——表：〈Backspace〉
删除——表：〈Del〉
上移——表：〈 ↑ 〉
上移一行——文本：〈 ↑ 〉
使用已选中文本载入查找——文本：〈Ctrl+F1〉
使用已选中文本载入替换——文本：〈Ctrl+F2〉
双齐——〈Shift+Ctrl+J〉
下一框架的起始行——表：〈Shift+Num Enter〉
下一列的起始行——表：〈(Num) Enter〉
下移——表：〈 ↓ 〉
下移一行——文本：〈 ↓ 〉
向前选择一个段落——文本：〈Shift+Ctrl+ ↓ 〉
斜体——〈Shift+Ctrl+I〉
选择到文章开始——文本：〈Shift+Ctrl+Home〉
选择到文章末尾——文本：〈Shift+Ctrl+End〉
选择到行首——文本：〈Shift+Home〉
选择到行尾——文本：〈Shift+End〉
选择上方的单元格——表：〈Shift+ ↑ 〉
选择下方的单元格——表：〈Shift+ ↓ 〉
选择行——文本：〈Shift+Ctrl+\〉
选择右边的单元格——表：〈Shift+ →〉

选择右侧的字符——文本：〈Shift+Ctrl+ →〉

选择右侧的字符——文本：〈Shift+ →〉

选择左边的单元格——表：〈Shift+ ←〉

选择左侧的字——文本：〈Shift+Ctrl+ ←〉

选择左侧的字符——文本：〈Shift+ ←〉

移到上一段落——文本：Ctrl+ ↑〉

移到文章开头——〈Ctrl+Home〉

移到文章末尾——〈Ctrl+End〉

移到下一段落——文本：〈Ctrl+ ↓〉

移到行首——文本：〈Home〉

移到行尾——文本：〈End〉

移动到框架中第一行——表：〈Page Up〉

移动到框架中最后一行——表：〈Page Down〉

移动到列中第一个单元格——表：〈Alt+Page Up〉

移动到列中最后一个单元格——表：〈Alt+Page Down〉

移动到上一单元格——表：〈Shift+Tab〉

移动到下一单元格——表：〈Tab〉

移动到行中第一个单元格——表：〈Alt+Home〉

移动到行中最后一个单元格——表：〈Alt+End〉

用“更改到”文本替换——文本：〈Ctrl+F3〉

用“更改到”文本替换并“查找下一个”——文本：〈Shift+F3〉

右对齐——〈Shift+Ctrl+R〉

右移——表：〈→〉

右移一个字——文本：〈Ctrl+ →〉

右移一个字符——文本：〈→〉

载入查找并查找下一实例——文本：〈Shift+F1〉

在前面选择一个段落——文本：〈Shift+Ctrl+ ↑〉

在上面选择一行——文本：〈Shift+ ↑〉

在下面选择一行——文本：〈Shift+ ↓〉

增加点大小——〈Shift+Ctrl+.〉

增加点大小 x 5——〈Shift+Ctrl+Alt+.〉

增加基线偏移——文本：〈Shift+Alt+ ↑〉

增加基线偏移 x 5——文本：〈Shift+Ctrl+Alt+ ↑〉

增加行距——文本：〈Alt+ ↓〉

增加行距 x 5——文本：〈Ctrl+Alt+↓〉
增加字距——〈Ctrl+Alt+\〉
增加字距 x 5——〈Shift+Ctrl+Alt+\〉
增加字偶间距 / 字符间距——文本：〈Alt+→〉
增加字偶间距 / 字符间距 x 5——文本：〈Ctrl+Alt+→〉
重排所有文章——〈Ctrl+Alt+/〉
重置字偶间距调整和字符间距调整——文本：〈Ctrl+Alt+Q〉
左对齐——〈Shift+Ctrl+L〉
左移——表：〈←〉
左移一个字——文本：〈Ctrl+←〉
左移一个字符——文本：〈←〉

文件菜单

存储——〈Ctrl+S〉
存储副本...——〈Ctrl+Alt+S〉
打开...——〈Ctrl+O〉
打印...——〈Ctrl+P〉
导出...——〈Ctrl+E〉
关闭——〈Ctrl+W〉、〈Ctrl+F4〉
退出——〈Ctrl+Q〉
文件信息...——〈Shift+Ctrl+Alt+I〉
新建：文档...——〈Ctrl+N〉
页面设置...——〈Ctrl+Alt+P〉
置入...——〈Ctrl+D〉
浏览...——〈Ctrl+Alt+O〉

文字菜单

插入分隔符：段落回车符——文本：〈Enter〉
插入分隔符：分栏符——文本：〈Num Enter〉
插入分隔符：分页符——文本：〈Ctrl+Num Enter〉
插入分隔符：框架分隔符——文本：〈Shift+Num Enter〉
插入分隔符：强制换行——文本：〈Shift+Enter〉
插入空格：半角空格——文本：〈Shift+Ctrl+N〉
插入空格：不间断空格——文本：〈Ctrl+Alt+X〉

插入空格：全角空格——文本：〈Shift+Ctrl+M〉

插入空格：窄空格（1/8）——文本：〈Shift+Ctrl+Alt+M〉

插入特殊字符：版权符号——文本：〈Alt+G〉

插入特殊字符：半角破折号——文本：〈Alt+-〉

插入特殊字符：半角中点——文本：〈Alt+8〉

插入特殊字符：不间断连字符——文本：〈Ctrl+Alt+-〉

插入特殊字符：段落符号——文本：〈Alt+7〉

插入特殊字符：全角破折号——文本：〈Shift+Alt+-〉

插入特殊字符：省略号——文本：〈Alt+；〉

插入特殊字符：小节符——文本：〈Alt+6〉

插入特殊字符：英文右单引号——文本：〈Shift+Alt+]〉

插入特殊字符：英文右双引号——文本：〈Shift+Alt+[〉

插入特殊字符：英文左单引号——文本：〈Alt+]〉

插入特殊字符：英文左双引号——文本：〈Alt+[〉

插入特殊字符：右对齐制表符——文本：〈Shift+Tab〉

插入特殊字符：在此缩进对齐——文本：〈Ctrl+\〉

插入特殊字符：制表符——文本：〈Tab〉

插入特殊字符：注册商标符号——文本：〈Alt+R〉

插入特殊字符：自动页码——文本：〈Shift+Ctrl+Alt+N〉

插入特殊字符：自由连字符——文本：〈Shift+Ctrl+-〉

段落——〈Ctrl+M〉、〈Ctrl+Alt+T〉

段落样式——〈F11〉

显示隐含的字符——〈Ctrl+Alt+I〉

制表符——〈Shift+Ctrl+T〉

字符——〈Ctrl+T〉

字符样式——〈Shift+F11〉

字形——〈Ctrl+F11〉

中文排版规则

避头尾设置...——〈Shift+Ctrl+K〉

打印／导出网格...——〈Shift+Ctrl+Alt+P〉

分行缩排——〈Ctrl+Alt+W〉

分行缩排设置...——〈Ctrl+Alt+Z〉

复合字体...——〈Shift+Ctrl+Alt+F〉

基本 ...——〈Shift+Ctrl+X〉

靠齐版面网格——〈Shift+Ctrl+Alt+A〉

框架网格选项 ...——〈Ctrl+B〉

拼音 ...——〈Ctrl+Alt+R〉

显示版面网格——〈Ctrl+Alt+A〉

详细 ...——〈Shift+Ctrl+Alt+X〉

斜变体 ...——〈Shift+Ctrl+S〉

隐藏框架网格——〈Shift+Ctrl+E〉

隐藏框架字数统计——〈Ctrl+Alt+C〉

应用网格格式——〈Ctrl+Alt+E〉

粘贴时不包含网格格式——〈Shift+Ctrl+Alt+V〉

直排内横排——〈Ctrl+Alt+H〉

直排内横排设置 ...——〈Shift+Ctrl+H〉

着重号 ...——〈Ctrl+Alt+K〉

参考文献

[1] 日本株式会社 ARENSKI. 版式设计大原则［M］. 赵昕，译．武汉：华中科技大学出版社，2020.

[2] 原弘始，林晶子，平本久美子，等．版式设计原理案例篇：提升版式设计的 64 个技巧［M］. 李聪，译．北京：人民邮电出版社，2020.

[3] 托恩德罗．版式设计指南：网格应用的基本原则［M］. 林子佳，译．桂林：广西师范大学出版社，2020.

[4] 王岩，等．InDesign CC 排版设计全攻略［M］. 北京：机械工业出版社，2019.

[5] Adobe 公司．Adobe InDesign CS6 中文版经典教程［M］. 张海燕，译．北京：人民邮电出版社，2014.

[6] 亿瑞设计．InDesign CC 中文版从入门到精通［M］. 北京：清华大学出版社，2017.